U0303863

综合灾害风险防范
凝聚力理论与实践

史培军 胡小兵 郭 浩 吴瑶瑶 王静爱 著

科学出版社

北 京

内 容 简 介

20 世纪 90 年代以来，世界各国和地区在联合国的"横滨战略""兵库行动纲领""仙台减灾框架"的指导下，探讨减灾和降低灾害风险的有效措施，发展了许多可供借鉴的模式及范式。本书重点阐释了综合灾害风险防范的理论和实践，初步构建了凝聚力这一理论的框架。主要内容是着眼于综合灾害风险防范凝聚力理论的完善，首先介绍综合灾害风险防范凝聚力理论及其研究方法；其次针对雨养农业旱灾风险防范凝聚力和水田农业旱灾风险防范凝聚力进行论述；最后展望了综合灾害风险防范凝聚力研究前景。

本书适合从事灾害风险科学研究、灾害地理学研究、综合风险管理、应急管理与风险防范等领域的科技人员、高校教师、研究生、管理人员、企业研发人员等参考。

图书在版编目（CIP）数据

综合灾害风险防范凝聚力理论与实践/史培军等著. —北京：科学出版社，2020.11
ISBN 978-7-03-066785-4

Ⅰ.①综… Ⅱ.①史… Ⅲ. ①自然灾害–灾害防治–研究 Ⅳ.①X43

中国版本图书馆 CIP 数据核字(2020)第 220986 号

责任编辑：石 珺 朱 丽 / 责任校对：何艳萍
责任印制：吴兆东 / 封面设计：蓝正设计

科学出版社 出版
北京东黄城根北街 16 号
邮政编码：100717
http://www.sciencep.com

北京虎彩文化传播有限公司 印刷
科学出版社发行 各地新华书店经销

*

2020 年 11 月第 一 版 开本：787×1092 1/16
2021 年 9 月第二次印刷 印张：18
字数：428 000
定价：218.00 元
(如有印装质量问题，我社负责调换)

前　　言

北京师范大学开展综合灾害风险防范研究已有 30 年的历程。30 年来，世界各国和地区在联合国"横滨战略""兵库行动纲领"和"仙台减灾框架"的指导下，探讨减灾和降低灾害风险的有效措施，发展了许多可借鉴的模式及范式。北京师范大学积极响应国际减灾行动，在国家 1989 年成立的"中国国际减灾十年"委员会的号召下，于同年在全国率先组建了"中国自然灾害监测与防治研究室"，在建设和发展灾害风险科学的过程中（详见附录 4），从地理学的角度，加强综合灾害风险评价体系、模型、防御范式等关键科学问题的研究。本书介绍的内容正是这一努力的阶段性成果。

《综合灾害风险防范凝聚力理论与实践》一书，是我们已完成的"综合风险防范关键技术研究与示范丛书"的继续，是在王静爱教授主持的国家自然科学基金资助项目"区域农业旱灾综合风险防范凝聚力模式研究"（41671501）、史培军教授主持的国家自然科学基金资助的创新群体项目"地表过程模型与模拟研究"（41621061）、胡小兵教授主持的国家自然科学基金资助的面上项目"求解完整 Pareto 前沿的多目标优化新方法研究"（61472041）的资助下完成的。

王静爱教授在主持国家自然科学基金资助项目"区域农业旱灾综合风险防范凝聚力模式研究"之前，相继主持完成了与此密切相关的三个国家自然科学基金资助项目"区域农业旱灾灾情形成过程中的脆弱性诊断与分析"（40271005）、"区域农业旱灾灾后恢复性评价方法与综合减灾机制研究"（40671003）、"区域农业旱灾适应性评价模型与风险防范模式研究"（41171402）（已公开发表的论著见附录 3）。

"区域农业旱灾综合风险防范凝聚力模式研究"的主要研究内容如下：在气候变化背景下，农业旱灾有不断加重的趋势，加强农业旱灾风险的减轻与防范研究具有重要意义。该项目拟从多种行为主体（政府、事业单位、涉农企业、农户）协同应对、多种应对措施共同作用的角度出发，通过对雨养农业、灌溉农业、水田农业典型区的调查与数据收集，建立农业旱灾风险防范数据库、协同合作数据库、联结效率数据库；以凝聚力理论为支撑，运用计算机模拟与仿真，将各行为主体作为功能结点，计算结点凝聚度，建立农业旱灾风险防范凝聚力模型，并对模型进行优化，实现农业旱灾风险防范的定量化评价；结合研究区实际，构建区域农业旱灾综合风险防范凝聚力模式，根据农业旱灾应对案例，对该模式效果进行评估与验证，并建立应用实验区，开展农业旱灾综合风险防范体系实验，为区域农业旱灾综合风险防范研究、农业可持续发展提供参考。

本书中的第 1 章的个别内容曾在《地理学报》上发表过（史培军等，2014），第 2 章的个别内容曾在《中国科学：信息科学》上发表过（胡小兵等，2014），在本书这两章的撰写中，作者做了系统的修订和内容的重组，并大幅增加了文献的评述和作者的最新研究成果。

这两章重点阐释了综合灾害风险防范凝聚力理论和研究方法，初步构建了这一理论的框架。第 3 章的主要内容是以内蒙古兴和县为例，开展雨养农业旱灾风险防范凝聚力模拟与应用。第 4 章的主要内容是以湖南省常德市鼎城区为例，开展水田农业旱灾风险防范凝聚力模拟与应用。第 5 章的主要内容是作者针对地理学对人地系统动力学研究进展的评述，着眼于综合灾害风险防范凝聚力理论的完善，以作者提出的地理学"人地协同论"的观点，开展综合灾害风险防范的深化研究。与此同时，作为对人地系统动力学与可持续发展研究的补充，汲取先辈在都江堰工程修建的生态智慧，试图探讨通过对地表自然过程的"适度"干预，提升区域资源环境的承载能力，实现"除害兴利并举"的综合灾害风险防范的目标。为人类命运共同体的建设、实现人类与地球"双安全"提供中国的方案。

在本书最后撰写阶段，湖北武汉和全国人民，在党中央和国务院的坚强领导和指挥下，正在神州大地展开一场和平时期的全民战争，要坚决打赢疫情防控的人民战争、总体战、阻击战。此时此刻，作者更加深刻地认知到健康风险"早发现、早报告、早隔离、早治疗"的科学价值及其对所有风险防范指导的重要性，综合灾害风险防范凝心聚力、凝神聚气的重要性，一方有难、八方支援的重要性，更加体会到提高防范人类社会遇到各种风险能力的迫切性。

作者一边与同事按中央和地方党委的要求，居家组织实施青海师范大学的总体疫情防控和本人在北京师范大学指导的研究生的疫情管控，一边完成书稿，倍感"生命重于泰山"的意义与责任，万分体会"疫情就是命令，防控就是责任"的意义与责任。我们全国上下坚定信心、同舟共济、众志成城、共克时艰、科学防治、精准施策，一定能打赢疫情防控这场人民战争。此时此刻，作者对奋战在疫情防控一线的全体医务工作者和广大干部职工表示崇高的敬意！对全体中国人民表示崇高的敬意！相信中国人民一定能够胜利！

史培军

2020 年 2 月 10 日于北京

目　　录

第1章 综合灾害风险防范凝聚力理论[*]

综合灾害风险防范的研究是从联合国启动国际减灾行动开始的，至今只有 30 多年的经验。大量的综合减灾实践需要科学的理论来指导，以获得减灾资源投入效率与效益的最大化。与此同时，综合灾害风险防范凝聚力理论必须经得起综合减灾实践的检验。本章将从研究进展、社会–生态系统综合灾害风险防范的凝聚力方面阐述综合灾害风险防范凝聚力理论。

1.1 研 究 进 展

1.1.1 人文地理过程研究中的凝聚力

人文地理过程研究中的凝聚力概念。凝聚力（consilience）概念应用最为广泛的是人文社会科学领域，即普遍理解的凝聚力概念。凝聚力明确的定义是 1950 年由 Festinger 等提出的，他认为凝聚力是作用于一个群体的成员之间，使群体内部各要素各成员形成合力（Festinger，1950）。1982 年 Carron 对凝聚力做了新的定义，认为凝聚力是在某个目标下或在达到某个目的的过程中，群体内个体团结一致、保持联合倾向的动力过程（Carron，1982）。

从人文地理学的视角看，凝聚力研究的核心在于通过各种制度设计，协调人与社会、人与自然关系的系统问题，使资源发挥最大效益，从而促进社会发展。对于凝聚力的理解主要从以下三方面开展研究。

（1）从"社会关系"角度分析凝聚力。该类研究认为凝聚力是地理区域内社会关系的体现，主要通过社会成员的意识形态、联系紧密程度和参加活动的积极程度进行表达（Chan，et al.，2006；Săvoiu，2011）。例如，Buckner（1988）提出社区心理感知、社区吸引力和邻里关系是凝聚力的三个组成部分；Moody 和 White（2003）认为凝聚力是社会关系模式的突出属性；Vinson（2004）将社会关系、成员参与社会活动等视为凝聚力的重要组成要素。还有学者认为凝聚力是社会成员之间的团结与合作。个人的地方归属感、互信程度和活动意愿程度等影响成员间的交流和社会关系网络的构建（Botterman et al.，2012；Carron，1982；Kearns and Forrest，2000）。

（2）从"政策管理"角度分析凝聚力。该类研究主要由众多国家、跨国政治机构和组织发起，其中主要的机构有加拿大政府、欧盟委员会、澳大利亚政府、英国政府等。该类凝聚力研究注重社会可持续发展能力建设，强调公平性，提倡缩小贫富差距等（Maxwell，1996；Forrest and Kearns，2001；Rolfe，2006）。加拿大政策研究所将凝聚力视为基于信任、

---

* 本章执笔：史培军　王静爱　胡小兵

希望和互惠，发展具有共同认识、共同挑战和机会的过程（Initiative，1999）。欧洲理事会认为尊重人的尊严、合理考虑多样性、公平获取现有资源等是凝聚力的重要内容（de Europa，2005）。还有政治机构指出凝聚力政策直接促进经济、就业发展，提升区域竞争力（European Commission，2007）。

（3）从灾害学研究角度分析凝聚力。社会凝聚力研究贯穿对灾害发生与发展各个阶段的研究。有学者从备灾出发来研究火灾与社区凝聚力的关系，认为社区意识和集体解决问题的想法等，对社区的备灾、灾害的认知、降低脆弱性、增加抵御火灾的能力等都有正面影响（Prior and Eriksen，2013）；也有学者从应急出发，研究社区资源的充足程度、社区凝聚力与组织应急能力三者之间的关系，结果表明，资源充足是有效应急响应的先决条件，其与组织效率直接相关，而组织效率在一定程度上影响社区凝聚力。此外，社区管理人员也直接影响社区凝聚力和组织效率（Huang et al.，2011）；还有学者从灾害恢复、重建出发，利用 Buckner 凝聚力指数和恢复性指数，探究社区凝聚力和恢复力之间的关系，结果表明，二者呈明显的正相关关系（O'Sullivan et al.，2013；Townshend et al.，2015）。社区遭受灾害时，灾害的严重程度也会影响社区的凝聚力，灾害较严重时，人们往往将利益关注点放在自身身上，导致社区凝聚力降低（Chang，2010）。在灾后重建过程中，社区凝聚力显著提高，人们通过积极合作、志愿服务等树立集体意识和归属感（Carroll et al.，2005；Levy et al.，2012），但这种凝聚力提升并不能维持在稳定的状态，一段时间后，社区凝聚力又回到原来的水平（Sweet，1998）。

人文地理过程的凝聚力研究方法。人文地理过程研究中的凝聚力研究方法主要有以下三种。

（1）多指标综合法。多指标综合法主要通过各种算法（如加权求和、累加、算术平均等）将多个指标综合成凝聚力指数。指标综合途径主要有两种：一是加权求和，其中指标权重的确定则是重中之重。有学者选用物质凝聚力、精神凝聚力、政治凝聚力、文化凝聚力和安全凝聚力 5 个指标，通过熵权法确定权重，用加权求和结果表达国家凝聚力（杨多贵等，2016）。二是对指标得分直接求和或求算术平均（Chang，2010；Lê et al.，2013；Cagney，2016）。也有学者选取生活满意度、政府工作效率、文化多样性、社会参与和认同感等多项指标表示凝聚力，每个指标设置相应的打分题，最后通过计算被试者的回答总分得到凝聚力指数（Johnson，2015）。还有学者采用社区心理感知、吸引力和邻里关系 3 个指标，用对应题目回答的总分表达凝聚力（Townshend et al.，2015）。

（2）概念模型分析法。概念模型搭建起了凝聚力理论和实践的桥梁，它可以直观体现凝聚力形成过程、内部影响因子互相作用的过程等。有学者提出凝聚力因果模型（Stanley，2003），认为凝聚力是社会团结的表现，一个社会有许多相互联系的方面，如经济、健康、安全等，这些方面的效益以某种方式分配，其中经济、社会政策等会影响分配的公平性。该模型解释了凝聚力因社会效益公平分配而产生，而社会效益又因凝聚力提升而提高，它解释了凝聚力的反馈机制，强调了政策在凝聚过程中的重要性。也有学者为了揭示社会的系统功能，提出可持续发展模型（Espejo，2008），阐明在复杂的环境下，凝聚力、政策、智慧、协调力和执行力五大系统功能对社会的综合影响。

（3）情景模拟法。情景模拟法从动态视角研究凝聚力。有学者设计了一种基于元胞自动机（cellular automata，CA）间距识别的模拟方法，其核心思想是利用元胞之间的距离描述社会场中的各种引力，包括用距离描述企业管理措施和员工对企业的忠诚度与员工之间凝聚力的变化（胡斌和章德斌，2006）。本书假设了企业采取的管理措施缓慢地兼顾企业（元胞 1）和非正式组织（元胞 2）的利益、较快地兼顾企业和非正式组织的利益两种方案，两个元胞移动的快慢程度通过控制移动时间段数来完成，在每种方案中模拟员工类型：均为经济型、均为社会性、均为双重型以及三种类型员工数量相等这四种情景，模拟时可以看到元胞移动过程和元胞分布格局，最终通过输出员工忠诚度和凝聚力大小判断管理方案的优劣。也有学者在研究团队凝聚力和绩效之间的关系时，采用基于知识的定性模拟方法探讨绩效提升方案。该方法的核心思想是基于专家知识进行变量属性阈值的排列组合：假设凝聚力对绩效影响的属性阈值为$\{+, 0, -\}$，绩效规则对绩效影响的属性阈值为$\{+, 0, -\}$，则在凝聚力和绩效规则的共同作用下，团队绩效的阈值为$\{2+, +, 0, -, 2-\}$，凝聚力对应得分为 1 分、0 分、–1 分、绩效规则调整对应的管理成本得分为 2 分、1 分、0 分。绩效规则的不同值表达了决策者对团队行为的不同策略。经过绩效规则 3 个阶段情景模拟，得到了 $3^3 = 27$ 种策略，对比各策略得分和成本得分，判断系统采用何种策略最有利于提升凝聚力和团队绩效（黎志成等，2004）。

1.1.2　自然地理过程研究中的凝聚力

自然地理过程研究中的凝聚力概念。一直以来凝聚力也是自然地理过程研究中的热点问题。这些研究倾向于从凝聚力角度解释系统功能稳定性，以及提高资源利用率等问题。物理、化学、生物、信息工程等的凝聚力研究依据各学科任务而各有侧重。总体而言，主要从以下两方面开展研究。

（1）从"力"的角度分析凝聚力。物理、化学和生物视角的自然地理过程研究偏向于从"力"这一角度进行理解。例如，在物理、化学方面，有学者认为凝聚力是原子、分子间的吸引力（Lennard，1931）；也有学者认为它是颗粒间的吸引力（Adunoye，2014）。在生物方面，有许多学者提出凝聚力是小分子黏合在一起的力量（Ding et al.，2004；Ohayon et al.，2015）。从该角度研究的凝聚力强调物质之间的相互作用。

（2）从"过程互相联系、互相依赖程度"角度分析凝聚力。信息工程在该方面的研究较多（Patidar et al.，2013；Hakik and Harti，2014）。有学者提出凝聚力是软件系统中类（class）相互联系的程度（Al Dallal，2015）；也有学者认为凝聚力是模块之间元素归属的程度，也是软件系统类之间的功能一致程度（Marcus et al.，2008），凝聚力能够帮助理解软件各项指标是如何联系在一起的（Cinneide et al.，2017）。从该角度研究的凝聚力注重系统内部实体间的联系。

自然地理过程研究中的凝聚力研究方法。自然地理过程研究中凝聚力研究方法主要有以下两种。

（1）从"力"的角度进行分析的方法偏向于采用室内实验或是力学模型。例如，Parsons

等（2016）设计了室内水底床面模拟实验，量化物理和生物凝聚力对平衡床面形态的影响；还有学者构建模型来表达化合物颗粒间的凝聚力与它们之间接触时间、接触力、温度等变量的关系（Lee and Sum，2015）。

（2）从"过程互相联系、互相依赖程度"的角度进行分析的方法偏向于属性比值法。例如，Cinneide 等（2017）用间接共享属性类数量与直接共享属性类数量比值表达凝聚力，进而评价其影响系统间冲突的程度；Jehad 通过计算系统中相互联系类的数量与总数量比值来评价系统的凝聚力（Hakik and Harti，2014）。也有学者采用基于信息论的方法来计算模块内部的耦合程度，凝聚力大小则用系统中模块耦合程度与结点耦合程度的比值表示（Allen et al.，2001）。还有学者通过用结点间脆弱联系数量与系统中所有脆弱联系总数量的比值来表达凝聚力（Agrawal and Khan，2014）。

1.1.3　社会–生态系统研究中的凝聚力

社会–生态系统研究中的凝聚力概念。灾害风险系统是典型的社会–生态系统。社会–生态系统研究中的凝聚力研究多数与综合灾害风险防范相关。在凝聚力与灾害应对行为的关系研究中，对凝聚力的认识大多借鉴人文地理过程研究中对凝聚力的理解，主要强调凝聚力是社会个体间的联系、团结程度，以及群体对个体的吸引力等（Chang，2010；Huang et al.，2011）。在综合灾害风险防范研究中，史培军等（2014）引入了"凝聚力"概念，认为凝聚力是综合减灾过程中，人们的共识与减灾资源利用效率和效益最大化的实现过程。史培军等还进一步提出了凝聚力的四大原理，以此阐释社会–生态系统综合灾害风险防范时形成共识和产生聚力的过程，以及达到"凝心"和"聚力"目标的能力。其中，对应"凝心"的"协同宽容"和"协同约束"原理，从非动力因素层面强调系统通过协同运作，使风险防范主体达成共识的统一，在对"约束"接受的基础上，实现有限资源的合理配置。对应"聚力"的"协同放大"和"协同分散"原理，从动力因素层面强调系统通过协同运作，使整体抗打击能力和社会福利实现"1+1＞2"的效果，同时子系统面临的风险可以在整体系统中得到分散。这些原理更深入地揭示了凝聚力通过综合灾害风险防范结构和功能体系完善过程对减轻灾害风险的影响机制。

凝聚力是社会–生态系统的状态属性，是对参与综合灾害风险防范各主体和要素的"凝心"和"聚力"能力的一种测量和表达。它与降低脆弱性、提高恢复性、增强适应性等研究不同，脆弱性、恢复性和适应性侧重于对社会–生态系统内单一要素属性的定量化表达，如农户、农作物、管理者等（Shi et al.，2014）。凝聚力考虑减灾各要素之间的相互联接程度与合力。当农户在遭受旱灾时，其他综合灾害风险防范主体与农户是动态联系的。政府在灾前的引导政策、灾中的响应、灾后的救助，企事业单位的技术支持、救灾捐款，农户之间的互相帮扶等均会对农户旱灾风险防范能力造成一定的影响。当参与综合灾害风险防范各主体和要素在其综合灾害风险防范过程中的协同性和一致性较高时，整个区域的综合灾害风险防范能力得以提升。因此，凝聚力是度量社会–生态系统内部各要素间达成共识、形成合力的一种能力（图1.1）（郭浩，2019）。

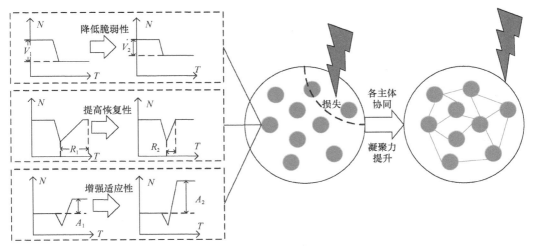

图 1.1 旱灾风险防范中的凝聚力

图中 T 表示时间，降低脆弱性表示同样灾害影响下，承灾体损失由 V_1 减小至 V_2；提高恢复性指受灾害打击后，恢复至原来水平所需的时间由 R_1 减小至 R_2；增强适应性承灾体抗打击能力由 A_1 增加到 A_2。以上均针对单一承灾体类型而言，而凝聚力更关注整个社会-生态系统的属性

综上，本书中的凝聚力概念不同于人文地理过程和自然地理过程研究中的凝聚力概念。它侧重的是综合灾害风险防范过程中，各主体在减灾不同阶段采取不同措施、协同合作，应对灾害风险的一种能力。据此，凝聚力不仅强调社会科学和自然科学在综合灾害风险防范研究中达成一致、相互融合，更强调综合灾害风险防范各主体达成共识、形成合力。

社会-生态系统凝聚力研究内容多主体共识研究。"共识"程度是凝聚力的重要组成部分，属于意识形态范畴中的内容。

（1）共识主体。谈到"共识"必然涉及两个或两个以上的主体。以农业灾害为例，其综合灾害风险防范过程中涉及的主体一般包括政府、事业单位与企业单位、社区（行政村或自然村）和个体 4 类。这 4 类主体在农业灾害综合风险防范过程中相互协作、相互影响，凝聚共识、形成合力。

在综合风险防范过程中，政府部门在政策法规制定、抗旱救灾指挥、救灾资源调配等方面发挥着主导作用。政府各职能部门下设有对应的事业单位，各事业单位的农业技术推广、农作物的改良与品种研发等对农业灾害风险防范同样发挥着重要作用，其他是区域农业灾害综合风险防范的另一类参与者。与农业相关的企业单位一般包括提供农业保险服务的保险公司、提供生产资料和服务的农资企业，以及承担农产品回收和加工的企业等。在严重农业灾害发生时，也需要涉农企业的协同合作。政府通过各种补贴来降低农业生产资料的价格，或提高灾后农产品回收价格等，这对于降低灾害对农民造成的损失起到一定的作用。农户是农业灾害的主要承灾体，也是农业灾害风险防范的主要责任者，农户作为农村社会基本单元，其自身对整个区域农业灾害风险防范水平的提升起着关键作用（图 1.2）。可见，农户（含其组成的自然村或行政村）是农业灾害风险防范中最底层的参与者，政府是其风险防范中最高的政策制定者和执行者。在农业灾害风险防范过程中多个主体协同一致，达成"共识"，才能更高效地实现区域农业灾害风险防范。

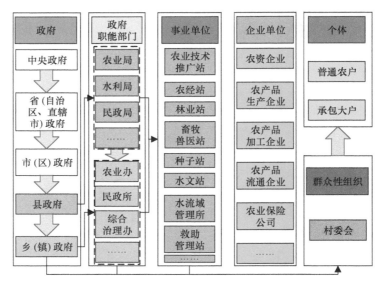

图 1.2　农业灾害风险防范一般涉及的主体

　　研究综合灾害风险防范中多主体共识的基础，需要了解用何种指标表达人的意识形态，平常提到的感知、意愿、认识等都是描述意识形态的指标（软因素）。俗话说"人心齐，泰山移"，人们风险防范意识形态一致程度会影响防范决策、行为等（Ouédraogo et al.，2018；Sun et al.，2016；Wang et al.，2012；Ye and Wang，2013）。同时，这些软因素在很大程度上影响其协同的程度，进而影响抵抗灾害和防范风险的能力（Perry and Lindell，2008；史培军等，2014）。例如，从备灾角度，有学者指出人们对风险认知能力的提升会减少灾害脆弱性水平和增加灾后恢复性能力（Paton et al.，2008；Prior and Eriksen，2013）。从应急角度，Huang 等强调对集体的认同感会影响应急过程的效率（Huang et al.，2011；Mercado，2016）。从恢复重建角度，有学者认为人们对社区的认识、依恋感和归属感等对灾后恢复重建有极大影响（Chang，2010；Hikichi et al.，2016；Kaniasty，2012；Su et al.，2015；Townshend et al.，2015）。以往研究中采用的各种指标为综合灾害风险防范多主体"共识"指标体系的构建奠定了基础（表 1.1）。

表 1.1　综合灾害风险防范共识指标

	1	2	3	4	5	6	7	8	9	10	11	12	13	14
信任			1		1		1		1					1
尊重多样性									1					1
归属感	1	1				1						1		1
根源性												1		
依恋感				1						1				
吸引力											1			
认同感								1	1					
公平感知									1				1	
社会价值观	1													

续表

	1	2	3	4	5	6	7	8	9	10	11	12	13	14
生活满意度													1	
心理感知				1		1		1			1			

注：灰色表示文献中采用该指标。

1-14 表示文献来源，分别为：Bernard，1999；Bollen and Hoyle，1990；Bottoni，2018；Buckner，1988；Calo-Blanco et al.，2017；Carroll et al.，2005；Chan et al.，2006；Chang，2010；Delhey and Dragolov，2016；Jenson，1998；Lev-Wiesel，2003；Markus and Dharmalingam，2008，2013；Săvoiu，2011。

（2）多主体共识研究方法。在多主体指标构建研究的基础上，目前综合灾害风险防范研究领域中，各主体意识状态的研究方法主要有两大类：第一类主要为 liker scale 定量方法（为研究"共识"提供定量化的基础），第二类采用个体差异性的定性分析方法。定量方法多数用于研究群体的灾害感知水平（Bird，2009；Haynes et al.，2008），通过 liker scale 定量方法对感知程度进行打分，然后将所有个体得分的平均值合起来，表示群体灾害感知的认知状态（Cao et al.，2013；Johnson，2015）。定性方法多数用于分析个体之间的差异，如有学者提出在每个农民之间进行信息的推广交流，有利于加强他们对于灌溉技术、播种时间和农业投入的认知的一致性和接受程度（Genius et al.，2013），进而提高农户抗旱的能力（Chen et al.，2014）。个体间的观点差异会受到知识结构、个体经验、评判标准等众多因素影响，而这种差异的大小可能影响当地灾害防范措施的实施、推广等（Deressa et al.，2009），个体感知的差异性越小，即相似性越大，就越有利于凝聚力的提升。

相似性研究主要集中在社会学、自然科学和信息科学领域，为"共识"计算奠定基础（相似性越大，共识程度越高）。在社会学中，为了判断群体语义的相似性，有学者定义"strict consensus"和"soft-consensus"的模型，用 0 和 1 两个数值和 0～1 连续的值定量相似性（Cabrerizo et al.，2010，2017；Herrera et al.，2014；Kacprzyk，1987）。在自然科学中，为了计算集合、向量、网络等的相似性，有学者基于集合论思想，应用特征模型计算集合相似性，如通过构建基于算法 f 和常量 θ、λ 的特征模型，求解两个集合之间交集、差集的不等式而得到 θ、λ 来表示相似性（Tversky，1977）；也有学者基于图论思想，运用网络模型定量相似性，通过计算网络中所有成对结点的平均最小路径长度度量网络相似性（Rada et al.，1989；Schwering，2008）；还有学者基于距离思想（表1.2），采用几何模型计算多维空间向量的相似性，其中最常见的几何模型是闵可夫斯基公式，通过将两个空间向量的维度 n 和维度上的值 x 代入公式计算相似性（Melara et al.，1992；Suppes and Krantz，2007）（表1.2）。目前这些模型还未应用在综合灾害风险防范领域，但其中的"距离""集合论""图论"等思想为量化不同主体在农业旱灾风险防范共识刻画中提供了诸多参考（Wu et al.，2018）。

目前，综合灾害风险防范领域研究的文献中还鲜有多主体共识研究。以往大多数相关研究独立看待各主体（灾害风险防范利益相关者）的风险感知，很少从系统角度考虑各主体之间的差异与协同，以及如何量化多主体的共识，这些难关仍需深入研究。

表 1.2　基于距离的相似性计算模型（共识模型构建基础）

名称	内涵	公式	公式说明
欧氏距离（Euclidean distance）	源自欧氏空间中两点间的距离公式	$d_{12} = \sqrt{\sum_{k=1}^{n}(x_{1k} - x_{2k})^2}$	两个 n 维向量 $a(x_{11}, x_{12}, \cdots, x_{1n})$ 与 $b(x_{21}, x_{22}, \cdots, x_{2n})$ 间的欧氏距离
曼哈顿距离（Manhattan distance）	曼哈顿距离也称为城市街区距离（city block distance）	$d_{12} = \sum_{k=1}^{n}\left|x_{1k} - x_{2k}\right|$	两个 n 维向量 $a(x_{11}, x_{12}, \cdots, x_{1n})$ 与 $b(x_{21}, x_{22}, \cdots, x_{2n})$ 间的曼哈顿距离
切比雪夫距离（chebyshev Distance）	源自国际象棋中相邻方格的距离计算	$d_{12} = \max_i \left|x_{1i} - x_{2i}\right|$	两个 n 维向量 $a(x_{11}, x_{12}, \cdots, x_{1n})$ 与 $b(x_{21}, x_{22}, \cdots, x_{2n})$ 间的切比雪夫距离
闵可夫斯基距离（Minkowski distance）	闵可夫斯基距离是一组距离的定义	$d_{12} = \sqrt[p]{\sum_{k=1}^{n}\left|x_{1k} - x_{2k}\right|^p}$	两个 n 维变量 $a(x_{11}, x_{12}, \cdots, x_{1n})$ 与 $b(x_{21}, x_{22}, \cdots, x_{2n})$ 间的闵可夫斯基距离，p 是一个变参数
夹角余弦（cosine）	几何中夹角余弦可用来衡量两个向量方向的差异	$d_{12} = \sum_{k=1}^{n} x_{1k} \cdot x_{2k} / \left(\sqrt{\sum_{k=1}^{n} x_{1k}^2} \times \sqrt{\sum_{k=1}^{n} x_{2k}^2}\right)$	两个 n 维样本点 $a(x_{11}, x_{12}, \cdots, x_{1n})$ 和 $b(x_{21}, x_{22}, \cdots, x_{2n})$ 的夹角余弦
杰卡德相似系数（Jaccardsimilarity coefficient）	衡量两个集合的相似度的一种指标	$J(A,B) = \left|A \cap B\right| / \left|A \cup B\right|$	两个集合 A 和 B 的交集元素在 A 和 B 的并集中所占的比例
相关距离（correlation distance）	衡量随机变量 X 与 Y 的相关距离	$D_{xy} = 1 - E\left(\dfrac{(X - EX)(Y - EY)}{\sqrt{D(X) \times D(Y)}}\right)$	变量 X 和 Y 相关系数越大，相关距离越近

（3）社会网络构建研究。各主体间组成的社会网络关系也是凝聚力研究的重要组成部分。各主体间联系越紧密，凝聚力程度就越高。近年来，综合灾害风险防范研究领域高度关注不同主体间的社会网络关系（McGuire and Silvia，2010；Renn，2017）。政府、事业、企业、个人等多方的合作，加快了综合灾害风险防范进程（Forino et al.，2015；Walker et al.，2014）。相关研究表明，对多主体社会网络的理解能够帮助各主体在备灾、应急、恢复和重建等过程中更好地协调要素间的关系、共享资源和共同决策，从而有效提高综合减灾效率（Ashida et al.，2018；Kapucu et al.，2009）。剖析多主体组成的社会网络对提升综合灾害风险防范效率具有重要意义（Azhoni and Goyal，2018）。

社会网络构建是社会–生态系统凝聚力研究的基础，其方法主要包括问卷调查、文献分析和社交媒体网络分析等，它们为综合灾害风险防范社会网络的构建提供了诸多参考（Islam and Walkerden，2015；Kapucu，2006；Sundaram et al.，2012；Varda，2017）。在问卷调查方法中，有研究者通过问卷询问受灾害影响的结点在备灾应急过程中的合作结点，然后将受访者提升到的公共单位、私人单位和非营利机构等结点进行连线，建立相应的灾害管理网络（Kapucu and Hu，2016）。也有研究者通过问卷调查，咨询资深灾害管理者，按照他们的经验列出灾害防范的结点，然后对结点进行连线，构建灾害管理网络（Kapucu and Garayev，2013；Vasavada，2013）。在文献分析方法中，Lassa（2017）将 1300 份灾后资金援助项目文件中有交易的结点进行连线，进而构建综合灾害风险防范的社会网络。Saban（2015）则通过 2391 份灾害应急报告和新闻，列出应对台风过程中的相关结点名单，根据结点之间有无交流记录进行连线，从而建立台风应急响应的社会网络。在社交媒体网络分析方法中，有研究者抽取 1%的 Twitter 用户作为结点，对在 2011 年 3 月 11 日日本东北大地震发生时段内，有相互关注或者相互转发 Twitter 内容的结点进行连线，构建了社区应对极端事件的社交网络(Lu and Brelsford，2014)。还有研究者将 Baton Rouge 城市内所有 Facebook 用户作为结点，对在 2016 年路易斯安纳洪水事件期间内，有相互评论、分享有关洪水信息的结点进行连线，建立灾害应对的社会网络（Kim and Hastak，2018）。

（4）社会网络构建研究方法。对于已经构建好的社会网络，多数研究通过定量结点、边或网络的整体状态分析结点关系，这为深入定量社会–生态系统网络属性奠定了基础（Bisri，2016；Hossain and Kuti，2010）：

结点状态评价。常采用的指标有 degree、closeness 等，degree 通过给定结点链接边数和剩余结点总数的比值来表达结点在网络中的重要程度（Freeman et al.，1979；Moore et al.，2003；Pratiwi and Suzuki，2017），如 Abbasi 等（2018）通过 degree，找出了野火应对过程中前 10 个最重要的单位。closeness 则通过计算给定结点到其他结点的最短路径，以表达该结点对其他结点施加的影响（Friedkin，1991），如 Tang 等（2019）通过 closeness，分析了地震级联效应情景下，给定结点对其他结点的影响总和。

边的状态评价。其一般针对具体结点的沟通情况赋予权重。有研究者按照结点之间在应对台风过程中的交流频繁程度，对"边"进行 0～3 的权重赋值（Saban，2015）。也有研究者将结点在灾害发生期间互相评论交流的次数作为边的权重（Lu and Brelsford，2014）。

整体网络状态评价。Density 是最常见的指标，以表达整个网络联系的紧密程度（Bisri and Beniya，2016；Duffy et al.，2013），其通过计算网络中实际存在的边数与理论边数的比值得到。有众多研究者采用 Density 研究不同尺度地区在综合灾害风险防范各阶段，各主体合作的紧密程度（Ashida et al.，2018；Misra et al.，2017）。

相对于结点和整个网络状态而言，"边"的状态是结点间关系的进一步剖析，对理解各主体的合作情况有重要意义（史培军等，2014）。不过目前"边"的研究还比较薄弱，其研究多数通过对结点间交流状态的简单赋值，表达结点间的联系，而结点间联系的状态受许多"软因素"影响（van Wart and Kapucu，2011），如结点间的相互信任、相互理解程度等因素对彼此间的关系都有重要影响（Jiang and Ritchie，2017；Silvia，2011）。各主体之间的社会网络分析还有待将这些"软因素"考虑在内，在定性研究基础上开展定量评价。

社会–生态系统凝聚力研究方法。社会–生态系统凝聚力研究方法主要有以下两种。

（1）模型机制分析法。通过构建模型来分析凝聚力中多种影响因子的相互作用，进而分析凝聚力的内在机制。综合灾害风险防范领域主要有两种模型：一种是凝聚力模型，它强调多主体、多系统、多措施是凝聚力形成的重要条件，认为不同等级政府、事业与企业单位，以及个人需有高度共识，使得社会、生态、经济和制度四个子系统形成一个合作、沟通、协作和共建的综合系统（史培军等，2014），该模型为研究"凝心"和"聚力"构建了理论理解框架。另一种是凝聚度模型，它是在凝聚力模型的基础上，运用系统科学思想提出的含有网络凝聚度概念的模型（胡小兵等，2014）。该模型由结点功能相位函数、结点功能强度和结点间的联结效率三部分组成，为量化综合灾害风险防范的"凝心"和"聚力"提供了具体途径。其核心内容是假设一个网络系统，其拓扑结构由 $G（V，E）$ 表示，其中 V 表示网络中所有 N_N 个结点，E 表示所有 N_E 条链接。每个结点都有各自的功能相位，结点 i 的功能相位为 θ_i，$\theta_i \in \Omega_\theta$，$i=1，\cdots，N_N$，$\Omega_\theta$ 为功能相位的取值范围。对于相互连接的两个结点 i 和 j，函数 $f_{d\theta}（\theta_i，\theta_j）$ 将根据它们的功能相位 θ_i 和 θ_j 来计算它们互补或干扰的程度，则凝聚度可用式（1.1）计算。

$$c_{CD,i} = \sum_{j=1}^{k_i} f_{d\theta}(\theta_i,\theta_j) \tag{1.1}$$

在实际情况下，往往需要考虑结点的功能强度，以及结点之间的联结效率，设结点 i 的功能强度为 a_i，i 与 j 结点之间的效率为 $w_{i,j}$，则可以对结点 i 的凝聚度进行优化，得到更一般的计算式（1.2）。

$$c_{CD,i} = \sum_{j=1}^{k_i} w_{i,j} a_j f_{d\theta}(\theta_i,\theta_j) \tag{1.2}$$

共识模型，主要针对不同主体关于同一事物判断的一致性进行分析，虽然没有应用在综合灾害风险防范研究中，但其核心思想与"凝心"评价高度契合，适合引入凝聚力定量研究中深入探讨，如有用 0 或 1 表达主体一致性的硬共识模型（Kacprzyk，1987），还有用［0，1］之间的数值衡量一致性的软共识模型（Cabrerizo et al.，2010）。此外，基于多维空间向量的余弦模型也可以计算主体间的共识程度，如通过计算 n 维空间向量 x_n、y_n 的余弦值来表达主体 X 和主体 Y 的差异。另外，信息工程中同步性研究也可作为共识模型的参考。例如，有学者通过离差模型，计算给定时间内某结点与所有结点空间平均状态之差来判断同步程度（Pecora et al.，2014）；还有学者通过构建指数，表达网络结点的同步性（Manzano et al.，2013）。这些都为进一步完善"凝心"过程定量化提供了借鉴。

（2）凝聚度仿真模拟。它在凝聚度模型的基础上，利用仿真实验阐明凝聚力系统抗打击的效果（胡小兵等，2014；Hu et al.，2017）。该仿真实验的核心思想是通过设置复杂网络中不同结点连接情景来模拟凝聚力过程，最终通过计算网络凝聚度，阐释如何组织和优化结点才能获得更好的凝聚效果。该仿真实验是按照三种递进思路，设计不同情景（网络模型）来进行模拟的。首先随机选择没有连接到一起的结点，根据链接概率函数，通过两结点间功能相位差计算添加新链接的概率，从而计算网络平均凝聚度。在此基础上，当考虑资源限制等因素，在网络中只能添加固定的 N_E 条链接时，假设了两种情况：一种是网络中央决策者根据全局最优目的设置结点链接；另一种是各结点根据自己最优化需求主动建立链接（不存在中央决策者）。当然，结点的链接还和它们之间的距离相关，两结点间距离越大，链接的成本就越高，链接的效率可能越低，所以最后设计的情景考虑了距离对结点链接的影响。通过以上各种链接情景模拟，得到的结果阐释了凝聚度系统的优化过程（图 1.3）。

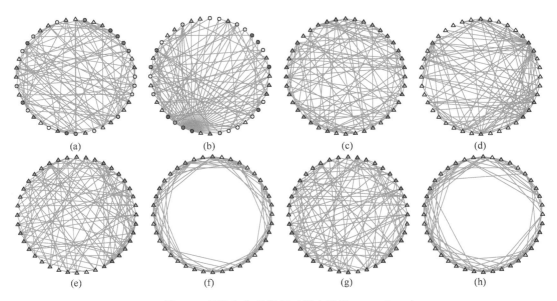

图 1.3 凝聚度仿真模拟（胡小兵等，2014）

基于上述分析可知，凝聚力研究是深入开展综合灾害风险防范的重要途径，不同地理过程研究中的凝聚力研究对其都有所启发。在理论层面，综合人文地理过程和自然地理过程研究中对凝聚力的理解，提出了该领域的凝聚力研究，就是在综合减灾中，人们的共识与减灾资源效率和效益最大化的实现过程。在研究方法层面，多指标综合为凝聚力指标综合提供了参考；多元回归中提及的空间杜宾模型、固定效应模型、结构方程模型等为全面考虑空间、时间以及人为因素等对凝聚力研究贡献了新的思路；概念模型从整体角度加深理解了凝聚力的内在机制；凝聚度模型则从网络系统角度，综合考虑了各主体的共识（凝心）、结点功能强度（聚力）、联系等；模拟与仿真则有助于揭示凝聚力的动态规律。

1.2 社会–生态系统综合灾害风险防范的凝聚力

1.2.1 社会–生态系统与区域灾害系统

1. 社会–生态系统与区域灾害系统

（1）社会–生态系统。近十年来，学术界开始关注"社会–生态系统"和"人地复合系统"的复杂性、异质性、动态性（Liu et al.，2007；Elinor，2009）和高度关联性（Young et al.，2006；Helbing，2013），并探讨这些特征对系统可持续性造成的挑战。社会–生态系统包括社会子系统、经济子系统、制度子系统和生态子系统，各子系统相互关联，且紧密互动（史培军和耶格·卡罗，2012）。社会–生态系统（传统意义上也被称为复合人地系统、人与自然复合系统）（Liu et al.，2007）是地理学以及可持续发展科学的重要研究对象。社会–生态系统也被定义为社会子系统（人类子系统）、生态子系统（自然子系统）以及二者的交互作用构成的集合（Gallopín et al.，2001），并被认为是可持续发展科学最理想的研究单元（Gallopín，1991）。近年来，若干与全球变化和可持续发展研究相关的重要学术术语被用于描述社会–生态系统的可持续能力，包括脆弱性（vulnerability）、恢复性（resilience）与适应性（adaptation）（图1.4）。这些概念之间彼此交叉，在不同的研究领域具有不同的侧重与界定（Janssen and Ostrom，2006）。

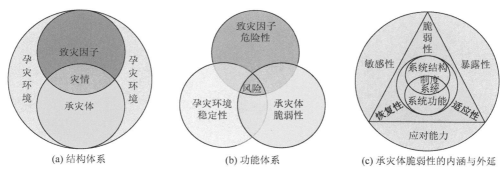

|(a) 结构体系|(b) 功能体系|(c) 承灾体脆弱性的内涵与外延|

图1.4 区域灾害系统的结构体系、功能体系与承灾体脆弱性的内涵与外延

脆弱性最早源自经济学、人类学、心理学等多个学科的研究。生态学、地理学、环境科学、资源科学等学科则构建了针对环境变化的脆弱性（Adger，2006），以及针对灾害防治与风险防范的脆弱性理论（Burton et al.，1978；Blaikie et al.，1994）。恢复性最早源自生态学领域（Gallopín，2006），曾被一些学者定义为生态系统应对外部压力与扰动的能力（Adger，2000），因而其也被认为与脆弱性是同一事物的两个方面（Folke et al.，2002），并在一些文献中被等同地使用（Adger et al.，2005）。然而，从系统科学角度理解的恢复性重点表达系统从动态变化中（特别是在受到扰动和外部压力后）在一定吸引域内维持或"恢复"其结构和行动的能力，其与脆弱性有着重要的区别（Pimm，1984；Holling，1996）。适应性表达系统针对外部环境特征的演变（如变化的条件、压力、致灾因子、风险或机遇）进行自我学习、调整与演化的能力（Barry and Johanna，2006），适应性最早源自20世纪初的人类学研究，而近年来在气候变化与应对领域成为研究热点（Adger et al.，2005）。与此同时，灾害风险以及全球变化风险领域的研究进展大大丰富了承灾体脆弱性研究的内涵与外延。用于描述承灾体内在属性的指标在狭义的脆弱性研究的基础上（表达系统丧失结构和功能的能力，可用承灾体在不同致灾因子强度的打击条件下的损失程度计量），增加了恢复性（表达系统从其动态变化中恢复的能力，可用承灾体在遭受打击后恢复的速度与程度计量）与适应性（表达系统针对外部环境特征进行自我学习、调整与演化的能力）。

（2）社会–生态系统与灾害系统。在全球变化科学领域，国际全球环境变化人文因素计划（IHDP）率先提出了综合灾害风险防范的科学计划（史培军等，2009；史培军和耶格·卡罗，2012），指出社会–生态系统的风险研究需从多尺度、多维度、多利益相关者角度开展综合性研究，这种综合性研究超越了原有的"多灾种–灾害链–灾害遭遇"的研究，以及单一尺度下的成本效益和成本分摊的研究（史培军和耶格·卡罗，2012），他强调致灾因子、孕灾环境和承灾体的一体化（史培军，1991），危险性、敏感性（稳定性）和暴露性的一体化（史培军，1996），脆弱性、恢复性和适应性的一体化（史培军，2002），地方性、区域性和全球性的一体化（史培军，2005）。灾害与灾害风险系统是典型的社会-生态系统（以下简称"系统"）（史培军，2009），其也是灾害风险防范研究的对象。史培军（1991a，1996，2002，2005，2009）曾专门撰文讨论区域灾害系统的结构体系与功能体系，结果表明，灾害系统的结构体系阐述了灾害系统要素的构成，即孕灾环境、致灾因子、承灾体与灾情。其中，孕灾环境是区域灾害发生的综合地球表层环境，对应着社会-生态系统的全部。致灾因子是孕灾环境中不稳定的、可在一定扰动条件下突破设防阈值并对承灾体构成潜在威胁的自然、环境、人文要素（Turner et al.，2003），这里的扰动可以是内源性的，也可以是外源性的，或是内外互动性的（Turner et al.，2003；Young，2010；Kasperson et al.，2014；van der Leeuw，2001）。承灾体是致灾因子影响和打击的对象。灾情是孕灾环境、致灾因子、承灾体综合作用的结果。灾害系统的功能体系阐述了灾害系统中灾害风险形成的过程，即灾害风险的大小由孕灾环境的稳定性（敏感性）、致灾因子危险性以及承灾体脆弱性共同决定。由于孕灾环境不稳定性与致灾因子危险性在很大程度上由社会-生态系统中生态子系统的内在属性决定，即综合地球表层环境中的物理、化学、生物与人文过程决定，因此综合灾害风险防范的核心问题在于如何有效降低孕灾环境不稳定性（敏感性）和承灾体脆弱性。然而，这种综合性研究反映在防范灾害风险、应对灾害的各主体身上，强调了上下、左右协同的运作机制，以及系统结构和功能的多目标优化。如何实现多目标优化这一目标、如何从科学严谨的角度阐释"综合"，这就需要提出新的模式。

2. 区域灾害系统的广义脆弱性

（1）承灾体广义脆弱性。区域灾害系统的脆弱性、恢复性和适应性这三者之间到底是怎样的关系，在当前的研究中仍然存在许多争论。区域灾害系统的脆弱性、恢复性和适应性表达的是同一概念的不同方面，还是存在互相包含的关系（Gallopín et al.，2001）？全球变化研究领域倾向于将恢复性的概念广义化，即恢复性包含系统应对和承受打击的能力（脆弱性）以及从打击中恢复的能力，并特别强调系统恢复性的动态特征。在区域灾害系统研究中，我们更倾向于将脆弱性的概念广义化，即承灾体的广义脆弱性包含狭义脆弱性、恢复性与适应性三者，其中既包含系统的动力学特征，也伴随着系统的非动力学特征（图1.4）。

（2）承灾体广义脆弱性的特性。敏感性、暴露性与应对能力分别是承灾体广义脆弱性在孕灾环境、致灾因子与承灾体三个方面的外延。承灾体对应某一特殊种类的致灾因子的敏感性，其受到局地孕灾环境特征的显著影响，也就是通常所说的局地孕灾环境对灾情产生的放大/缩小作用。暴露性是在一定的设防条件下，孕灾环境扰动形成的致灾因子在承灾体表面的投影，承灾体对致灾因子的暴露是损失形成的前提。承灾体的敏感性与暴露性通常被用于结构化地定量评估其狭义的脆弱性；敏感性与应对能力能够很好地表达承灾体从扰动中恢复的能力，即恢复性。应对是一种承灾体在灾害发生时采取的短期与临时性的系统功能改变。应对能力与适应性的关系相对较为复杂。承灾体对致灾因子的应对往往通过改变社会-生态系统的暴露性实现，同时承灾体也会影响扰动本身，如致灾因子强度（intensity）和作用时长（duration）等属性。以洪水为例，洪水来临时采取垒堤坝、转移安置民众等应急措施，可以降低财产的暴露性，但这是暂时的。一旦洪水超越这种临时设防能力，该措施将失效，且被人为临时增高水位的洪水将更加具有破坏性，堤坝周边承灾体的敏感性（如房屋抵抗洪水冲击与长时间浸泡的能力）将更加敏感和脆弱。应对是承灾体针对外部扰动的及时性反馈，当这种反馈得以不断重复并被系统学习从而导致长期性的结构与功能变化时，就形成了适应。仍以洪水为例，将临时性增高堤坝改为永久性增高，将转移安置调整为从洪泛区撤出，这一应对措施就变成了适应措施。应对能力与适应能力本身存在一定的差别，此处仅强调二者在时间尺度上的差别，即长时间尺度的应对能力可被视作适应能力。承灾体广义脆弱性的内涵与外延决定了主动防范灾害风险，需要从多个维度有效地减轻社会–生态系统的脆弱性，其减轻的能力决定于构成社会–生态系统的经济、社会与制度子系统的要素，要素之间、要素与子系统之间，以及子系统间的关系（系统结构），以及由这种结构所体现出的系统功能。承灾体广义脆弱性的核心是制度子系统对社会–生态系统结构和功能的设计，其决定着承灾体系统的内涵（脆弱性、恢复性、适应性）和外延（敏感性、暴露性和应对能力），这样就构成了社会–生态系统应对由孕灾环境和致灾因子交互作用而产生的灾害事件及其风险的整体能力。

1.2.2　社会–生态系统综合灾害风险防范凝聚力的提出

从综合灾害风险防范的角度解读凝聚力。

（1）"凝聚力"（consilience）。在澄清以上诸多概念后，一个极为重要的问题由此提出：承灾体的结构与功能应如何设计来实现经济、社会、制度等子系统内要素之间的协同运作，从而有效地改变脆弱性、恢复性、适应性，降低敏感性、暴露性并提升应对能力，进而有效地防范灾害风险？如何对区域灾害系统结构与功能调整与优化，以此降低广义脆弱性的水平？我们研究发现，目前仍然缺乏一种概念或模式来阐释这种效果或能力。应该有另一驱动力因素来决定整个区域灾害系统是否能有效和有序地进行协同运作，实现防范灾害风险的目标。为此我们提出，这种促使区域灾害防御系统协同运作的驱动力为社会–生态系统综合灾害风险防范的"凝聚力"（Shi et al.，2012），其英文为"consilience"（图 1.5）（史培军等，2014）。consilience 一词最早出现于 1847 年 Whewell W 所著的 *The Philosophy of the Inductive Sciences*（Whewell，1847）一书中，他尝试用 consilience 来阐释科学理论构建的基础：预测、解释和各领域的统一化，强调的是综合的过程。1998 年由 E.O.Wilson 所著的 *Consilience：The Unity of Knowledge*（Wilson，1999）一书中，更为清晰地用 consilience 一词解释知识的一体化。社会–生态系统的"凝聚力"表达了该系统中各子系统、各要素、各行为主体达成共识（即"凝心"）和形成合力（即"聚力"）的能力，"凝聚力"的大小是针对凝心和聚力的过程而言的，即该过程产生的效果、效率和效益。"凝聚力"是对系统"凝心"和"聚力"能力的一种测量和表达，也是系统内在的状态属性，它与系统的"结构和功能"有关。"凝聚力"概念中"凝心"指的是系统中各相应单元达成共识的过程，而"聚力"指的是各单元形成合力的过程，达成共识和形成合力均是针对社会–生态系统综合防御风险、抵抗外在打击（渐发和突发型）而言的。社会–生态系统凝聚力的概念模型如图 1.5

所示。政府、事业单位、企业和个人 4 个均为防范风险的主体，各自在自己的维度上需进行单主体的综合，然后 4 个主体进一步综合，作用于社会子系统、经济子系统、生态子系统和制度子系统上，这些子系统进一步综合，形成合作、协作、沟通和共建这样一种凝聚后的综合系统，才能更好地协同运作。

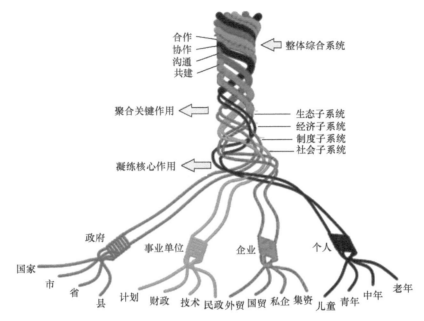

图 1.5　社会–生态系统综合灾害风险防范凝聚力概念模型（Shi et al.，2012）

（2）凝聚力的基本原理。凝聚力概念本质是"综合"，具体表现为系统协同运作的能力或协同性，凝聚力也是系统的一种内在属性。系统的其他属性，如脆弱性、恢复性等在提出之初，为了更好地加以解释，并与不同领域的概念进行结合，它们的概念描述往往借助力学的问题表达方式进行。史培军等（2014）提出凝聚力的 4 个基本原理，借用结构工程和力学中的相应表述方法，对凝聚力原理进行阐释。

协同宽容原理。系统面临风险时，各响应单元必须产生有别于常态时的宽容性，这种宽容性使得系统作为应对风险的整体，获得比常态时更高的抗性和恢复性。如图 1.6 所示，当多股钢绞线拧在一起时，不仅使得工作性能提升，而且比单根使用获得了更多的延展性，从而整体上能够容忍更大变形，且获得更强的抗冲击能力。当社会–生态系统向灾害状态转入时，各个响应单元需合理地提高宽容性，容许常态时所不能接受的运作规则和合作方式，这样才能围绕系统整体的优化目标，在灾害"转入"时产生更高的设防能力和调整空间；同样，在灾害"转出"时，对资源分配原则、成本效益目标和区域平衡方式等的协同宽容，能让系统整体上更有效地应对灾情，并快速得以恢复。协同宽容原理还体现在各子系统和响应主体对灾害风险"转入"和"转出"模式（史培军和耶格·卡罗，2012）转换所需的宽容度，这样就实现了系统整体在防范风险效率和效益方面的双重优化。协同宽容原理对应凝聚力中的"凝心"，它也是在系统防范风险中实现结构和功能优化的前提。

工程中，为了使钢制绳索满足大变形、抗冲击和易成卷捆扎等需求，多股钢丝以一定的规则绞合成钢绞线，钢绞线的力学原理体现了本书所述的"协同宽容"的内涵。

协同宽容原理具体表现在：① 所有钢丝遵循统一原则进行绞合，体现出对规则的宽容；② 在对规则宽容的前提下，整体钢绞线形成对大变形和冲击荷载更高的宽容性；③ 钢绞线拥有单根钢丝所不具备的良好的工作性能，极大地提升其包装、运输、应用方面的宽容性。

图 1.6 协同宽容原理示意图

协同约束原理。由于系统应对风险的总体资源有限，每个响应单元都不可能任意地使用资源而达到局部效果的最优。从系统的角度，为了达到有限资源条件下的整体最优，往往需要对局部的单元进行资源或行为的约束，在一定的协同配置下，这种约束会对系统整体产生更为优化的风险防御能力。如图 1.7 所示，柱体在与竖直方向垂直的平面上进行了有效约束，使得柱体的极限承载能力得以提升。这种约束可以很容易拓展到社会–生态系统的响应单元中。当防范风险成为系统整体的目标时，单元的行为和资源在抵御风险时需进行必要的调整（约束），经济子系统和社会子系统的一些短期目标和资源需求进行必要的约束，以缓解对生态子系统的压力。这种约束虽然会抑制一些短期或局部的发展，但是从系统整

由广义胡克定律可知，z 方向的应变不仅取决于 z 方向的应力，x 和 y 方向的应力同样会在 z 方向产生作用。如果在 x 和 y 方向进行一定约束，将提升 z 方向抵抗荷载的能力。在结构工程中，这一原理广为使用。例如，混凝土柱体往往在水平面上设置箍筋，对水平面内的形变进行约束，从而极大地提升柱体竖向的荷载承载能力。

协同约束原理体现在：① 不同维度或构件上的一定约束会促进系统整体抵抗能力的提升；② 约束可能会降低局部性能或自由度，但在一定范围内对整体有利。

箍筋
纵筋
混凝土

图 1.7 协同约束原理示意图

体的角度而言，其可持续发展的能力得以提升，从长期角度来看，反而会促进经济等其他子系统的长足发展。协同约束原理强调约束措施的实现，而这种调整是系统达成"共识"的结果。所以，协同约束原理也对应凝聚力中的"凝心"。

协同放大原理。当响应单元间产生合力时，共同应对风险将形成协同放大的效果。如图 1.8 所示，当构件间产生足够的摩擦力时，组合后结构的承载能力得以极大提升，提升的效果呈 n^2 倍数增加，达到"1+1>2"的放大效果。系统通过协同性的设计和优化能极大地提升系统整体防范风险的能力，体现出各单元间通过协同机制而形成相互促进的效果，从而使整体的效益得以放大，各单元间在资源配置上的协同可促进系统整体资源利用效率的提升，各单元在结构与功能优化的过程中，通过协同设计增强相互间的正向耦合作用（如绿色经济上的投入对经济增长和生态服务能力两方面都能产生正向作用），使有限的资源能在多个功能实现下达成协同增强的效果，这样能放大系统整体应对灾害风险以及从灾害事件中恢复的能力。协同放大原理对应凝聚力中的"聚力"。

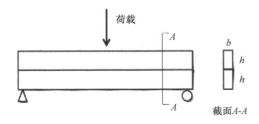

结构工程中，常常通过组合结构的协同性设计实现结构性能的优化。单根的简支梁的抗弯性能与 $W=bh^3/6$ 成正比。当两根梁之间没有任何协同性（无摩擦）时，极限抗弯性能与 $W=2bh^3/6$ 成正比；当两根梁之间存在协同性（完全连接）时，极限抗弯性能与 $W=b(2h)^3/6$ 成正比。当 n 根梁协同时，其性能提升为 n^2 倍不是简单的 n 倍。

协同放大原理体现在：① 子系统间协同性的存在，使得系统整体抵抗能力提升，这种提升超过了子系统数目的增加带来的简单增量，形成了额外的放大效能；② 协同放大的实现需要通过子系统间的协同性设计来完成。

图 1.8 协同放大原理示意图

协同分散原理。由于复杂系统中各单元间存在着一定的联通性（Young et al., 2006），某一子系统中的缺陷可能会引发系统性的风险而导致系统崩溃，协同分散的目的是将这种局部的缺陷放到整个系统中来评估，从系统的角度来转移和分摊它带来的风险。风险分散的本质就是通过时间的长度和空间的广度来化解风险在某一特定时空的聚集，而协同分散原理在此基础上增加风险在各系统单元中的分散，具体体现在系统设计时避免风险在各系统单元间的传递和扩散，同时形成系统单元间的协同力，对局部的风险源加以有效控制。所有的响应单元都存在着缺陷或薄弱点，在应对风险和外在打击时，如果每个单元都单独应对，那么每个单元中潜在的缺陷就会暴露，一旦破坏，有可能形成系统的链式破坏反应。如图 1.9 所示，当系统 B 的四个单元形成合力时，在不同的截断下，某一单元中存在的缺陷会被其他没有缺陷的单元共同分担，这样从系统整体的角度来说，系统中可能的缺陷带来的风险被有效分散了，从而使其抵御风险的能力得以提升。协同分散原理也对应凝聚力中的"聚力"。

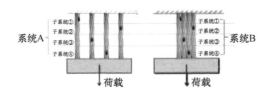

　　在系统A中，子系统的缺陷(黑色点表示)带来的破坏会造成整根绳索的断裂，荷载进行重新分配而引发的"灾害链"的传递使整个系统崩溃。系统B中子系统协同受力，有效分散系统中的随机缺陷。假设每个绳索在无缺陷时的承载力为100，有缺陷时的承载力为50，那么系统A的极限承载力为200，而系统B的极限承载力为300~450。

　　协同分散原理体现在：① 通过子系统间的协同，原存于系统中地随机风险 (缺陷) 得以降低，从而提升了系统的整体抵抗能力；② 子系统中的风险在协同后的系统中得以分散，系统作为整体分摊了子系统中的风险，这种分散的效果取决于系统协同性的设计。

图 1.9　协同分散原理示意图

　　（3）综合灾害风险防范的凝聚力形成中的协同效应。上述凝聚力的 4 个基本原理均提及"协同"。那么，应用到社会–生态系统风险防范中，"宽容""约束""放大"和"分散"分别对应的"协同"效能是什么呢？

　　协同宽容原理的协同效应。强调通过系统的协同运作，系统形成整体共识的统一，共识的形成快慢好坏、应对是否得力、是否把可能的资源都用在刀刃上，决定着防范风险具体政策和措施实行的效率和效果，即"人心齐泰山移""民齐者强"。协同宽容的目的是使整体的共识最高。

　　协同约束原理的协同效应。强调通过系统的协同运作，在约束一些子系统的资源、资本和行为时，系统整体抵抗风险的能力增强。虽然约束的内容往往是具体的资金、资本等，但是约束的前提是各子系统或行为主体对实施约束的认知和接受程度。所以，从制度设计的角度，其更多反映出的是共识的问题。协同约束的目的是在系统整体防范风险目标实现的条件下，使所需的成本或费用最低，即"舍卒保车""上下同欲者胜"。例如，巨灾之后的恢复重建，虽然从各行业和地区的角度有着各自的期望和目标，但是为了实现灾区整体的目标，各行业和地区必须在各方面做出必要的约束。

　　协同放大原理的协同效应。强调通过系统的协同运作，系统抵抗外在打击的能力增强，并且产生"1+1>2"的效果。从宏观角度来讲，协同放大的目的是使得系统中整体社会福利（social welfare）最大化。例如，在农业灾害风险防范中，政府、保险企业和农户的协同运作，通过政策性推动、财政资金补贴、农户的广泛参与以及保险资本杠杆效应，最终实现农户风险保障的极大提升，这是协同运作而产生的社会福利的放大效果，即"众人拾柴火焰高"。

协同分散原理的协同效应。强调通过系统的协同运作，系统成为一个协作的整体后，原本各子系统所面临的风险在这个整体面前得以有效分散，使整体风险降低。协同分散的目的是使得系统整体的风险最小化。例如，在防范气候变化引致的环境风险时，各行业均面临着未来气候变化可能产生的不良影响，如农业、能源产业、供水业、健康服务业等各自风险的规模和特征差异明显，那么各行业协同运作共同防范风险，使得各自的风险在时间和空间上得以分散。同时，行业间的资源、资本和技术的连通与共享，可以使得原本在某一行业凸显的风险得以减缓，但更重要的是作为协作整体风险的降低，即"一根筷子轻折断，十双筷子抱成团"。

凝聚力理论的 4 个协同原理是针对社会–生态系统综合灾害风险防范而提出的，其具有一定的普适性，是对制度系统中的"共识"、社会系统中的"共生"、经济系统中的"共赢"的阐释，以及对生态系统中的"共存"的阐释，但更加强调"共识、共生、共赢、共存"这些结果产生的过程，即"凝心"和"聚力"形成的过程。这里需要强调的是，协同的目的是提升系统的凝聚力，以有效防范风险，然而协同的过程中各子系统或响应单元需要在一定程度上进行结构和功能的调整，这种调整可能会在局部产生新的风险因素，进而在高度关联和紧密互动的社会–生态系统中得以"传递、累积和放大"，最终可能引起系统性的灾难；这种过程往往会是潜在、渐变和长期性的，在短时间难以显现，所以以更需要关注这种协同过程中的新风险因素，以提升系统的可持续能力。

1.2.3　社会–生态系统综合灾害风险防范的凝聚力模式

依据凝聚力理论的 4 个协同原理，史培军等（2014）提出了社会–生态系统综合灾害风险防范的凝聚力模式，如图 1.10 所示。

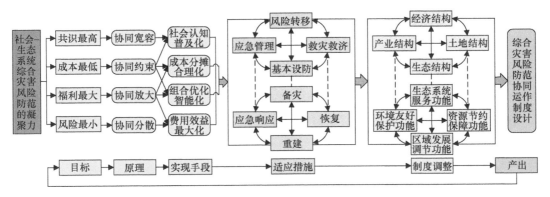

图 1.10　社会–生态系统综合灾害风险防范的凝聚力模式

目标。应用系统协同宽容、协同约束、协同放大和协同分散原理，通过社会认知普及化、成本分摊合理化、组合优化智能化、费用效益最大化等一系列手段，实现社会–生态系统综合灾害风险防范达成共识的最高化、成本最低化，以及福利最大化、风险最小化的目标。

措施。这一过程的完成，必须通过对区域灾害系统结构和功能的改变，并采取相应的适应措施来实现，而这些措施得益于社会–生态系统制度组成的结构和功能的调整。

制度。凝聚力是评价社会–生态系统综合灾害风险防范的基本变量，凝聚力的最大化提升是综合灾害风险防范、协同运作以及区域灾害系统结构和功能优化的目标，而制度设计是实现这一过程和完成这一目标的核心。在该模式中，从协同的目标到产出并非单一的过程，以制度设计为核心产出的综合灾害风险防范，需要不断再回到提升社会–生态系统凝聚力的目标上，构建再调整与优化的流程，以评价整体和局部的协同效能和效果、关注制度调整后可能产生的新的风险因素及其对调整与优化后的社会–生态系统的影响。这一循环模式强调的是社会–生态系统动态的自我完善和演化，以更好地适应自然、人文等因素的变化，特别是这一过程中不断涌现的传统的和新兴的风险因素，尤其是各种突发极端事件或渐发的环境风险。

参 考 文 献

郭浩. 2019. 区域农业旱灾综合灾害风险防范凝聚力模型的构建与应用: 以内蒙古兴和县为例. 北京: 北京师范大学.

胡斌, 章德斌. 2006. 基于元胞自动机间距识别的员工行为模拟方法. 系统工程理论与实践, 26(02): 83～96

胡小兵, 史培军, 汪明, 等. 2014. 凝聚度——描述与测度社会生态系统抗干扰能力的一种新特性. 中国科学: 信息科学, 44(11): 1467～1481

黎志成, 龚晓光, 胡斌. 2004. 团队凝聚力与绩效系统定性模拟研究. 华中科技大学学报(自然科学版), 32(09): 89～92

史培军. 1991. 论灾害研究的理论与实践. 南京大学学报(专刊), 11(3): 37～42

史培军. 1996. 再论灾害研究的理论与实践. 自然灾害学报, 5(4): 6～17

史培军. 2002. 三论灾害系统研究的理论与实践. 自然灾害学报, 11(3): 1～9

史培军. 2005. 四论灾害系统研究的理论与实践. 自然灾害学报, 14(6): 1～7

史培军. 2009. 五论灾害系统研究的理论与实践. 自然灾害学报, 18(5): 1～9

史培军, 李宁, 叶谦, 等. 2009. 全球环境变化与综合灾害风险防范研究. 地球科学进展, 24(4): 428～435

史培军, 汪明, 胡小兵, 等. 2014. 社会–生态系统综合灾害风险防范的凝聚力模式. 地理学报, 69(6): 863～876

史培军, 耶格·卡罗. 2012. 综合灾害风险防范: IHDP综合灾害风险防范核心科学计划与综合巨灾风险防范研究. 北京: 北京师范大学出版社

杨多贵, 周志田, 宋瑶瑶, 等. 2016. 世界主要国家的国家凝聚力评价研究. 中国科学院院刊, 31(11): 1215～1223

Abbasi A, Sadeghi N A, Jalili M, et al. 2018. Enhancing response coordination through the assessment of response network structural dynamics. Plos One, 13(2): e191130

Adger W N. 2000. Social and ecological resilience: are they related? Progress in Human Geography, 24(3): 347～364

Adger W N. 2006. Vulnerability. Global Environmental Change, 16(3): 268～281

Adger W N, Hughes T P, Folke C, et al. 2005. Social-ecological resilience to coastal disasters. Science, 309(5737): 1036～1039

Adunoye G O. 2014. Study of relationship between fines content and cohesion of soil. British Journal of Applied Science & Technology, 4(4): 682

Agrawal A, Khan R A. 2014. Assessing impact of cohesion on security-an object oriented design perspective. Pensee, 76(2): 144~155

Allen E B, Khoshgoftaar T M, Chen Y. 2001. Measuring Coupling and Cohesion of Software Modules: An Information-Theory Approach. London: Proceedings of 7th International Conference on Software Metric Symposium.

Ashida S, Zhu X, Robinson E L, et al. 2018. Disaster preparedness networks in rural Midwest communities: organizational roles, collaborations, and support for older residents. Journal of Gerontological Social Work, 61(7): 735~750

Azhoni A, Goyal M K. 2018. Diagnosing climate change impacts and identifying adaptation strategies by involving key stakeholder organisations and farmers in Sikkim, India: challenges and opportunities. Science of the Total Environment, 626: 468~477

Barry S, Johanna W. 2006. Adaptation, adaptive capacity and vulnerability. Global Environmental Change, 16(3): 282~292

Bernard P. 1999. Social cohesion: a critique. CPRN, 09: 1~26

Bird D K. 2009. The use of questionnaires for acquiring information on public perception of natural hazards and risk mitigation-a review of current knowledge and practice. Natural Hazards and Earth System Sciences, 9(4): 1307

Bisri M B F. 2016. Comparative study on inter-organizational cooperation in disaster situations and impact on humanitarian aid operations. Journal of International Humanitarian Action, 1(1): 8

Bisri M B F, Beniya S. 2016. Analyzing the national disaster response framework and inter-organizational network of the 2015 Nepal/Gorkha earthquake. Procedia Engineering, 159: 19~26

Blaikie P, Cannon T, Davis I, et al. 1994. At Risk: Natural Hazards, People's Vulnerability and Disasters. London: Routledge

Bollen K A, Hoyle R H. 1990. Perceived cohesion: a conceptual and empirical examination. Social Forces, 69(2): 479~504

Botterman S, Hooghe M, Reeskens T. 2012. "One Size Fits All"? An empirical study into the multidimensionality of social cohesion indicators in Belgian Local Communities. Urban Studies, 49(1): 185~202

Bottoni G. 2018. A multilevel measurement model of social cohesion. Social Indicators Research, 136(3): 835~857

Buckner J C. 1988. The development of an instrument to measure neighborhood cohesion. American Journal of Community Psychology, 16(6): 771~791

Burton I, Kates R W, White G F. 1978. The Environment as Hazard. New York: Guilford

Cabrerizo F J, Hmouz R, Morfeq A, et al. 2017. Soft consensus measures in group decision making using unbalanced fuzzy linguistic information. Soft Computing, 21(11): 3037~3050

Cabrerizo F J, Moreno J M, Pérez I J, et al. 2010. Analyzing consensus approaches in fuzzy group decision making: advantages and drawbacks. Soft Computing, 14(5): 451~463

Cagney K A, Sterrett D, Benz J, et al. 2016. Social resources and community resilience in the wake of superstorm sandy. Plos One, 11(8): e160824

Calo-Blanco A, Kovářík J, Mengel F, et al. 2017. Natural disasters and indicators of social cohesion. Plos One, 12(6): e176885

Cao X, Jiang X, Li X, et al. 2013. Family functioning and its predictors among disaster bereaved individuals in China: eighteen months after the Wenchuan earthquake. Plos One, 8(4): e60738

Carroll M S, Cohn P J, Seesholtz D N, et al. 2005. Fire as a galvanizing and fragmenting influence on communities: the case of the Rodeo–Chediski fire. Society and Natural Resources, 18(4): 301~320

Carron A V. 1982. Cohesiveness in sport groups: interpretations and considerations. Journal of Sport psychology,

4(2): 123～138

Chan J, To H P, Chan E. 2006. Reconsidering social cohesion: developing a definition and analytical framework for empirical research. Social Indicators Research, 75(2): 273～302

Chang K. 2010. Community cohesion after a natural disaster: insights from a Carlisle flood. Disasters, 34(2): 289～302

Chen H, Wang J, Huang J. 2014. Policy support, social capital, and farmers' adaptation to drought in China. Global Environmental Change, 24: 193～202

Cinneide M O, Moghadam I H, Harman M, et al. 2017. An experimental search-based approach to cohesion metric evaluation. Empirical Software Engineering, 22(1): 292~329

Dallal A J. 2015. Empirical exploration for the correlation between class object-oriented connectivity-based cohesion and coupling. World Academy of Science, Engineering and Technology, International Journal of Computer, Electrical, Automation, Control and Information Engineering, 9(4): 934-937

de Europa C. 2005. Concerted Development of Social Cohesion Indicators: Methodological Guide. Bélgica: Autor

Delhey J, Dragolov G. 2016. Happier together. Social cohesion and subjective well-being in Europe. International Journal of Psychology, 51(3): 163～176

Deressa T T, Hassan R M, Ringler C, et al. 2009. Determinants of farmers' choice of adaptation methods to climate change in the Nile Basin of Ethiopia. Global Environmental Change, 19(2): 248～255

Ding B, Sha R, Seeman N C. 2004. Pseudohexagonal 2D DNA crystals from double crossover cohesion. Journal of the American Chemical Society, 126(33): 10230～10231

Duffy T, Baber C, Stanton N A. 2013. Measuring Collaborative Sensemaking. Germany: ISCRAM

Elinor O. 2009. A general framework for analyzing sustainability of social-ecological systems. Science, 325: 419～422

Espejo R. 2008. Observing organisations: the use of identity and structural archetypes. International Journal of Applied Systemic Studies, 2(1～2): 6～24

European Commission. 2007. Growing Regions, Growing Europe: Fourth Report on Economic and Social Cohesion: Provisional Version. Office for Official Publications of the European Communities

Festinger L. 1950. Informal social communication. Psychological Review, 57(5): 271

Folke C, Carpenter S, Elmqvist T, et al. 2002. Resilience and Sustainable Development: building Adaptive Capacity in A World of Transformations. Stockholm, Sweden: Report for the Swedish Environmental Advisory Council 2002, Ministry of the Environment

Forino G, von Meding J, Brewer G J. 2015. A conceptual governance framework for climate change adaptation and disaster risk reduction integration. International Journal of Disaster Risk Science, 6(4): 372～384

Forrest R, Kearns A. 2001. Social cohesion, social capital and the neighbourhood. Urban Studies, 38(12): 2125～2143

Freeman L C, Roeder D, Mulholland R R. 1979. Centrality in social networks: II. experimental results. Social Networks, 2(2): 119～141

Friedkin N E. 1991. Theoretical foundations for centrality measures. American Journal of Sociology, 96(6): 1478～1504

Gallopín G C. 1991. Human dimensions of global change: linking the global and the local processes. International Social Science Journal, 130: 707～718

Gallopín G C. 2006. Linkages between vulnerability, resilience, and adaptive capacity. Global Environmental Change, 16(3): 293～303

Gallopín G C, Funtowicz S, O'Connor M, et al. 2001. Science for the 21st century: from social contract to the scientific core. International Social Science Journal, 168: 219～229

Genius M, Koundouri P, Nauges C, et al. 2013. Information transmission in irrigation technology adoption and diffusion: social learning, extension services, and spatial effects. American Journal of Agricultural Economics,

96(1): 328～344

Hakik L M, Harti R. 2014. Measuring coupling and cohesion to evaluate the quality of a remodularized software architecture result of an approach based on formal concept analysis. International Journal of Computer Science and Network Security, 14(1): 11

Haynes K, Barclay J, Pidgeon N. 2008. Whose reality counts? Factors affecting the perception of volcanic risk. Journal of Volcanology and Geothermal Research, 172(3): 259～272

Helbing D. 2013. Globally networked risks and how to respond. Nature, 497(7447): 51

Herrera V E, Cabrerizo F J, Kacprzyk J, et al. 2014. A review of soft consensus models in a fuzzy environment. Information Fusion, 17(SI): 4～13

Hikichi H, Aida J, Tsuboya T, et al. 2016. Can community social cohesion prevent posttraumatic stress disorder in the aftermath of a disaster? A natural experiment from the 2011 Tohoku earthquake and tsunami. American Journal of Epidemiology, 183(10): 902～910

Holling C S. 1996. Engineering resilience versus ecological resilience//Schulze P C. Engineering within Ecological Constraints. Washington D C: National Academy Press: 31～43

Hossain L, Kuti M. 2010. Disaster response preparedness coordination through social networks. Disasters, 34(3): 755～786

Hu X, Shi P, Wang M, et al. 2017. Towards quantitatively understanding the complexity of social-ecological systems-from connection to consilience. International Journal of Disaster Risk Science, 8(4): 343～356

Huang C, Wang J, Lin T. 2011. Resource sufficiency, organizational cohesion, and organizational effectiveness of emergency response. Natural Hazards, 58(1): 221～234

Initiative P R. 1999. Sustaining Growth, Human Development and Social Cohesion in a Global World. Canada: A Report Prepared for the Policy Research Initiative

Islam R, Walkerden G. 2015. How do links between households and NGOs promote disaster resilience and recovery? A case study of linking social networks on the Bangladeshi coast. Natural Hazards, 78(3): 1707～1727

Janssen M, Ostrom E. 2006. Resilience, vulnerability, and adaptation: a cross-cutting theme of the international human dimensions programme on global environmental Change. Global environmental change, 16(3): 237～239

Jenson J.1998. Mapping social cohesion: The state of Canadian research. Ottawa: Canadian policy research networks.

Jiang Y, Ritchie B W. 2017. Disaster collaboration in tourism: motives, impediments and success factors. Journal of Hospitality and Tourism Management, 31: 70～82

Johnson J. 2015. Social cohesion: an investigation into post-earthquake Christchurch. Lincoln, New Zealand: Bachelor's Thesis, Lincoln University

Kacprzyk J. 1987. On some fuzzy cores and'soft'consensus measures in group decision making. The Analysis of Fuzzy Information, 2: 119～130

Kaniasty K. 2012. Predicting social psychological well-being following trauma: the role of postdisaster social support. Psychological Trauma: Theory, Research, Practice, and Policy, 4(1): 22～33

Kapucu N. 2006. Interagency communication networks during emergencies: boundary spanners in multiagency coordination. The American Review of Public Administration, 36(2): 207～225

Kapucu N, Augustin M, Garayev V. 2009. Interstate partnerships in emergency management: emergency management assistance compact in response to catastrophic disasters. Public Administration Review, 69(2): 297～313

Kapucu N, Garayev V. 2013. Designing, managing, and sustaining functionally collaborative emergency management networks. The American Review of Public Administration, 43(3): 312～330

Kapucu N, Hu Q. 2016. Understanding multiplexity of collaborative emergency management networks. The

American Review of Public Administration, 46(4): 399～417

Kasperson J X, Kasperson R E, Turner B L, et al. 2014. Vulnerability to global environmental change//Kasperson J X, Kasperson R E. Social Contours of Risk. London: Earthscan: 261～301

Kearns A, Forrest R. 2000. Social cohesion and multilevel urban governance. Urban Studies, 37(5/6): 995～1017

Kim J, Hastak M. 2018. Social network analysis: characteristics of online social networks after a disaster. International Journal of Information Management, 38(1): 86～96

Lassa J A. 2017. Post Disaster Governance, Complexity and Network Theory: Evidence from Aceh, Indonesia after the Indian Ocean Tsunami 2004(Working Paper). Institute of Resource Governance and Social Change, IRGSC.

Lê F, Tracy M, Norris F H, et al. 2013. Displacement, county social cohesion, and depression after a large-scale traumatic event. Social Psychiatry and Psychiatric Epidemiology, 48(11): 1729～1741

Lee B R, Sum A K. 2015. Micromechanical cohesion force between gas hydrate particles measured under high pressure and low temperature conditions. Langmuir, 31(13): 3884～3888

Lennard J E. 1931. Cohesion. Proceedings of the Physical Society, 43(5): 461

Lev-Wiesel R. 2003. Indicators constituting the construct of "perceived community cohesion". Community Development Journal, 38(4): 332～343

Levy D, Itzhaky H, Zanbar L, et al. 2012. Sense of cohesion among community activists engaging in volunteer activity. Journal of Community Psychology, 40(6): 735～746

Liu J, Dietz T, Carpenter S R, et al. 2007. Complexity of coupled human and natural systems. Science, 317: 1513～1516

Lu X, Brelsford C. 2014. Network structure and community evolution on twitter: human behavior change in response to the 2011 Japanese earthquake and tsunami. Scientific Reports, 4: 6773

Manzano G, Galve F, Giorgi G L, et al. 2013. Synchronization, quantum correlations and entanglement in oscillator networks. Scientific Reports, 3: 1439

Marcus A, Poshyvanyk D, Ferenc R. 2008. Using the conceptual cohesion of classes for fault prediction in Object-Oriented systems. Ieee Transactions on Software Engineering, 34(2): 287~300

Markus A, Dharmalingam A. 2008. Mapping Social Cohesion. Melbourne, Australia: Monash Institute for the Study of Global Movements

Markus A, Dharmalingam A. 2013. Mapping Social Cohesion. Melbourne, Australia: Monash University, Caulfield East

Maxwell J. 1996. Social Dimensions of Economic Growth. Edmonton: Department of Economics, University of Alberta

McGuire M, Silvia C. 2010. The effect of problem severity, managerial and organizational capacity, and agency structure on intergovernmental collaboration: evidence from local emergency management. Public Administration Review, 70(2): 279～288

Melara R D, Marks L E, Lesko K E. 1992. Optional processes in similarity judgments. Perception & Psychophysics, 51(2): 123～133

Mercado R M. 2016. People's risk perceptions and responses to climate change and natural disasters in BASECO compound, Manila, Philippines. Procedia Environmental Sciences, 34: 490～505

Misra S, Goswami R, Mondal T, et al. 2017. Social networks in the context of community response to disaster: study of a cyclone-affected community in Coastal West Bengal, India. International Journal of Disaster Risk Reduction, 22: 281～296

Moody J, White D R. 2003. Structural cohesion and embeddedness: a hierarchical concept of social groups. American Sociological Review, 68(1): 103～127

Moore S, Eng E, Daniel M. 2003. International NGOs and the role of network centrality in humanitarian aid operations: a case study of coordination during the 2000 Mozambique floods. Disasters, 27(4): 305～318

O'Sullivan T L, Kuziemsky C E, Toal S D, et al. 2013. Unraveling the complexities of disaster management: a framework for critical social infrastructure to promote population health and resilience. Social Science & Medicine, 93: 238~246

Ohayon Y P, Sha R, Flint O, et al. 2015. Covalent linkage of one-dimensional DNA arrays bonded by paranemic cohesion. Acs Nano, 9(10): 10304~10312

Ouédraogo M, Barry S, Zougmoré R, et al. 2018. Farmers' willingness to pay for climate information services: evidence from cowpea and sesame Producers in Northern Burkina Faso. Sustainability, 10(3): 611

Parsons D R, Schindler R J, Hope J A, et al. 2016. The role of biophysical cohesion on subaqueous bed form size. Geophysical Research Letters, 43(4): 1566~1573

Patidar K, Gupta R, Chandel G S. 2013. Coupling and cohesion measures in object oriented programming. International Journal of Advanced Research in Computer Science and Software Engineering, 3(3): 517~521

Paton D, Smith L, Daly M, et al. 2008. Risk perception and volcanic hazard mitigation: individual and social perspectives. Journal of Volcanology and Geothermal Research, 172(3~4): 179~188

Pecora L M, Sorrentino F, Hagerstrom A M, et al. 2014. Cluster synchronization and isolated desynchronization in complex networks with symmetries. Nature communications, 5(1): 1~8

Perry R W, Lindell M K. 2008. Volcanic risk perception and adjustment in a multi-hazard environment. Journal of Volcanology and Geothermal Research, 172(3~4): 170~178

Pimm S L. 1984. The complexity and stability of ecosystems. Nature, 307(26): 321~326

Pratiwi A, Suzuki A. 2017. Effects of farmers'social networks on knowledge acquisition: lessons from agricultural training in rural Indonesia. Journal of Economic Structures, 6(1): 8

Prior T, Eriksen C. 2013. Wildfire preparedness, community cohesion and social–ecological systems. Global Environmental Change, 23(6): 1575~1586

Rada R, Mili H, Bicknell E, et al. 1989. Development and application of a metric on semantic nets. Ieee Transactions On Systems, Man, and Cybernetics, 19(1): 17~30

Renn O. 2017. Risk Governance: Coping with Uncertainty in A Complex World. London: Earthsean

Rolfe R E. 2006. Social Cohesion and Community Resilience: A Multi-Disciplinary Review of Literature for Rural Health Research. Halifax: Department of International Development Studies Faculty of Graduate Studies and Research, Saint Mary's University

Saban L I. 2015. Entrepreneurial brokers in disaster response network in typhoon Haiyan in the Philippines. Public Management Review, 17(10): 1496~1517

Săvoiu, G. 2011. The holistic concepts of disaster management and social cohesion-statistics and method. Scientific Bulletin, 10(1): 3~19

Schwering A. 2008. Approaches to semantic similarity measurement for geo-spatial data: a survey. Transactions in Gis, 12(1): 5~29

Shi P, Wang M, Ye Q. 2014. Achievements, experiences and lessons, challenges and opportunities for China's 25-year comprehensive disaster reduction. Planet@ Risk, 2(5): 353~358

Shi P, Ye Q, Han G, et al. 2012. Living with global climate diversity-suggestions on international governance for coping with climate change risk. International Journal of Disaster Risk Science, 3(4): 177~184

Silvia C. 2011. Collaborative governance concepts for successful network leadership. State & Local Government Review, 43(1): 66~71

Stanley D. 2003. What do we know about social cohesion: the research perspective of the federal government's social cohesion research network. The Canadian Journal of Sociology / Cahiers Canadiens De Sociologie, 28(1): 5~17

Su Y, Zhao F, Tan L. 2015. Whether a large disaster could change public concern and risk perception: a case study of the 7/21 extraordinary rainstorm disaster in Beijing in 2012. Natural Hazards, 78(1): 555~567

Sun Y, Zhou H, Wall G, et al. 2016. Cognition of disaster risk in a tourism community: an agricultural heritage system perspective. Journal of Sustainable Tourism, 25(4): 536~553

Sundaram H, Lin Y, de Choudhury M, et al. 2012. Understanding community dynamics in online social networks: a multidisciplinary review. Ieee Signal Processing Magazine, 29(2): 33~40

Suppes P, Krantz D H. 2007. Foundations of measurement: geometrical, threshold, and probabilistic representations. London: Academic Press

Sweet S. 1998. The effect of a natural disaster on social cohesion: a longitudinal study. International Journal of Mass Emergencies and Disasters, 16(3): 321~331

Tang P, Xia Q, Wang Y. 2019. Addressing cascading effects of earthquakes in urban areas from network perspective to improve disaster mitigation. International Journal of Disaster Risk Reduction, 35: 101065

Townshend I, Awosoga O, Kulig J, et al. 2015. Social cohesion and resilience across communities that have experienced a disaster. Natural Hazards, 76(2): 913~938

Turner II B L, Kasperson R E, Matson P A, et al. 2003. A framework for vulnerability analysis in sustainability science. Proceedings of the National Academy of Sciences of the United States of America, 100(14): 8074~8079

Tversky A. 1977. Features of similarity. Psychological Review, 84(4): 327~352

van der Leeuw S E. 2001. Vulnerability and the integrated study of socio-natural phenomena. IHDP Update, 2(1): 6~7

van Wart M, Kapucu N. 2011. Crisis management competencies. Public Management Review, 13(4): 489~511

Varda D. M. 2017. Strategies for researching social networks in disaster response, recovery, and mitigation//Jones E C, Faas A J. Social Network Analysis of Disaster Response, Recovery, and Adaptation. Oxford: Butterworth- Heinemann: 41~56

Vasavada T. 2013. Managing disaster networks in India. Public Management Review, 15(3): 363~382

Vinson T. 2004. Community Adversity and Resilience: The Distribution of Social Disadvantage in Victoria and New South Wales and the Mediating Role of Social Cohesion. Melbourne: Jesuit Social Services

Walker G, Tweed F, Whittle R. 2014. A framework for profiling the characteristics of risk governance in natural hazard contexts. Natural Hazards and Earth System Sciences, 14(1): 155~164

Wang M, Liao C, Yang S, et al. 2012. Are people willing to buy natural disaster insurance in China? Risk awareness, insurance acceptance, and willingness to pay. Risk Analysis, 32(10): 1717~1740

Whewell W. 1847. The Philosophy of the Inductive Sciences. New York: Johnson Reprint Corp

Wilson E O. 1999. Consilience: The Unity of Knowledge. New York, USA: Vintage Books USA

Wu Y, Guo H, Wang J. 2018. Quantifying the similarity in perceptions of multiple stakeholders in Dingcheng, China, on agricultural drought risk governance. Sustainability, 10(9): 3219

Ye T, Wang M. 2013. Exploring risk attitude by a comparative experimental approach and its implication to disaster insurance practice in China. Journal of Risk Research, 16(7): 861~878

Young O R. 2010. Institutional dynamics: resilience, vulnerability and adaptation in environmental and resource regimes. Global Environmental Change, 20(3): 378~385

Young O R, Berkhout F, Gallopín G, et al. 2006. The globalization of socio- ecological systems: an agenda for scientific research. Global Environmental Change, 16(3): 304~316

第 2 章　综合灾害风险防范凝聚力研究方法[*]

本章提出一种全新的网络系统属性：网络凝聚度（consilience degree），其专门用以度量一个如社会–生态系统一样行为的网络系统凝心聚力、行动协调一致，以抵抗干扰的能力。网络凝聚度实际上是一种更具普遍意义的"联结度"。它可以像网络联结度一样，派生发展出一系列的系统新属性和网络新模型，从而形成一个研究复杂系统的新的方法论体系。本章将重点阐述这个体系的雏形。理论分析和仿真研究都证明：本章所提出的网络凝聚度是现有各种系统属性所无法涵盖或替代的，是研究现实复杂系统所必需的新的有效工具。

2.1　社会–生态系统的凝聚力

2.1.1　从网络"联结度"到"凝聚度"

从网络"联结度"到"凝聚度"，在全球气候变化加剧、世界经济一体化加速、极端灾害事件增多的大背景下，社会–生态系统综合灾害风险防范研究迫切需要各种有效的理论和方法。传统的剂量–响应模型（Piegorsch and Bailer，2005），由孕灾环境、致灾因子和承灾体要素组成的灾害系统理论（史培军，1996），以及社会–生态系统"脆弱性""恢复性"和"适应性"等理论（Gallopín，2006；Adger，2006），对推进发展社会–生态系统抗干扰能力的研究工作都做出了重要的贡献。然而，这些已有方法在研究综合灾害风险防范问题时都遇到了严重的瓶颈（OECD，2011a）。正如 OECD（2011a）、Ball（2011）、Helbing（2013）所指出的，社会–生态系统是一个复杂网络系统，其中的综合灾害风险管理是一个全局化、网络化、整体化的系统抗干扰问题，必须应用复杂网络系统的理论和方法来分析和解决。

1. 复杂网络系统的"联结度"

复杂网络系统涵盖了我们生活的方方面面。网络系统的"联结度"（node degree）是用以研究复杂网络系统的最基本的一个概念。联结度表述了一个结点和网络中的多少个其他结点有链接。基于联结度派生发展出了一系列的网络属性和模型，其已成为近 20 年推动复杂系统科学研究高速发展的坚实理论基础（Boccaletti et al.，2006；Albert and Barabási，2002；何大韧等，2009；Newman，2003；Newman et al.，2001）。例如，"联结度分布"$P（k）$就是这样一个基于联结度发展出来的网络属性，它表述了网络中一个结点的联结度为 k 的统计概率。得益于联结度分布的概念，复杂系统科学领域很快有了一个具有里程碑意义的重大发现：现实世界中的许多复杂网络系统的联结度分布并不满足以联结度均值为中心的泊

* 本章执笔：胡小兵　史培军　王静爱

松分布（Poisson distribution），其具有明显的无尺度的特性（Huberman and Adamic，1999；Newman，2001a；Jeong et al.，2000；Barabási and Albert，1999），即绝大多数结点的联结度都很小，而极个别的结点却具有很大的联结度，也就是说，联结度分布概率 $P(k)$ 随联结度 k 的增大而按幂指数的速度减小。基于联结度分布的规律，人们又进一步研究了网络系统抵抗干扰的结构鲁棒性，其中最具影响的发现就是高联结度结点对提高系统抵抗蓄意攻击的能力至关重要（Callaway et al.，2000；Cohen et al.，2001）。

然而，最新的一项研究表明，当论及网络系统抵抗干扰的动态鲁棒性时，即便是抵抗蓄意攻击，低联结度的结点也会变得比高联结度的结点重要（Tanaka et al.，2012）。这个结论与前面研究结构鲁棒性的结论截然相反。为什么会这样？其实原因很简单，在研究结构鲁棒性时，我们只关心网络的拓扑结构，而忽略了结点的功能（所有结点都被当成同质的空间点而已）；而在研究动态鲁棒性时，结点的功能成了考虑的重点，结点被当成异质的功能个体。显然，一个现实的复杂网络系统绝不仅仅是一个拓扑结构而已，而是许多异质的功能个体通过拓扑结构联系到一起，从而在相互动态的影响中，形成了整个系统的互补功能特性，其中就包括系统抵抗干扰的能力。这提醒了我们：只考虑拓扑结构的联结度，以及在联结度基础上发展起来的一系列网络属性和模型的理论体系，其实是不足以充分描述复杂网络系统的，也难以满足研究现实复杂网络系统的客观需要。

事实上，在研究现实复杂网络系统的许多工作中都同时考虑了拓扑结构和结点功能。例如，在研究电网和神经网络时，结点被当成震荡子（Daido and Nakanishi，2004；Morino et al.，2011；Blaabjerg et al.，2006）；在研究疫病暴发的网络时，结点可以具有感染、被感染、恢复、免疫和死亡等不同状态（Pastor S and Vespignani，2001）；在研究网络中灾害的扩散情况时，结点具有带延迟效应的双稳态（Buzna et al.，2006）；在研究社会规范和个体期望的动态演化时（Young，1998），结点之间的协调程度即互补行为是关键。这些关于现实复杂网络系统的研究工作中，提出了许多新颖的网络属性。然而，这些网络属性主要用于研究系统组分之间相互作用功能的动力学特性（即动态性能）。正如文献（Helbing，2013）所强调的：一个系统的复杂性，绝非仅仅源于其动力学特性；系统的各种非动力学特性，如结点的异质性和初始条件等静态属性，都对系统的复杂性具有重要的影响，对此特性相关的研究却很缺乏。而且，诸多文献（Daido and Nakanishi，2004；Morino et al.，2011；Blaabjerg et al.，2006；Pastor S and Vespignani，2001；Buzna et al.，2006；Young，1998）中的那些网络新属性，通常都是针对某特定系统而提出的，因而不具有像联结度这种静态属性的基础性和普适性。

2. 复杂网络系统的"凝聚度"

任何一个现实复杂网络系统的特性都是其拓扑结构和结点功能共同作用的结果。那么，是否存在一种像联结度一样具有基础性和普适性的网络系统静态属性，可以客观地描述和度量复杂网络系统的拓扑结构和结点功能的综合抗干扰能力呢？社会–生态系统中综合灾害风险管理的实践活动给我们提供了很好的启示。人类社会是一个把诸多人力物力资源联接在一起的复杂网络系统。这个系统抵抗灾害（即干扰）的能力当然与人力物力资源构成的保障功能（结点功能）以及社会结构（拓扑结构）有关，但又不尽然。即便系统所有资源的保障功能和社会结构都相同，一个凝心聚力的社会与一个一盘散沙的社会的抵抗灾害的能力是判若天地的。这个现象很难通过传统的用以衡量社会–生态系统抵抗灾害能力的"脆弱性""恢复性"或"适应性"来解释。社会实践表明，一个社会–生态系统凝聚力的大小很大程度上决定了其实际抵抗灾害的能力（徐娜，2013；史培军等，2014）。那么，这个凝聚力是否是一个可以量化的网络系统属性呢？它是否具有基础性和普适性呢？

　　研究一个网络系统抵抗干扰的能力，系统科学里用"鲁棒性"的概念，社会–生态系统里用"脆弱性""恢复性"和"适应性"等概念。这些已有的概念是否已经全面地描述了系统抵抗干扰的能力呢？在综合灾害风险防范的实践中，整个社会凝心聚力、行动协调一致，往往发挥着至关重要的决定性作用。然而，现有学术研究中所用到的各种系统属性都不能很好地表述一个系统凝心聚力的能力或水平。

　　我们首先提出网络"凝聚度"的概念，选用英文名"consilience degree（CD）"。"consilience"一词在 *Consilience：The Unity of Knowledg*（Wilson，1999）一书中表达了所有科学知识整合归一的终极理想状态。网络凝聚度则是要描述和测度系统中的所有因素（包括拓扑结构和结点功能），在实现系统特定与总体功能的目的上所整合归一的程度。网络凝聚度的数学定义如下所述（胡小兵等，2014）。

　　假设一个网络系统，其拓扑结构由 $G(V, E)$ 表示，其中 V 表示网络中所有 N_N 个结点，E 表示所有 N_E 条链接。每个结点都有自己的结点功能。各结点的功能可以不同，但所有结点的功能都是要为同一特定与总体的系统功能服务。结点间的功能会通过网络拓扑结构而相互影响。就服务于同一特定的系统功能而言，当两个结点连接到一起时，它们的结点功能可能相互促进提升，也可能相互干扰掣肘。所以，我们引入一个"功能相位"的概念。每个结点都有各自的功能相位，记结点 i 的功能相位为 θ_i，$\theta_i \in \Omega_\theta$，$i=1$，…，$N_N$，$\Omega_\theta$ 为功能相位的取值范围。功能相位可代表的实际物理意义非常广泛，如信号的同步程度、设备的兼容性、合作意愿、社会价值、个人态度、文化差异等，这些实际因素在各自的网络系统中，对决定系统的整体性能都起着至关重要的作用。

　　然后我们引入一个相位差函数，对相互连接的两个结点 i 和 j，函数 $f_{d\theta}(\theta_i, \theta_j)$ 将根据它们的功能相位 θ_i 和 θ_j 来计算它们互补或干扰的程度。虽然相位差函数 $f_{d\theta}(\theta_i, \theta_j)$ 的具体形式可以视问题而定，但应该满足以下几个条件：①对于取值范围 Ω_θ 里的任意两个相位值 θ_i 和 θ_j，总有 $-1 \leqslant f_{d\theta}(\theta_i, \theta_j) \leqslant 1$；②当 $\theta_i = \theta_j$ 时，有 $f_{d\theta}(\theta_i, \theta_j) = 1$；③$f_{d\theta}(\theta_i, \theta_j)$ 是关于 $\theta_i = \theta_j$ 对称的；④存在一个 $\Delta\theta > 0$，对于任何满足 $|\theta_i - \theta_j| \leqslant \Delta\theta$ 的 θ_i 和 θ_j，$|f_{d\theta}(\theta_i, \theta_j)|$ 是 $|\theta_i - \theta_j|$ 的非增函数。在本章的研究中，除非特别指出，我们将用余弦函数"cos"来定义相位差函数 $f_{d\theta}(\theta_i, \theta_j)$。

　　基于上述准备，这里给出网络系统中结点凝聚度的定义。结点 i 的凝聚度计算如下：

$$c_{\mathrm{CD},i} = \sum_{j=1}^{k_i} f_{d\theta}(\theta_i - \theta_j) \tag{2.1}$$

式中，k_i 为结点 i 的联结度。由式（2.1）可知，如果一个结点连接到越多的具有越相似功能相位的其他结点，则其凝聚度就越大。

2.1.2 凝聚度与联结度的区别

1. 联结度只是凝聚度的一种特例

因为$-1 \leqslant f_{d\theta}(\theta_i, \theta_j) \leqslant 1$，所以$-k_i \leqslant c_{\mathrm{CD},i} \leqslant k_i$。当结点$i$与其所连接的$k_i$个结点具有完全相同的功能相位时，其凝聚度就等于其联结度。所以，凝聚度可以看作是一种被普遍化了的联结度，然而却包含了联结度所无法表述的意义。换而言之，联结度只是凝聚度的一种特例（胡小兵等，2014）。显然，联结度k_i大并不意味着凝聚度$c_{\mathrm{CD},i}$就大。如果与结点i相连的所有结点在功能上都是与结点i完全相冲突的，那么联结度k_i越大，只会导致凝聚度越小。由式（2.1）可知，一个孤立的结点，不管其自身功能多强，其凝聚度均为0，这和常识相符。对一个非孤立的结点，即$k_i > 0$，如果它所连接的结点之间在功能上相互冲突，那么该结点的凝聚度也可能为0。例如，一台机器需要与两种外挂设备连接才能工作，如果其所连接的两台外挂设备是互不兼容的，那么这台机器跟没有连接任何外挂设备一样，仍然无法工作。又如，一个人需要做二选一的决定，就去咨询两个他同样看重的朋友，两个朋友的建议正相反。因此，就做选择这件事而言，他就仿佛没有任何朋友可咨询一样，所以凝聚度为0。显然，联结度是无法捕捉、描述、度量和解释这些情况的。

2. 凝聚度与联结度的区别

图2.1给出了关于凝聚度与联结度的区别的示例。在图2.1的网络系统（a）中，结点3具有最大的联结度$k_3 = 4$，然而其凝聚度$c_{\mathrm{CD},3} = -2$却是最小的。虽然同一系统中，结点6的联结度最小$k_6 = 0$，其凝聚度$c_{\mathrm{CD},6} = 0$却是最大的。系统（a）中结点3与结点6的反差充分说明了凝聚度与联结度的天壤之别。虽然系统（a）中结点4和结点5的联结度都不为0（结点4 $k_4 = 3$，结点5 $k_5 = 2$），它们的凝聚度却和结点6一样都为0，就仿佛它们没有连接任何结点一样。换而言之，相互冲突的联接等于没有联接。从拓扑结构看，系统（a）与系统（b）完全一样，然而系统（b）的平均凝聚度为0，大于系统（a）的平均凝聚度$-2/3$。这说明凝聚度是迥异于网络拓扑结构的系统特性。

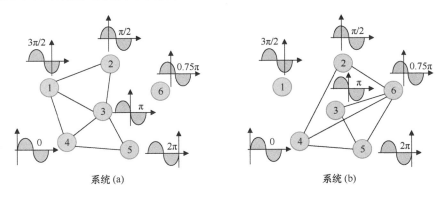

图2.1 凝聚度与联结度的区别

3. 凝聚度与其他常用的网络系统属性的区别也很明显

例如，网络同步性（synchronization）可以描述系统中所有结点功能相位的相似程度，可做如下定义：

$$\overline{\Delta\theta} = \frac{1}{N_N(N_N-1)} \sum_{i=1}^{N_N} \sum_{j=1}^{N_N} |\theta_i - \theta_j| \tag{2.2}$$

从表面上看，网络同步性 $\overline{\Delta\theta}$ 似乎可以等价描述一个系统的平均凝聚度：

$$\overline{c}_{CD} = \frac{1}{N_N} \sum_{i=1}^{N_N} \sum_{j=1}^{k_i} f_{d\theta}(\theta_i - \theta_j) \tag{2.3}$$

即似乎 $\overline{\Delta\theta}$ 越小就对应 $\overline{c}_{CD}$ 越大。然而，事实并非如此。因为 $\overline{\Delta\theta}$ 并未像 $\overline{c}_{CD}$ 一样考虑结点间的连接情况，所以 $\overline{\Delta\theta}$ 与 $\overline{c}_{CD}$ 之间并没有必然的联系。例如，同一群人合作完成一项工作，是把这群人胡乱分组，还是根据大家彼此间的合作意愿来分组，对最后工作的完成情况肯定是有巨大影响的。显然，两种分组情况不影响 $\overline{\Delta\theta}$ 值的大小，而 $\overline{c}_{CD}$ 则一小一大有了区别。所以，网络同步性是不能涵盖或替代网络凝聚度的。

又如，聚合系数（clustering coefficient，CC）描述了存在于一个结点和与它相连的其他结点之间链接的密集程度，对于结点 i，其聚合系数定义如下：

$$c_{CC,i} = \frac{2n_{C,i}}{k_i(k_i-1)} \tag{2.4}$$

式中，$n_{C,i}$ 为存在于结点 i 和与结点 i 相连的其他结点之间的所有链接的数目。聚合系数具有非常重要的现实意义。例如，甲两个朋友乙和丙，通常乙和丙彼此也是朋友。这说明现实网络系统中，结点的聚合系数都是比较高的。那聚合系数能涵盖或替代凝聚度吗？再看一个例子：有甲乙两个公司，甲公司里的员工合作默契，乙公司里的员工相互争斗。从工作关系网来看，甲乙两个公司的聚合系数是一样的，因为公司里的员工彼此间都是工作关系。然而它们的凝聚度就不一样了，按式（2.1）计算，就有甲公司凝聚度大，而乙公司的凝聚度很小（甚至为负）。究其原因，聚合系数是基于联结度提出的网络属性，是不考虑结点功能的，所以不可能真正反映出甲乙两个公司的工作关系网的实际效能。这说明，本章所提出的凝聚度是超越了聚合系数的含义的。

再看网络的结构鲁棒性。众所周知，具有枢纽结点的网络系统对蓄意攻击的鲁棒性是很差的，也就是说，如果蓄意攻击枢纽结点，则系统很容易崩溃。一个部门的正常运转离不开部门负责人的管理。从管理关系网来说，部门负责人就是枢纽结点。设有甲乙两个管理结构相同的部门，即结构鲁棒性相同。但甲部门的员工与负责人的工作思路协调一致（即有共识，凝聚度高），而乙部门的员工在工作上各自为政（即认识不一，凝聚度低），全靠其负责人从中协调维持。现在上级要考核决定部门负责人的任免问题（即蓄意攻击枢纽结点）。那么，①以部门业绩考量，哪个部门的负责人更可能被免掉？②在部门负责人空缺的情况下，哪个部门更可能无法运转（即系统崩溃）？不考虑结点功能的结构鲁棒性显然不能回答这些问题。而本章中的凝聚度则为定量地回答上述问题提供了可能和依据。

2.2 基于凝聚度的综合灾害风险防范研究新方法体系

2.2.1 基于凝聚度的新网络属性

2.1 节的凝聚度概念是根据社会–生态系统中的"凝心聚力"现象提炼出来的。那么，凝聚度的大小是否能全面反映"人心齐不齐""众人拾柴火焰高不高"的问题呢？"凝心聚力"的过程又该怎么来实现呢？带着这些问题，我们可以从凝聚度的概念拓展出一系列全新的网络属性和网络模型。这些新网络属性可以较全面准确地回答"人心齐不齐""众人拾柴火焰高不高"的问题。新网络模型可以用以生成具有高凝聚度的网络系统，模型中提出的组织机理和优化过程可以解释如何才能使系统获得较好的"凝心聚力"效果。

1. 邻域凝聚系数

由式（2.1）定义的凝聚度是一个基础性的概念，可以进一步改进和拓展。假设两个结点 i 和 j，其联结度分别为 $k_i \neq k_j$，而凝聚度相同，为 $c_{CD,i} = c_{CD,j}$。那么这两个结点抵抗干扰的效率是否也一样呢？或者说，它们凝心聚力的效率是否也一样呢？显然，应该是联结度小的结点的凝心聚力的效率高，因为它通过连接较少的结点就达到了同样的抵抗干扰的能力。为了区别这种凝心聚力效率上的差异，我们引入邻域凝聚系数（neighborhood consilience coefficient，NCC）的概念，其定义如下：

$$c_{NCC,i} = \begin{cases} \dfrac{1}{k_i} \displaystyle\sum_{j=1}^{k_i} f_{d\theta}\left(\theta_i - \theta_j\right), & k_i > 0 \\ 0, & k_i = 0 \end{cases} \tag{2.5}$$

因为式（2.1）决定了凝聚度总是 $-k_i \leqslant c_{CD,i} \leqslant k_i$，所以由式（2.5）可知邻域凝聚系数 $-1 \leqslant c_{NCC,i} \leqslant 1$。因此，邻域凝聚系数是归一化了的凝聚度，描述了一个结点整合与其相连的结点资源的效率。例如，图 2.2 中结点 3 连接了 5 个其他结点，其凝聚度为 $c_{CD,3} = 3$，而结点 4 连接了 3 个其他结点，其凝聚度为 $c_{CD,4} = 2$。虽然 $c_{CD,3} > c_{CD,4}$，但根据式（2.5）有 $c_{NCC,4} = 0.\dot{6} > c_{NCC,3} = 0.6$，所以结点 4 的凝心聚力效率反而比结点 3 高。

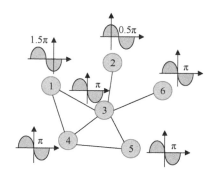

图 2.2 凝聚度与邻域凝聚系数的区别

2. 全局凝聚系数

邻域凝聚系数只考虑了与一个结点相连的结点资源。其实在一个网络系统中，所有结点都可以视为潜在的可利用资源，不管有无连接。因此，我们可以用一个全局凝聚系数（global consilience coefficient，GCC）来描述了一个结点整合系统中所有潜在资源的效率，其定义如下：

$$c_{\text{GCC},i} = \frac{1}{N_N - 1} \sum_{j=1}^{k_i} f_{d\theta}\left(\theta_i - \theta_j\right)$$

（2.6）

全局凝聚系数的理论取值范围也为[–1，1]，但对一个联结度为 k_i 的结点，其全局凝聚系数 $c_{\text{GCC},i}$ 最大可能为 $k_i/(N_N-1)$。

3. 全局凝聚系数与邻域凝聚系数的区别

图 2.3 示例说明了全局凝聚系数与邻域凝聚系数的区别。图 2.3 给出了两个网络系统，系统（a）含有 6 个结点，系统（b）则有 10 个结点。系统（a）中的结点 3 的联结度为 4，邻域凝聚系数为 0.75，系统（b）中的结点 3 的联结度也为 4，但其邻域凝聚系数为 1。但由式（2.6）可知，系统（a）中的结点 3 的全局凝聚系数高于系统（b）中的结点 3，系统（a）中的结点 3 反而具有更高的整合系统中所有潜在资源的效率。

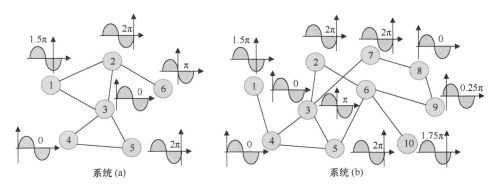

图 2.3　全局凝聚系数与邻域凝聚系数的区别

4. 凝聚度体系的聚合系数

邻域凝聚系数和全局凝聚系数具有很现实的意义。例如，甲乙两人竞选总统，邻域凝聚系数可以用来反映党内支持程度，而全局凝聚系数则反映民众支持程度。显然，党内支持程度高并不能代表民众支持程度就高，而只有党内支持程度和民众支持程度都高的人，赢得选举的可能性才大。我们还可结合具体问题，对式（2.1）做更复杂的改进。例如，前面的讨论都只考虑了结点功能的相位，而没考虑结点功能的强度。此外，存在于结点间的链接的效率也都默认为 1。这里假设每个结点都有各自的固有的功能强度，记结点 i 的固有功能强度为 $a_i>0$，再假设存在于结点 i 和结点 j 间的链接的效率为 $w_{i,j}$，则我们可重新定义结点 i 的凝聚度为

$$c_{\mathrm{CD},i} = \sum_{j=1}^{k_i} w_{i,j} a_j f_{d\theta}\left(\theta_i - \theta_j\right) \tag{2.7}$$

那么邻域凝聚系数与全局凝聚系数也就相应地变为

$$c_{\mathrm{NCC},i} = \frac{1}{k_i \max\limits_{j=1,\cdots,k_i}\left(w_{i,j} a_j\right)} \sum_{j=1}^{k_i} w_{i,j} a_j f_{d\theta}\left(\theta_i - \theta_j\right) \tag{2.8}$$

$$c_{\mathrm{GCC},i} = \frac{1}{\left(N_N - 1\right) \max\limits_{k,j=1,\cdots,N_N}\left(w_{k,j}\right) \max\limits_{j=1,\cdots,N_N}\left(a_j\right)} \sum_{j=1}^{k_i} w_{i,j} a_j f_{d\theta}\left(\theta_i - \theta_j\right) \tag{2.9}$$

正如前面已经提到过的，式（2.1）中的凝聚度可以看作是一种被普遍化了的联结度。目前研究复杂网络的理论体系很大程度上是基于联结度来建立的。众所周知，联结度是定义许多网络属性（如聚合系数、类聚系数）的基础。我们可以仿照这些基于联结度的网络属性来定义相应的凝聚度体系的网络新属性。例如，我们定义凝聚度体系的聚合系数如下：

$$c_{\mathrm{CDCC},i} = \frac{\sum\limits_{k,j\in\Omega_{N,i},k\neq j} f_{d\theta}\left(\theta_k - \theta_j\right)}{k_i\left(k_i - 1\right)} \tag{2.10}$$

式中，$\Omega_{N,i}$ 为与结点 i 相连接的所有结点的集合。对于传统聚合系数很大的一组结点（即存在于结点间的链接数目很多），如果这些结点的功能相位千差万别，则其凝聚度体系的聚合系数仍然会很小，甚至为负。通俗地说，也就是这组结点"貌合（联结度体系的聚合系数很大）神离（凝聚度体系的聚合系数很小）"。新旧两个体系，孰优孰劣，一目了然。

2.2.2 基于凝聚度的新网络模型

1. 凝聚度体系的选择性连接网络模型

现有的许多网络模型（如用于研究小世界特性的随机重连模型、用于生成无尺度拓扑结构的选择性连接模型）也都是以联结度为基础的。我们可以参照这些基于联结度的网络模型提出凝聚度体系的新网络模型。例如，我们可以定义凝聚度体系的选择性连接网络模型。在联结度体系的选择性连接网络模型中，向一个结点添加新链接的概率被定义为该结点当前联结度的函数（Barabási and Albert，1999）。因此，当前联结度大的结点更有可能获得新的链接，从而联结度变得越来越大，而大部分结点将越来越难获得新链接，最后形成无尺度的拓扑结构。我们只需把模型中向一个结点添加新链接的概率重新定义为该结点当前凝聚度的函数，就可以得到凝聚度体系的选择性连接网络模型。如2.2.3节仿真实验结果所示，新模型不但可以生成老模型所能生成的无尺度的拓扑结构，而且还能使系统在平均水平上具有更高的网络凝聚度。

这里就引出了一个问题：平均凝聚度高的网络系统必然具有无尺度的拓扑结构吗？为了回答这个问题，我们专门设计了如下一个新网络模型。在该新网络模型中，每当要添加一条新链接时，首先随机选取两个没有连接到一起的结点，然后根据两个结点的功能相位差计算添加新链接的概率，原则是功能相位差越小，添加新链接的概率越大。具体的概率计算函数定义如下：

$$p_C(i,j) = \frac{\left[\alpha + 1 + f_{d\theta}(\theta_i - \theta_j)\right]^\beta}{\sum\limits_{k=1}^{N_N}\sum\limits_{h=k+1}^{N_N}\left[\alpha + 1 + f_{d\theta}(\theta_k - \theta_h)\right]^\beta} \qquad (2.11)$$

其中，模型参数 $\alpha > 0$ 确保了即使是完全冲突的两个结点，也有可能获得新链接，而参数 $\beta > 0$ 则决定了添加新链接的概率对功能相位差的依赖程度。如 2.2.3 节仿真实验结果所示，基于式（2.11）的新网络模型可以生成平均凝聚度很高的网络系统，但却不一定具有无尺度的拓扑结构。

更进一步，凝聚度概念给网络系统优化问题也带来了全新的内容。考虑如下一个问题：给定 N_N 个结点，各结点的功能相位都已确定，现在由于资源有限等，只能在结点间建立 N_E 条链接。试问该如何建立这 N_E 条链接，以使得所生成的网络系统具有最大的平均凝聚度？显然，对于联结度而言，是不存在类似的优化问题的，因为不管怎么建立这 N_E 条链接，平均联结度都是 $2N_E/N_N$，没有任何区别。但对于凝聚度就不一样了，图 2.1 已经给出了一个很直观的例子。如何建立这 N_E 条链接已达到系统最大的平均凝聚度，具有非常现实的应用背景和意义。例如，在社会–生态系统中，如何根据各利益相关体之间的亲疏远近来优化系统的组织结构，以期在系统抵抗干扰时，能达到最大的凝心聚力的效果。

2. 最大的平均凝聚度

这里先提出一个简单的理论网络模型，用以生成具有最大的平均凝聚度的网络系统。假设有一个中央决策者，每一条链接都由中央决策者根据全局最优的目的来设置。那么在设置第 l 条链接时，$l = 1, \cdots, N_E$，应该有 $[(N_N-1)N_N/2-l+1]$ 种可能的设置方案，每一种可能的设置方案都各自对应两个结点，假设为结点 i 和结点 j，则第 k 条链接应该根据 $[(N_N-1)N_N/2-l+1]$ 种可能方案中具有最大的 $f_{d\theta}(\theta_i, \theta_j)$ 值的方案来设置。这个模型可以生成具有理论上最大平均凝聚度的网络系统。

3. 优化去中心化的自组织网络系统

然而，在现实网络系统中，一般都不存在真正的中央决策者，各个结点一般不会等着被设置链接，而是都会自发、主动、随机、并行、相互竞争或补充地建立自己的链接。换句话说，现实网络系统大都是一个去中心化的自组织系统。下面再建立另一个理论网络模型，用以优化去中心化的自组织网络系统。每当要建立一条新链接时，先随机选择一个可以继续添加联接的结点，假设为结点 i，有 $k_i < (N_N-1)$，则就有 (N_N-1-k_i) 种可能的链接设置方案，于是选取这 (N_N-1-k_i) 种可能方案中具有最大的 $f_{d\theta}(\theta_i, \theta_j)$ 值的方案来设置链接。在这个模型中，每一个争取到当前链接设置权/资源的结点都要最大化自己的凝聚度。其结果是，所生成系统的平均凝聚度就不一定是全局最优了。随后的仿真实验结果将证明这一点。但是，这个模型更好地反映了现实网络系统中，尤其是社会–生态系统中，众多利益相关者相互博弈共存的现象。

当然，凝聚度优化问题远不止上述模型所讨论的那么简单。例如，一条链接的建立，除了与 $f_{d\theta}(\theta_i, \theta_j)$ 值有关外，还可能与结点 i 和结点 j 之间的距离有关。两个结点之间的距离越大，建立链接的成本就越高，链接的效用可能就越低，即俗话所说的"远水不解近渴"，即便两个结点的功能相位高度一致，但由于距离遥远，其相互支持、救助的效果也会被弱化。因此，需要根据距离的影响来改进上述两个凝聚度优化网络模型。具体的改进措施可以结合实际问题来研究，本章不做进一步的探讨，但会在仿真实验结果部分介绍一种简单的改进方案。

2.2.3 基于凝聚度的综合灾害风险防范研究仿真实验结果

1. 基于凝聚度与联结度的仿真实验结果

2.2.1 节和 2.2.2 节理论部分的内容表明，基于联结度的复杂网络理论体系（包括网络属性和网络模型），与本章所述的基于凝聚度的新体系是明显不同的。新体系所描述和研究的内容具有很强的现实意义，可以深刻地反映诸如社会–生态系统中存在的"凝心聚力"的现象和效果，而这些内容都是绝非旧体系所能涵盖的，因而是对复杂系统科学理论的一个极大的扩充。本节我们给出一些仿真实验结果，以便更好地理解 2.2.1 节和 2.2.2 节的理论概念和进行分析讨论。

我们采用了 8 个不同网络模型来生成网络系统，其中 6 个是基于凝聚度而设计的模型，另外 2 个则是基于联结度而设计的模型。基于式（2.11）的网络模型，根据结点间的功能相位差来计算连接概率，简称 CDPD 模型。本书参考文献（Barabási and Albert，1999）设计了一个联结度体系的选择性连接网络模型（简称 NDPA）和一个凝聚度体系的选择性连接网络模型（简称 CDPA），它们的连接概率分别计算如下：

$$p_{\text{NDPA}}(i) = \frac{\alpha + (k_i)^\beta}{\sum_{j=1}^{N_N}\left[\alpha + (k_j)^\beta\right]} \tag{2.12}$$

$$p_{\text{CDPA}}(i,j) = \frac{\alpha + \left[2 + f_{d\theta}(\theta_i - \theta_j)(1 + c_{\text{NCC},i})\right]^\beta}{\sum_{k=1,\cdots,N_N, k \neq j}\left\{\alpha + \left[2 + f_{d\theta}(\theta_k - \theta_j)(1 + c_{\text{NCC},k})\right]^\beta\right\}} \tag{2.13}$$

式（2.11）和式（2.13）中的参数都为 $\alpha=0.01$，$\beta=3$。此外，本书还使用了文献（Watts and Strogatz，1998）中的随机连接模型，其随机连接概率定为 0.15。这是一个基于联结度的网络模型，简称 NDRC。上述 4 个模型都是非优化模型。另外 4 个模型则是凝聚度优化网络模型，其中 2 个按中央决策者的思路设计全局最优的系统，一个不考虑距离的影响（简称 CDGO），一个考虑距离的影响（简称 CDGOD）；另外 2 个按去中心化自组织的思路设计局部最优的系统，也是一个不考虑距离的影响（简称 CDLO），一个考虑距离的影响（简称 CDLOD）。本仿真实验中，假设距离对相位差函数产生如下影响：

$$\overline{f_{d\theta}}\left(\theta_i - \theta_j\right) = \begin{cases} f_{d\theta}\left(\theta_i, \theta_j\right)\left[\dfrac{d_{\max} - d_{i,j}}{(1-\delta)d_{\max}}\right]^{\varepsilon}, & d_{i,j} > \delta d_{\max} \\ f_{d\theta}\left(\theta_i, \theta_j\right), & d_{i,j} \le \delta d_{\max} \end{cases} \tag{2.14}$$

式中，$d_{\max}$ 为结点间的最大距离；$0 \le \delta \le 1$ 和 $\varepsilon > 0$ 为模型参数。由式（2.14）可知，当两个结点间距离小于阈值 $\delta d_{\max}$ 时，距离对相位差函数没有影响；超过阈值后，其影响将随距离增大而减小；其减小速率由 ε 决定。本仿真实验中，取 $\delta = 0.1$，$\varepsilon = 2$。另外，结点的功能相位随机地分布在区间$[0, 2\pi]$上。

为了直观地展示 8 个模型所生成的网络系统的差别，先按 $N_N = 40$ 和 $N_E = 120$ 运行 8 个模型各一次。请注意，8 个模型的结点功能相位的分布是一样的。图 2.4 给出了 8 个模型所生成的网络系统和系统的平均凝聚度（ACD），并用不同的形状和颜色区分了各个结点的凝聚度的大小。红色三角形表示结点的凝聚度为正（含 0 值），蓝色圆形则表示结点的凝聚度为负，红、蓝颜色的深浅代表了结点的凝聚度绝对值在结点间的相对大小。从图 2.4 可以看出：①对基于联结度的模型 NDRC 和 NDPA，其所生成的网络系统中，三角形结点和圆形结点数目相当，说明结点的凝聚度正负相抵严重；②对基于凝聚度的模型 CDPD 和 CDPA，大部分结点都是深红色的三角形，说明结点的凝聚度大都为正；③从拓扑结构上看，CDPD 和 NDRC 是典型的随机结构，而 CDPA 和 NDPA 则无尺度结构，说明网络平均凝聚度的大小与拓扑结构之间没有必然的联系；④虽然 CDPA 和 NDPA 用相同的模型参数 α 和 β 值计算选择连接概率，但是 NDPA 中的无尺度结构出现得更快、更明显；⑤凝聚度优化模型 CDGO 和 CDLO 所得到的平均凝聚度显著大于其他模型；⑥考虑距离的影响后（CDGOD 和 CDLOD），系统平均凝聚度必然下降，但优化模型仍然保证了所有结点的凝聚度为正，不过长距离链接的数量大幅减少了；⑦全局优化模型（CDGO 和 CDGOD）的系统平均凝聚度总是大于局部优化模型（CDLO 和 CDLOD）。

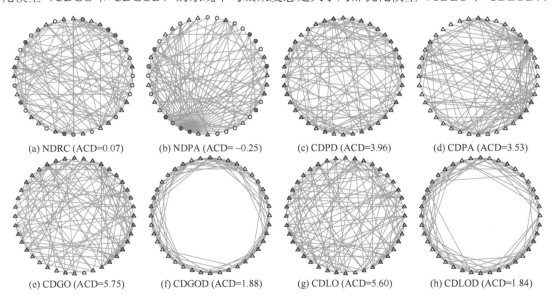

| (a) NDRC (ACD=0.07) | (b) NDPA (ACD=−0.25) | (c) CDPD (ACD=3.96) | (d) CDPA (ACD=3.53) |

| (e) CDGO (ACD=5.75) | (f) CDGOD (ACD=1.88) | (g) CDLO (ACD=5.60) | (h) CDLOD (ACD=1.84) |

图 2.4　8 个模型生成的网络系统示例

下面再开展更深入的仿真实验，按 $N_N=100$ 和 $N_E=400$ 运行 8 个模型各 100 次。表 2.1 给出了仿真实验结果的一些关键平均值。图 2.5 给出了 8 个模型所生成的网络系统的联结度分布情况。从表 2.1 和图 2.5 可以看出：①根据基于联结度的网络属性（即聚合系数、类聚系数和平均最短路径），CDPD 与 NDRC 相仿，而 CDPA 与 NDPA 相似。因为聚合系数、类聚系数和平均最短路径主要是用来描述拓扑结构的，所以可以得出结论，CDPD 和 NDRC 所生成的网络系统具有相似的拓扑结构，而 CDPA 和 NDPA 的拓扑结构相似。图 2.5 的联结度分布情况进一步支持了上述结论。所以，基于联结度的网络属性是不能区分开 CDPD/CDPA 与 NDRC/NDPA。②根据基于凝聚度的网络属性（即凝聚度、邻域凝聚系数和全局凝聚系数），模型 CDPD/CDPA 与 NDRC/NDPA 是截然不同的，尽管它们的拓扑结构相似。这说明基于凝聚度的网络属性为我们提供了一个认识复杂系统的全新视角，这个视角所揭示出来的信息是基于联结度的网络属性所缺失的。③比较表 2.1 和图 2.5 中关于 NDPA 和 CDPA 的细节信息，可以发现，NDPA 更容易生成无尺度拓扑结构，这与图 2.4 所示的情况是一致的。一般而言，越显著的无尺度拓扑结构，其平均最短路径越小（得益于联结度更大的枢纽结点），而所取得的最大结点联结度也越大（以本实验中 $N_N=100$ 为例，在 NDPA 模型中，个别结点的联结度为 99，这是理论上的最大可能联结度，而 CDPA 模型所取得的最大联结度只有不到 70）。究其原因，是结点的功能相位间差异，使得现有最大凝聚度值的增长速度远没有现有最大联结度值的增长速度快，从而导致由式（2.13）算出的选择性连接概率平均意义上比由式（2.12）算出的小。所以，无尺度拓扑结构在 CDPA 模型中出现得就相对较慢。④对比 4 个凝聚度优化模型（CDGO、CDGOD、CDLO、CDLOD）与 4 个非优化模型（2 个联结度模型 NDRC、NDPA，2 个凝聚度模型 CDPD、CDPA），可以发现，无论是基于联结度的网络属性还是基于凝聚度的网络属性，两类模型的差异都很大。这说明凝聚度优化问题是一个全新的问题，不论是基于联结度的网络模型（NDRC、NDPA），还是仿照联结度模型而设计的凝聚度模型（CDPD、CDPA），都不能有效解决凝聚度优化问题。因此，必须研究全新的网络优化方法（就像 CDGO、CDGOD、CDLO 和 CDLOD 那样）。⑤图 2.5 中 4 个凝聚度优化模型的联结度分布与 NDRC 和 CDPD 相似，都为泊松分布，这很大程度上取决于结点功能相位的分布。优化模型的联结度分布是否也可能出现无尺度的特性，这是一个值得进一步研究的问题。

表 2.1　仿真实验结果的关键平均值

模型	基于联结度的网络属性			基于凝聚度的网络属性		
	聚合系数	类聚系数	平均最短路径	凝聚度	邻域凝聚系数	全局凝聚系数
NDRC	0.3071	0.0026	2.4256	−0.0298	−0.0031	−0.0003
NDPA	0.5224	0.3971	1.9296	−0.0251	−0.0034	−0.0003
CDPD	0.3515	0.0015	2.5778	5.7533	0.6329	0.0581
CDPA	0.5975	0.3105	2.2817	4.8227	0.4881	0.0487
CDGO	0.8109	−0.0570	7.2882	7.9152	0.8663	0.0800
CDGOD	0.6565	−0.0424	3.5546	7.1922	0.7783	0.0726
CDLO	0.7760	−0.0130	6.9096	7.8713	0.8693	0.0795
CDLOD	0.6057	−0.0126	3.1937	6.8548	0.7514	0.0692

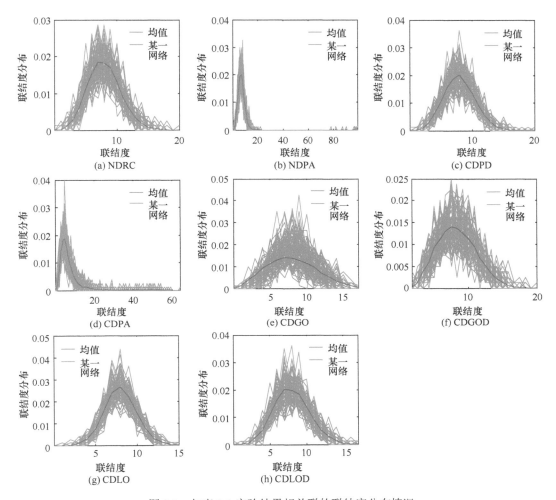

图 2.5　与表 2.1 实验结果相关联的联结度分布情况

2. 凝聚度高低与社会–生态系统抗打击能力的关系

正如本章一开篇就指出的，凝聚度的概念源于对研究一个社会–生态系统抗打击能力的需要。这里要通过简单的仿真实验演示凝聚度高低与系统抗打击能力的关系。实验中，将 6 个不同的网络系统，即 NDRC、NDPA、CDPD、CDPA、CDGO 和 CDLO 分别暴露于同一个随机生成的外来打击过程。每个打击过程将以随机的强度（区间为[0，6]）打击按一定比例（记为 PofA）从网络系统中随机挑选的结点。如果打击强度大于被打击结点的凝聚度（就好比灾害强度超出了承灾体的设防能力，而设防能力的建设依赖于利益相关各方的协作支持），则该结点不能幸存。打击过程结束后，统计各个网络系统中幸存结点的百分比（记为 PofS）。仿真实验的平均结果如图 2.6 所示，可以清楚地看出：①无论打击比例 PofA 如何，4 个凝聚度网络模型（CDPD、CDPA、CDGO 和 CDLO）所生成的系统都比两个联结度网络模型（NDRC 和 NDPA）所生成的系统具有更高的幸存结点百分比 PofS；②在四个凝聚

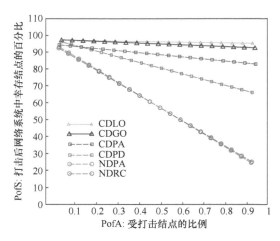

图 2.6 各个网络模型的系统抗打击能力测度

度网络模型中，进行凝聚度优化设计的模型（CDGO 和 CDLO）又比普通的凝聚度模型（CDPD 和 CDPA）具有更好的抗打击能力；③打击比例 PofA 越大，凝聚度优化模型（CDGO 和 CDLO）相对其他网络模型的抗打击能力的优势就越明显。

需要强调的是，实际系统抵抗外来打击的内部过程远比本仿真实验中的复杂。例如，文献（史培军等，2014）在应用本章的凝聚度理论和模型研究系统的抗打击能力时，就专门区别性地定义了两类极具代表性的系统结点间的相互作用过程：相互救助模式和相互替代模式，以抵抗外来打击。文献（史培军等，2014）的研究表明，不论在相互救助模式下，还是在相互替代模式下，凝聚度越高的网络系统，其抵抗外来打击的能力就越强；而且抵御强度越大的外来打击，越是需要提高系统的凝聚力来应对。

本节的仿真实验结果印证了 2.2.1 节和 2.2.2 节中的新方法论分析：本章所提出的凝聚度是一个具有基础性和普适性的网络属性。凝聚度是一种更具普遍化意义的联结度，能够描述联结度理论体系所不能涵盖的许多复杂网络系统特性。凝聚度理论尤其为衡量一个社会-生态系统抵抗外来打击能力的强弱提供了一个全新的重要指标，并为改善和提高一个社会-生态系统的抗打击能力提供了一套有效的工具。

2.2.4 基于凝聚度的综合灾害风险防范研究展望

社会-生态系统是一个复杂网络系统，受其中综合灾害风险管理实践中"凝心聚力，共度时艰"现象的启发，本章提出一个全新的网络系统属性：凝聚度。我们发现，凝聚度是一个基础性、普适性的网络属性。凝聚度不仅可以描述社会-生态系统抵抗干扰的能力，还能代表更广泛的实际意义，如信号同步程度、设备的兼容性、合作意愿、社会价值、个人态度或文化差异等因素引起的系统性能差异。基于凝聚度概念，我们又拓展了一系列的网络系统新属性和新模型，从而形成了一套研究复杂系统的全新方法论体系。我们证明了基于凝聚度的网络系统所描述的内容是完全不同于传统复杂系统研究中所用的基于联结度的方法论体系。换而言之，基于联结度的网络系统属性和模型不能涵盖或替代基于凝聚度的网络系统属性和模型。事实上，凝聚度是被普遍化了的联结度，而联结度只是凝聚度的一种特例。基于凝聚度的新体系为我们提供了一个认识复杂系统的全新视角，这个视角是现有网络属性和模型所缺失的。例如，社会–生态系统中的"凝心聚力"现象就是现有的网络理论和方法所不能描述和测度的。本章所提出的基于凝聚度的网络系统属性和模型的新方法论体系，不仅可以描述和测度这种"凝心聚力"现象，而且还能为实现系统最强的"凝心聚力"效果提供优化工具。

当然，本章所提出的网络系统凝聚度新方法论体系还只是一个方法论体系雏形，还需要开展大量的理论和应用研究工作。以下是几个推进凝聚度新方法论体系研究工作的重要方向。将凝聚度概念具体落实到各种实际复杂系统中去，计算分析实际系统的凝聚度，检验凝聚度与系统实际性能之间的关系。像研究联结度分布一样，探寻实际系统中凝聚度分布的规律。从网络系统结构和功能优化的角度出发，设计和应用基于凝聚度的模型和方法。例如，在综合灾害风险防范研究中，应用基于凝聚度的模型和方法，以帮助实现一个社会–生态系统在防灾、抗灾和救灾过程中，以及在制定综合灾害风险防范对策过程中的结构和功能优化。

2.3　复杂网络系统的凝聚力仿真

2.3.1　凝聚度是现实网络系统的一个固有属性

1. 网络凝聚度

自然界和人类社会都存在大量的复杂网络系统，这些系统中的微观个体通常具有各种自组织行为，而所有微观个体的自组织行为将一起共同影响和决定整个网络系统的宏观性能（Helbing，2013）。为了研究网络系统中的复杂现象，常用"联结度"（degree of connectedness，CND）的概念，表示网络系统中每个结点连接了多少其他结点；基于联结度这一基础概念，发展出了一系列研究网络系统的属性、模型和方法，极大地促进和深化了人们对各种网络系统的认识、理解和管理（Wang et al.，2012）。联结度概念专注于网络拓扑结构的研究，然而现实网络系统的性能通常并非仅仅由拓扑结构所决定，网络系统中结点的异质性（如微观自组织行为的差异）也会极大地影响系统的宏观性能（Ball，2012；Barr，2004）。仅仅考虑拓扑结构的联结度概念往往难以全面或准确地描述这些存在结点异质性的网络系统。例如，图 2.7 给出了人员组织管理的两个网络系统。在这两个系统中，人员组成是完全一样的，网络架构也是完全一样的。唯一的区别就在于人员的岗位安排在两个系统中是完全不同的。基于联结度概念的方法无法区分出这两个系统在效能上的差异，因为对于这两个系统而言，各种基于联结度的网络属性值是完全一样的。但是，生活经验告诉我们，这两个系统的效能将具有非常大的差异。因此，为了更好地研究诸如图 2.7 中的网络系统，就需要新的方法同时考虑网络拓扑结构和网络结点的异质性（OECD，2011b；Helbing，2013）。

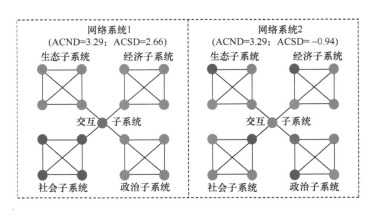

图 2.7 人员分工合作网络系统

网络凝聚度（consilience degree，CSD）正是这样一种新概念方法，凝聚度旨在定量描述网络系统整合网络拓扑结构和结点活动状态，以完成给定系统目标或任务的能力。例如，在网络拓扑结构相同的条件下，朋友之间的合作项目比敌人之间的合作项目更有可能成功，凝聚度可以定量区分朋友参与和敌人参与的差异。从本质上讲，联结度只是凝聚度的一个特例，凝聚度是普适化的凝聚度（沙莲香，1987；Watts and Strogatz，1998）。简而言之，结点的凝聚度不仅取决于它连接了多少个其他结点，还取决于它所连接的结点具有什么样的活动状态。如果两个具有相互促进（干扰）的活动状态的结点连结到一起，则会对系统性能产生积极（消极）的影响，凝聚度可以定量地刻画和表述这种不同活动状态的结点连结到一起对系统性能所产生的影响。例如，在图 2.7 中，按照凝聚度的计算方法（胡小兵等，2014；Hu et al.，2017），网络系统 1 具有比网络系统 2 大得多的平均凝聚度（而两个系统的平均凝聚度值是相等的），因此根据凝聚度可以判断出网络系统 1 的性能优于网络系统 2，这与现实经验认知是吻合的。所以，凝聚度对研究现实网络系统具有较好的应用潜力。

2. 网络凝聚度对研究现实网络系统具有较好的应用潜力

为了更好地开展凝聚度的应用研究，回答如下问题意义重大：凝聚度仅仅是一个人为臆造的抽象理论概念，还是一个现实世界中普遍存在的网络系统固有属性？为了回答这个问题，本节将开展宏观系统凝聚度与微观个体自组织行为之间关系的仿真研究。这里选了 4 种常见的自组织行为：个体与具有相似活动状态的邻接个体交流以强化自己的活动状态（例如，具有相同兴趣爱好的人在一起共同提升各自的兴趣爱好能力）；个体调整链接以连接到具有相似活动状态的其他个体（例如，终止与理念不同的商业伙伴的合作，转而与其他具有相同理念的商业伙伴进行合作）；个体改变自己的活动状态以趋同于邻域中的多数派活动状态，哪怕多数派活动状态与个体的当前活动状态相去甚远，甚至相逆（例如，自然界的适应环境，生活中的随波逐流）；个体调整链接以连接到具有邻域多数派活动状态的其他个体（例如，大义灭亲的行为）。这 4 种个体自组织行为在现实生活中非常普遍，而且有着更深层次的自私自利和从众行为学的理论基础（沙莲香，1987；Colman，2006；Grefenstette，

1992)。该研究的假设是：如果系统的网络凝聚度水平在某种意义上与这些现实网络系统中普遍存在的微观个体自组织行为有关，那么凝聚度概念就可以被视为现实世界网络系统的固有属性，而不仅仅是人为臆造的抽象理论概念，从而更好地证明凝聚度对研究现实网络系统的应用潜力和价值。

2.3.2　改进的网络凝聚度的数学定义

1. 用向量性质的结点活动状态替代标量性质的结点功能相位定义网络凝聚度

凝聚度的数学定义最早于文献（胡小兵等，2014）中在联结度的基础上通过引入标量性质的结点功能相位 θ 而提出。为了有更好的普适性，本节用向量性质的结点活动状态替代标量性质的结点功能相位，并结合网络邻接矩阵而重新表述凝聚度的数学定义。假设存在一个网络系统，其拓扑结构由 $G(V, E)$ 给出，含有结点集 V 和链接集 E，其中 V 具有 N_N 个结点，E 具有 N_E 条链接。邻接矩阵 M 记录所有链接，即 $M_A(i, j) = 1$ 表示结点 i 和 j 之间存在链接，否则 $M_A(i, j) = 0$。那么，结点 i 的凝聚度（consilience degree，CSD）定义为

$$k_{\mathrm{CS},i} = \sum_{j=1}^{N_N} M_A(i, j) \times f_{\mathrm{CS}}(\theta_i, \theta_j) \tag{2.15}$$

式中，$\theta_i = [\theta_{i,1}, \cdots, \theta_{i,\mathrm{NASD}}]$ 表示结点 i 的活动状态，$N_{\mathrm{ASD}} \geqslant 1$ 表示该活动状态的维度；$\underline{f_{\mathrm{CS}}} \leqslant f_{\mathrm{CS}}(\theta_i, \theta_j) \leqslant \overline{f_{\mathrm{CS}}}$ 为网络凝聚度函数，用以确定两个连接在一起的结点 i 和 j 的活动状态对联接效果的影响；网络凝聚度函数的上下限分别为 $\overline{f_{\mathrm{CS}}}$ 和 $\underline{f_{\mathrm{CS}}}$。式（2.15）中，$M_A(i, j)$ 代表网络拓扑；$f_{\mathrm{CS}}(\theta_i, \theta_j)$ 代表结点活动状态，是凝聚度研究的重点。如果不考虑结点活动状态对联接效果的影响，始终有 $f_{\mathrm{CS}}(\theta_i, \theta_j) = 1$，那么凝聚度就变为联结度（degree of connectedness，CND）。

$$k_{\mathrm{CN},i} = \sum_{j=1}^{N_N} M_A(i, j) \tag{2.16}$$

2. 改进的网络凝聚度与联结度的区别

根据式（2.15）和式（2.16），显而易见，联结度是凝聚度的一种特例，而凝聚度是普适化的联结度。联结度只表示一个结点和多少个其他结点相连接，而不管这些联接的效果如何。凝聚度不但要考虑一个结点和多少个其他结点相连接，同时还要考虑是和什么样的其他结点相连接。在现实网络系统中，不同结点的活动状态通常存在差异。基于一个结点自身的活动状态，该结点连接具有某类活动状态的其他结点时会有助于其自身功能的提升，这类活动状态称为彼此有益活动状态；而连接具有另外某类活动状态的其他结点时则会妨碍其自身的功能，这类活动状态称为彼此妨碍活动状态。式（2.15）中的结点活动状态和网络凝聚度函数可以有效地描述这种现实世界的情况。例如，如果结点活动状态的相似性有助于功能提升，则可定义 $f_{\mathrm{CS}}(\theta_i, \theta_j)$ 在 $\theta_i = \theta_j$ 时取最大值；而如果结点活动状态之间的差

异性有助于功能提升，则可定义当 $|\theta_i-\theta_j|\geq\theta_T$ 时 f_{CS}（θ_i，θ_j）取最大值，其中 θ_T 是问题相关的阈值。这样一来，具有彼此有益活动状态的结点连接到一起就会产生积极的联接作用，从而起到 1+1>2 的效果；而具有彼此妨碍活动状态的结点连接到一起就会产生消极的联接作用，从而造成 1+1<2 的效果。

正是因为凝聚度引入了结点活动状态和网络凝聚度函数，所以凝聚度具有许多联结度力所不及的能力。例如，图 2.7 中两个系统的性能差异没法用联结度，或基于联结度的网络属性进行区分，因为两个系统基于联结度的网络属性是完全相同的。利用凝聚度则可以实现量化。比较图 2.7 中两个系统的性能差异，从而得出正确结论，即系统 1 的性能优于系统 2 的性能。

虽然在一些应用研究中也有不少用于表述网络拓扑和结点活动状态的联合效果的其他概念，例如，二元效应（Cinelli et al.，2017；Park and Barabási，2007）、协同混合（Noldus and van Mieghem，2015）、元数据（Eom and Jo，2014；Peel et al.，2017）和链接权重（Albert and Barabási，2012）。但是，一则这些概念大都是针对特定系统和问题而提出的，不像凝聚度这样具有与联结度相提并论的基础和普适意义。二则从效果上看，凝聚度充分涵盖了这些已有的概念。例如，二元效应可以认为是结点活动状态只有两个取值可能的凝聚度；协同混合则将结点活动状态的取值范围扩大到了离散集合{0, 1, 2, …, N_N-1}；元数据中结点活动状态可以是凝聚度所使用的复杂矢量数据形式，然而元数据概念主要关注结点属性，它需要与一些面向网络拓扑的方法相结合，以便研究结点属性和网络拓扑结构之间的对应、依赖或相关关系。

需要特别强调一点：有人可能会将凝聚度概念与链接权重相提并论。从表面上看，如果我们用等效链接权重 $W_{i,j}$ 替换网络凝聚度函数 f_{CS}（θ_i，θ_j），就会得到完全相同的计算结果。但是，首先，f_{CS}（θ_i，θ_j）只是定义和计算凝聚度所需的一个要素而已，所以 $W_{i,j}$ 与凝聚度不是一个层次上的概念，不具有可比性。其次，$W_{i,j}$ 的数学表达形式会让人直觉地认为链接权重是链接的属性，与结点活动状态无关（Albert and Barabási，2012），从而让人忽略结点活动状态的异质性对网络系统复杂度的影响。事实上，一条链接的连接效果既取决于链接性质，又取决于结点活动状态。不同性质的链接具有不同的传输效率（例如，公路、铁路、航运水道、飞机航线）；两个结点的活动状态可以彼此互益或妨碍。一旦在两个结点之间建立链接，其实际连接效果是链接的传输效率和结点的活动状态的组合结果。$W_{i,j}$ 的数学表达形式不能明晰地揭示这样的组合关系。而凝聚度的数学定义则可以清楚地表明哪些因素在多大程度上会对一条链接的连接效果产生什么样的影响。

基于凝聚度概念，可以拓展出一系列全新的网络属性、模型和方法，从而丰富关于复杂网络系统研究的理论体系，进而有助于对现实世界复杂系统的理解和管理（胡小兵等，2014；Hu et al.，2017）。例如，凝聚度有助于将防灾减灾与应急处置实践中的"凝心聚力，共度时艰"的生活智慧转换建立成一套科学的管理模式（史培军等，2014）；凝聚度概念已被初步应用于量化旱灾风险认知能力（Wu et al.，2018）和抗旱救灾能力（Guo et al.，2019）；凝聚度方法还提供了一种可同时评估网络系统脆弱性（vulnerability）和恢复性（resilience）的途径（Hu et al.，2019）。

2.4　复杂网络系统的微观个体自组织行为

2.4.1　微观结点自组织行为

2.3 节给出了凝聚度的一个抽象的数学定义。那么，作为一个新近出现的理论概念，凝聚度在各种现实系统中是否真正有所体现呢？为了回答这个问题，本节将通过仿真实验研究宏观系统凝聚度（即网络中所有结点的平均凝聚度）与 4 种广泛存在于自然系统和人类社会系统中的微观结点自组织行为（即结点自主改变调整与其他结点的联接关系，以及自身的活动状态）之间的关系。这 4 种广泛存在的微观结点自组织行为如下：①结点参照邻接结点中与自己相似的活动状态而强化自己的活动状态；②结点断开与自己具有相逆活动状态的邻接结点的链接，转而连结到一个具有与自己相似的活动状态的其他结点（之前与自己无链接）；③结点参照邻接结点中的邻域多数派活动状态（可能与自己当前的活动状态相逆）而改变自己的活动状态；④结点断开与具有邻域少数派活动状态的邻接结点的链接，转而连结到一个具有邻域多数派活动状态的其他结点。上述 4 种微观结点自组织行为在自然和社会生态系统中的现实表现就是个体的自利行为和从众行为（Ball，2012；Albert and Barabási，2002；Axelrod，1997；Granovetter，1978）。

1. 第一种微观结点自组织行为的数学模型

第一种微观结点自组织行为，即结点参照邻接结点中与自己相似的活动状态而强化自己的活动状态，其在现实系统中广泛存在。一个典型例子就是：一个人会与自己社交圈子中与自己具有相同兴趣爱好（如踢球、钓鱼、航模，等等）的朋友一起提升自己该兴趣爱好的能力。第一种微观结点自组织行为的抽象数学模型描述如下。假设 $t=0$ 时有一个网络凝聚度水平很低的初始网络系统。又假设在 $t \geq 0$ 时，结点 i 具有 $N_{\text{SN},i}(t) > 0$ 个相邻结点的活动状态与结点 i 的活动状态 $\theta_i(t)$ 相似。然后，在 $t+1$ 时，结点 i 的活动状态将变为

$$\theta_i(t+1) = \theta_i(t) + s_\theta \times \left[\frac{\sum\limits_{j \in \Omega_{\text{SN},i}(t)} \theta_j(t)}{N_{\text{SN},i}(t)} - \theta_i(t) \right] \tag{2.17}$$

式中，s_θ 为改变活动状态的速度；$N_{\text{SN},i}(t)$ 为在时间 t 时与结点 i 具有相似活动状态的相邻结点个数；$\Omega_{\text{SN},i}(t)$ 为在时间 t 时结点 i 的所有具有与之相似的活动状态的相邻结点的集合。式（2.17）表示结点 i 将其活动状态调整为 $\Omega_{\text{SN},i}(t)$ 中所有结点的活动状态的平均值。

图 2.8 给出了第一种微观结点自组织行为改变结点活动状态的一个例子。在图 2.8 中，结点颜色的相似性表示结点活动状态的相似性，红色（蓝色）链接表示该链接所产生的正（负）连结效果。假设结点 1 当前需要调整其活动状态。在图 2.8 中，由于相邻结点 4 具有与结点 1 相似的活动状态（它们都具有相似的暖色），根据第一类自组织行为，结点 1 改变其活动状态以变得与结点 4 的活动状态更加相似，以期结点 1 的凝聚度值能够变大。

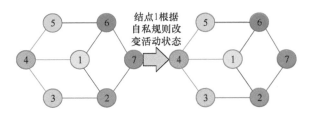

图 2.8 第一种微观结点自组织行为示例

2. 第二种微观结点自组织行为的数学模型

第二种微观结点自组织行为，即结点断开与自己具有相逆活动状态的邻接结点的链接，转而连结到一个具有与自己相似的活动状态的其他结点（之前与该结点无链接），这在现实系统中也是普遍存在的。例如，一个人会停止同与自己理念相左的商业伙伴合作，转而找一个与自己理念相似的新商业伙伴合作。用一句俗语概括第二种微观结点自组织行为，那就是同性相吸，异性相斥。

第二种微观结点自组织行为的抽象数学模型描述如下。假设在时间 t，结点 i 具有 $N_{DN,i}(t)$ 个与之活动状态相逆的相邻结点，组成集合 $\Omega_{DN,i}(t)$，也就是相邻冲突结点集合。假设 $N_{SN,i}(t)>0$，$N_{DN,i}(t)>0$，则结点 i 在时刻 t 调整其链接时，它将随机断开与集合 $\Omega_{DN,i}(t)$ 中的某个结点（假设选择结点 j）的链接，然后随机选取一个与 $\Omega_{SN,i}(t)$ 有链接但与结点 i 无链接且具有与结点 i 相似活动状态的结点（假设选择结点 k），进而连接到该结点。在调整好链接后的下一个时刻 $t+1$，

$$\Omega_{SN,i}(t+1) = \Omega_{SN,i}(t) + \{k\}, \quad N_{SN,i}(t+1) = N_{SN,i}(t) + 1 \tag{2.18}$$

$$\Omega_{DN,i}(t+1) = \Omega_{DN,i}(t) - \{j\}, \quad N_{DN,i}(t+1) = N_{DN,i}(t) - 1 \tag{2.19}$$

图 2.9 是第二种微观结点自组织行为改变结点链接的一个例子。结点 1 首先断开与结点 6 的链接，因为它们彼此具有互逆的活动状态。结点 4 和结点 5 具有与结点 1 相似的活动状态；结点 5 与结点 4 有链接，但与结点 1 无链接；所以，结点 1 选择结点 5 加以连结，以期结点 1 的凝聚度值能够变大。

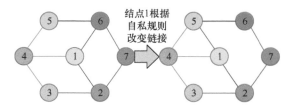

图 2.9 第二种微观结点自组织行为示例

3. 第三种微观结点自组织行为的数学模型

第三种微观节结点自组织行为，即结点参照邻接结点中的邻域多数派活动状态（可能与自己当前的活动状态相逆）而改变自己的活动状态。在现实世界中，相对于曲高和寡而言，随波逐流通常是一种个体生存发展的常见策略，即个体会观察学习自己所处的小环境

中其他个体的多数派行为（又称流行行为），哪怕该多数派行为自己本来并不喜欢或擅长，但为了能更好地融入小环境，该个体也会自觉或不自觉地改变自己原来的少数派行为习惯，从而潜移默化地趋同于小环境中大多数个体的行为。"出淤泥而不染"是一种理想，然而"近朱者赤近墨者黑"却是现实常态。

第三种微观结点自组织行为的抽象数学模型描述如下。基于 $\theta_i(t)$，结点 i 在时间 $t+1$ 的活动状态将变为

$$
\theta_i(t+1) = \begin{cases} \theta_i(t) + s_\theta \times \left[\dfrac{\sum\limits_{j \in \Omega_{\mathrm{SN},i}(t)} \theta_j(t)}{N_{\mathrm{SN},i}(t)} - \theta_i(t) \right], & N_{\mathrm{SN},i}(t) > N_{\mathrm{DN},i}(t) \\[4mm] \theta_i(t) + s_\theta \times \left[\dfrac{\sum\limits_{j \in \Omega_{\mathrm{DN},i}(t)} \theta_j(t)}{N_{\mathrm{DN},i}(t)} - \theta_i(t) \right], & N_{\mathrm{DN},i}(t) > N_{\mathrm{SN},i}(t) \end{cases}
\tag{2.20}
$$

式（2.20）表明，结点 i 将改变自己的活动状态，以期与大多数相邻结点的活动状态相似，哪怕大多数相邻结点的当前活动状态与结点 i 相逆。

图 2.10 给出了第三种微观结点自组织行为改变结点活动状态的示例。因为结点 1 的大多数相邻结点具有冷色，所以结点 1 将其活动状态从暖色变为冷色。这使得结点 1 能够从其相邻结点获得更多的支持，从而结点 1 的凝聚度增加。

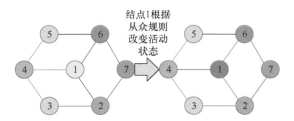

图 2.10　第三种微观结点自组织行为示例

4. 第四种微观结点自组织行为的数学模型

第四种微观结点自组织行为，即结点断开与具有邻域少数派活动状态的邻接结点的链接，转而连接到一个具有邻域多数派活动状态的其他结点（之前与该结点无链接）。在一个顺昌逆亡的小环境中，除了第三种微观结点自组织行为改变自己的活动状态外，常常也需要大义灭亲地改变自己的网络联接关系，以减小其他少数派邻接结点对自己的影响。

如果 $N_{\mathrm{SN},i}(t) \geqslant N_{\mathrm{DN},i}(t) > 0$，则结点 i 将以与式（2.18）和式（2.19）所描述的相同方式调整连接。如果 $0 < N_{\mathrm{SN},i}(t) < N_{\mathrm{DN},i}(t)$，则结点 i 将随机选择集合 $\Omega_{\mathrm{SN},i}(t)$ 中的某个结点（假设选择结点 j）断开链接，然后随机选择一个与集合 $\Omega_{\mathrm{DN},i}(t)$ 有链接且与集合 $\Omega_{\mathrm{DN},i}(t)$ 具有相似活动状态但是与结点 i 无链接的结点（假设选择结点 k），进而与该结点建立链接。在调整完链接后的下一个时刻 $t+1$，可用式（2.21）和式（2.22）表达。

$$\Omega_{\text{DN},i}\left(t+1\right) = \Omega_{\text{DN},i}\left(t\right) + \{k\}, \quad N_{\text{DN},i}\left(t+1\right) = N_{\text{DN},i}\left(t\right) + 1 \tag{2.21}$$

$$\Omega_{\text{SN},i}\left(t+1\right) = \Omega_{\text{SN},i}\left(t\right) - \{j\}, \quad N_{\text{SN},i}\left(t+1\right) = N_{\text{SN},i}\left(t\right) - 1 \tag{2.22}$$

图 2.11 是第四种微观结点自组织行为调整链接的示例。该示例中，结点 1 只有 1 个具有相似活动状态的相邻结点，即结点 4；但有 2 个具有相逆活动状态的相邻结点，即结点 2 和 6。因此，结点 1 与结点 4 断开链接，并调整链接连到结点 7。这次调整使结点 1 的凝聚度减小，但是如果它随后按第三种微观结点自组织行为改变自己的活动状态，则其凝聚度将大幅上升。

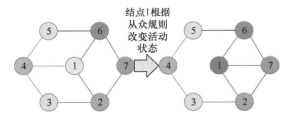

图 2.11　第四种微观结点自组织行为示例

基于式（2.17）～式（2.22）定义的四种微观结点自组织行为，网络系统的进化过程可以描述如下。在进化过程的每个时刻，网络系统的 N_N 个结点将以概率 P_{CAS} 被随机选出以改变其活动状态，以概率 P_{RWL} 被随机选出以调整链接。假设结点 i 在 t 时刻被选中，则根据与自己活动状态相似的情况而进行自组织行为（即第一种或第二种微观结点自组织行为）的概率为

$$P_{\text{SR},i}\left(t\right) = \alpha\left(i\right) + \left[1 - \alpha\left(i\right)\right] \times \frac{N_{\text{SN},i}\left(i\right)}{N_{\text{SN},i}\left(i\right) + N_{\text{DN},i}\left(i\right)} \tag{2.23}$$

而根据邻域多数派活动状态而进行自组织行为（即第三种或第四种微观结点自组织行为）的概率为

$$P_{\text{FO},i}\left(i\right) = 1 - P_{\text{SR},i}\left(i\right) \tag{2.24}$$

式（2.23）中 $0 \leqslant \alpha\left(i\right) \leqslant 1$ 是一个系数，用于确定结点 i 根据与自己活动状态相似的情况而进行自组织行为的概率。

2.4.2　宏观系统凝聚度与自组织行为之间关系的仿真实验

通过模拟仿真实验研究宏观系统凝聚度与 4 种在现实网络系统中常见的微观结点自组织行为之间的关系，以期展示凝聚度这一理论概念对研究现实网络系统的价值。在模拟仿真实验中进行了三组实验。第一组实验中，只允许改变结点活动状态的自组织行为（即第一种和第三种微观结点自组织行为）。第二组实验中，只允许改变结点之间链接的自组织行为（即第二种和第四种微观结点自组织行为）。第三组实验中，结点活动状态以及结点之间的链接都可以改变。

每组实验包括 100 次随机独立实验。在每次随机实验中，首先随机生成一个含有 N_N=100 个结点和 N_E=400 个链接的初始网络系统。在初始网络系统中，结点活动状态在[0，2π]范围

内随机分布，并根据文献（Watts and Strogatz，1998）中方法在结点之间随机建立链接。随机生成的初始网络系统的凝聚度几乎为 0。然后，让初始网络系统根据结点自组织行为进行为期 T_{SP}=50000 个模拟时间单位的进化过程。在进化过程中，为了简单起见，为所有结点设置 $\alpha(i)$=0.3。记录进化期间的平均凝聚度值、聚类系数（CC）值、结点活动状态的多样性（DinNAS）以及邻域结点活动状态的差异性（DinNNAS）如何变化，并在进化过程的最后时刻 t=50000，将此时的网络系统与初始网络系统进行对比。

CC 值描述了结点及其邻域结点通过链接彼此连接的紧密程度（Albert and Barabási，2002；Boccaletti et al.，2006），对于结点 i，CC 值计算如下：

$$c_{\mathrm{CC},i} = \frac{2n_{E,i}}{k_{\mathrm{CN},i}\left(k_{\mathrm{CN},i}-1\right)} \tag{2.25}$$

式中，$n_{E,i}$ 为由结点 i 及其所有 $k_{\mathrm{CN},i}$ 的邻接结点所组成的子网络中存在的所有链接的数量。

结点活动状态的多样性（DinNAS）计算。把区间[0，2π]均分为 N_{SS}=100 个子集。然后检查给定时刻 t 网络系统中所有 N_N=100 个结点的活动状态，以便确定有多少个子集至少含有一个结点的活动状态。假设所有 N_N=100 个结点的活动状态分布在 $1 \leqslant n_{ss} \leqslant 100$ 个子集中，则网络系统在时刻 t 的 DinNAS 为

$$d_{\mathrm{DinNAS}} = \frac{n_{SS}}{N_{SS}} \tag{2.26}$$

根据式（2.26），较大的 d_{DinNAS} 值意味着结点活动状态有更好的多样性。

邻域结点活动状态的差异性（DinNNAS）计算。首先在时刻 t，测量每个结点的 DinNNAS，如对于结点 i，有

$$d_{\mathrm{DinNAS},i} = \sum_{j=1}^{k_{\mathrm{CN},i}} \left|\theta_i - \theta_{\mathrm{NS},i}\left(j\right)\right| \tag{2.27}$$

式中，$\theta_{\mathrm{NS},i}(j)$ 为结点 i 的邻域集合中第 j 个结点的活动状态，结点 i 的邻域集合具有 $k_{\mathrm{CN},i}$ 个结点连接到结点 i。那么，网络系统在时刻 t 的平均 DinNNAS 为

$$\overline{d}_{\mathrm{DinNNAS}} = \frac{1}{N_N}\sum_{i=1}^{N_N} d_{\mathrm{DinNNAS},i} \tag{2.28}$$

在本节所有实验中，凝聚度的定义[式（2.15）]中的网络凝聚度函数都设置为 $f_{\mathrm{CS}}(\theta_i, \theta_j) = \cos(\theta_i - \theta_j)$。

图 2.12～图 2.14 中分别给出了三组实验的各一次随机独立实验的结果。

只改变结点活动状态可以提高网络系统的网络凝聚度。图 2.12（a）是时刻 t = 0 的初始网络系统，图 2.12（b）是进化到时刻 t = 50000 的最终网络系统，图 2.12（c）和图 2.12（d）给出了 CSD、DinNNAS、CC 和 DinNAS 随进化时间 t 而变化的曲线。在绘制网络系统时，将具有正 CSD 值的结点绘制为三角形，而将具有负 CSD 值的结点绘制为圆形。结点的颜色由结点的活动状态确定，结点颜色的相似性表示结点活动状态的相似性，还使用不同的颜色来表示链接的正面或负面效果。如果链接的两个结点具有相逆（相似）的活动状态，则

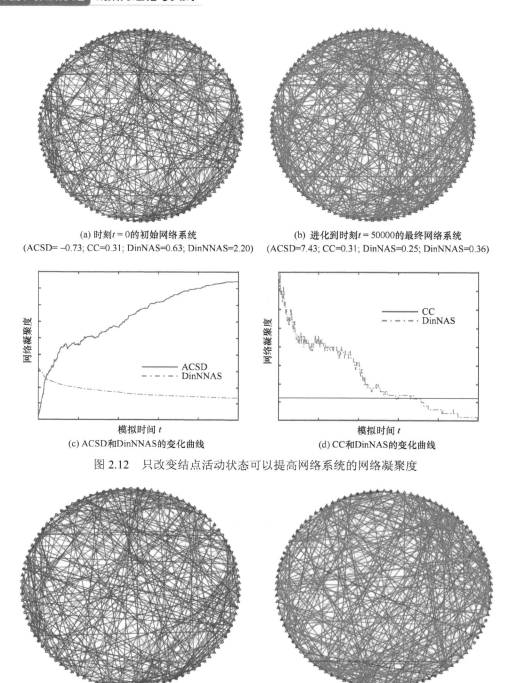

(a) 时刻 $t=0$ 的初始网络系统
(ACSD= −0.73; CC=0.31; DinNAS=0.63; DinNNAS=2.20)

(b) 进化到时刻 $t=50000$ 的最终网络系统
(ACSD=7.43; CC=0.31; DinNAS=0.25; DinNNAS=0.36)

(c) ACSD和DinNNAS的变化曲线

(d) CC和DinNAS的变化曲线

图 2.12 只改变结点活动状态可以提高网络系统的网络凝聚度

(a) 时刻 $t=0$ 的初始网络系统
(ACSD= −0.73; CC=0.31; DinNAS=0.63; DinNNAS=2.20)

(b) 进化到时刻 $t=50000$ 的最终网络系统
(ACSD=6.45; CC=0.56; DinNAS=0.63; DinNNAS=1.36)

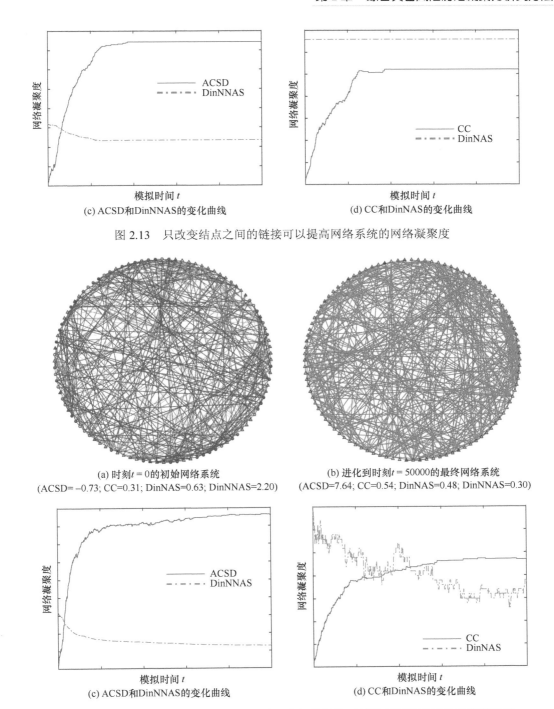

(c) ACSD和DinNNAS的变化曲线

(d) CC和DinNAS的变化曲线

图 2.13　只改变结点之间的链接可以提高网络系统的网络凝聚度

(a) 时刻$t = 0$的初始网络系统
(ACSD= −0.73; CC=0.31; DinNAS=0.63; DinNNAS=2.20)

(b) 进化到时刻$t = 50000$的最终网络系统
(ACSD=7.64; CC=0.54; DinNAS=0.48; DinNNAS=0.30)

(c) ACSD和DinNNAS的变化曲线

(d) CC和DinNAS的变化曲线

图 2.14　改变结点活动状态的多样性和结点之间的链接可以提高网络系统的网络凝聚度

该链接具有负（正）面效果；相应地，该链接绘制为蓝色（红色）。蓝色（红色）越深，链接的负（正）面效果越强。

从图 2.12 可以看出：①允许结点活动状态根据自组织行为改变可以显著提高系统的网络凝聚度水平（在此次实验中，CSD 从–0.73 增加到 7.43）；②由于自组织行为，DinNAS 急剧下降，这意味着在进化过程结束时，大多数结点具有相似的活动状态；③在网络系统的进化过程中，DinNNAS 逐渐减小，这就是 CSD 增大的原因；④由于图 2.12 所属的第一组实验不允许调整链接，因此网络拓扑结构保持不变，所以 CC 保持不变。

只改变结点之间的链接可以提高网络系统的网络凝聚度。根据式（2.15）中凝聚度的定义以及网络凝聚度函数的设置 $f_{CS}(\theta_i, \theta_j) = \cos(\theta_i - \theta_j)$，当网络系统中所有结点具有相同的活动状态（即根本没有多样性）时，该网络系统将具有理论的最大凝聚度值（这里为 8）。第一组实验实际上是通过减小结点活动状态的多样性来提升网络系统的凝聚度水平。但是，多样性对于许多自然和人造系统来说是常见且重要的。那么，在不牺牲结点活动状态的多样性的情况下，网络系统的凝聚度水平是否也可以得到提高呢？

图 2.13 给出了第二组实验中的一次随机独立实验的结果。第二组实验只允许结点自组织行为改变结点之间的链接，不能改变结点的活动状态。从图 2.13 中可以看出：①在只能改变结点之间的链接的情况下，因为结点自组织行为会根据结点活动状态的相似性而调整结点之间的链接，所以结点自组织行为仍然可以提高网络系统的凝聚度水平（此次实验中，CSD 从–0.73 增加到 6.45）；②由于结点的活动状态不允许改变，因此 DinNAS 在进化过程中保持不变，这对需要保持个体多样性的系统来说是有利的；③结点自组织行为下的链接调整使得结点更可能连接到与自身具有相似活动状态的结点，因此 DinNNAS 会随着时间的推移而减小；④CC 从 0.31 上升到 0.56，这主要是因为在网络系统进化的过程中，具有相似结点活动状态的结点集合内的链接的数量会大大增加；⑤与图 2.12 相比，图 2.13 中 CSD、DinNNAS 和 CC 曲线很快达到一定的稳定水平，这说明对于一组给定的、不能改变的结点活动状态，可企及的 CSD 值存在一个理论上限。图 2.13 关于第二组实验的结果清楚地表明，结点自组织行为可以在不改变结点活动状态多样性的情况下提高网络系统的凝聚度水平。

从图 2.12 和图 2.13 可以看出，降低结点活动状态的多样性似乎可以得到更高的网络系统凝聚度水平。在实际应用中，通常既希望得到高的网络系统凝聚度水平，又希望保持结点活动状态的多样性。那么，结点自组织行为能否在网络系统凝聚度水平和结点活动状态多样性之间实现良好的折中平衡呢？

改变结点活动状态的多样性和结点之间的链接可以提高网络系统的网络凝聚度。图 2.14 给出了第三组实验中的一次随机独立实验的结果。其中初始网络系统与图 2.12 和图 2.13 中的完全相同，只是结点活动状态的多样性和结点之间的链接都可以在结点自组织行为所主导的进化过程中发生变化。

与图 2.12 相比，可以看出结点活动状态的多样性在图 2.14 中变化较小，即 DinNAS 降低。图 2.12 中 DinNAS 从 0.63 下降到 0.25，而在图 2.14 中 DinNAS 仅下降到 0.48。与图 2.13 相比，可以看出图 2.14 中的网络系统凝聚度水平得到了很大改善，即图 2.13 中 CSD 从–0.73 增加到 6.45，而图 2.14 中则增加到 7.64。实际上，在进化过程结束时，图 2.14 中的 CSD 甚至大于图 2.12 中的 CSD。这意味着，相较于仅仅改变结点活动状态的多样性，允许同时改变结点活动状态的多样性和结点之间的链接更可能获得帕累托最优性意义上的进化效果，即根据帕累托最优性的定义（Hu et al.，2013），图 2.14 中的网络系统凝聚度水平和结点活动状态多样性优于图 2.12。

总而言之，上述实验结果清楚地表明，无论微观结点自组织行为是改变结点活动状态的多样性，或是调整结点之间的链接，都可以提高网络系统的凝聚度水平。由于本章中所模拟的 4 种微观结点自组织行为在现实世界的网络系统中非常普遍，所以可以推断出，因为微观结点自组织行为，真实世界网络系统的凝聚度水平应该相当高（至少显著大于 0）。鉴于这 4 种微观结点自组织行为在现实中的普遍性，可以认为凝聚度是网络系统的一种固有属性，凝聚度对研究现实世界的复杂网络系统（如社会生态系统）具有重要的应用价值，式（2.15）中所定义的凝聚度概念则提供一种有效的数学方法来定量描述和研究现实世界网络系统的凝聚度水平。本节通过模拟 4 种现实世界常见的微观结点自组织行为来研究网络系统的凝聚力水平的变化规律。仿真实验结果表明，由于微观结点的自组织行为，网络系统将自动演化达到一个较高的宏观凝聚度水平。由于所模拟的 4 种微观结点自组织行为在自然和社会系统中都很常见，因此可以得出结论：系统的网络凝聚度是现实世界复杂网络系统的一种固有的基本属性，网络凝聚度的概念有助于理解现实世界许多网络系统中的复杂现象。

2.5 凝聚力与其他方法的比较分析

2.5.1 凝聚度的应用

基于新近提出的一种网络属性：凝聚度，对于一个给定的系统目标，它旨在定量度量网络系统如何将网络拓扑结构和结点行为状态集成在一起（胡小兵等，2014；Hu et al.，2017），这里特别关注通过单一方法同时评估网络系统的脆弱性和恢复性的可能性。在分析脆弱性和恢复性时，网络系统是研究的重点，因为凝聚度是一种网络属性，正如 Helbing（2013）所强调的，研究全球化网络风险，既是挑战也是机遇，迫切需要新的理论和方法。通过应用一种相对较新的研究网络的方法，即凝聚度方法来同时研究网络系统的脆弱性和恢复性。通过从一个新的视角，对所理解的网络系统中与风险相关的一些基本概念和方法做进一步讨论。

1. 凝聚度的一般应用框架

采用前述关于网络系统的凝聚度概念和联结度的数学定义，即式（2.15）和式（2.16）的定义，因为这两个定义的普适性更强，尤其是式（2.15）关于凝聚度（CSD）的定义，考虑了高维度的结点活动状态。在式（2.15）和式（2.16）定义的基础上，再给出网络平均联结度（ACND）和网络系统的平均凝聚度（ACSD）的计算公式（2.29）和式（2.30）以备使用：

$$\bar{k}_{CN} = \frac{1}{N_N}\sum_{i=1}^{N_N} k_{CN,i} = 2\frac{N_E}{N_N} \tag{2.29}$$

$$\overline{k}_{CS} = \frac{1}{N_N} \sum_{i=1}^{N_N} k_{CS,i} \qquad (2.30)$$

那么应该怎样运用凝聚度概念来研究网络系统的脆弱性和恢复性呢？图 2.15 中给出了应用凝聚度概念研究网络系统性能时需要遵循的一般性流程图。需要指出的是，此处结论的模拟仿真研究并非针对任何特定的真实网络系统。因此，为了简化模拟仿真而又不影响演示目的，在此将结点活动状态简化定义为取值在区间$[-\pi, \pi]$内的标量，并将凝聚度函数设置为 $f_{CS}(\theta_i, \theta_j) = \cos(\theta_i - \theta_j)$。本节将提出一个基于凝聚度概念的网络模型，用以生成具有相同拓扑结构但具有不同凝聚度水平的网络系统，同时定义两种常见的结点间的交互行为，即在灾害情景下结点之间的资源捐赠行为和负荷分担行为，并模拟灾害情景下结点的恢复行为。然后，应用两种结点间的交互行为，研究网络系统凝聚度和网络系统脆弱性之间的关系，应用结点恢复行为，研究网络系统凝聚度和网络系统恢复性之间的关系。

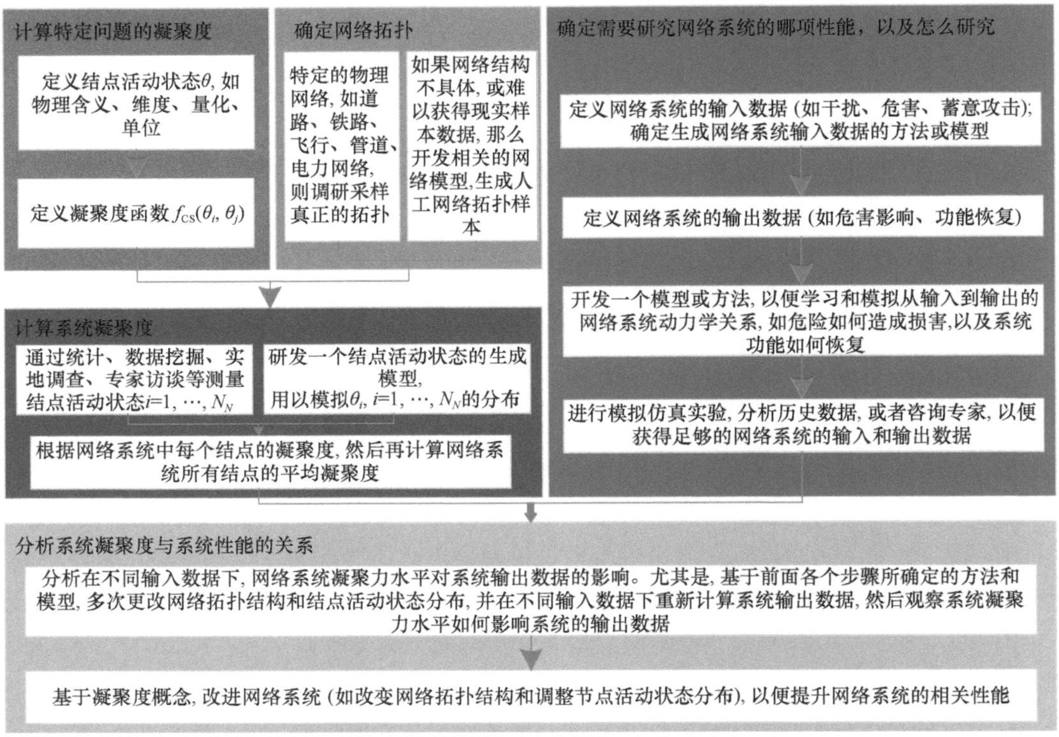

图 2.15 基于凝聚度概念研究系统性能的一般框架

2. 一种基于凝聚度的新网络模型

为了研究网络系统的凝聚度和脆弱性/恢复性之间的关系，首先需要生成大量具有不同凝聚度水平的网络系统。另外，为了具有良好的应用潜力，需要生成在现实世界中可以广泛观察得到的网络拓扑结构。小世界拓扑和无尺度拓扑是现实网络系统中普遍存在的拓扑结构。例如，现实世界的朋友关系网就是一个具有 6 度分离的小世界网络（Kochen，1989）。

Watts 和 Strogatz（1998）基于 CND 提出的网络模型可以有效生成这样的小世界网络。又如，许多真实的网络系统，如从万维网到航空公司网络，从科研合作关系网到性关系网（Newman，2001b），都具有无尺度拓扑结构。Barabási 和 Albert（1999）基于 CND 提出的网络模型可以很好地生成具有无尺度拓扑结构的网络系统。胡小兵等（2014）的研究中，提出了两个基于凝聚度的网络模型，一个用于生成小世界拓扑，另一个用于生成无尺度拓扑。这两个基于凝聚度的网络模型可以生成具有较高凝聚度水平的网络系统。但是，调整这两个基于凝聚度的网络模型中的参数值会导致网络拓扑和系统凝聚度同时发生变化。在本书中，对于一个给定的网络拓扑结构（如一旦给定小世界或无尺度拓扑结构，就不再改变），希望只改变系统的凝聚度水平，以便更好地理解凝聚度对系统性能的影响。Hu 等（2017）基于凝聚度的模型无法达到此目的。因此，这里需要提出一个全新的基于凝聚度的网络模型。

假设需要生成一个具有 N_N 个结点和 N_E 条链接的网络。基于凝聚度的新模型要通过两个阶段来生成一个网络系统。在阶段 1，新模型通过在 N_N 个结点之间架设 N_E 条链接，仅生成所期望的网络拓扑结构，即小世界或无尺度拓扑结构。在阶段 2，新模型不改变阶段 1 中已经生成的网络拓扑结构，而仅仅是给网络中 N_N 个结点分配活动状态。阶段 2 通过专门的结点活动状态分配方法使网络系统具有所期望的凝聚度水平。

阶段 1。需要在 N_N 个结点之间逐条架设 N_E 条链接，以便生成所期望的网络拓扑结构。每次架设一条新链接前需更新结点 i 当前被选择的概率[式（2.31）]。

$$p_{\mathrm{NT},i} = \frac{\alpha_{\mathrm{NT}} + \delta_{\mathrm{NT}} \left(k_{\mathrm{CN},i}\right)^{\beta_{\mathrm{NT}}}}{\sum\limits_{k=1}^{N_N} \left[\alpha_{\mathrm{NT}} + \delta_{\mathrm{NT}} \left(k_{\mathrm{CN},k}\right)^{\beta_{\mathrm{NT}}} \right]}, \quad i=1, \cdots, N_N \qquad (2.31)$$

其中，$\alpha_{\mathrm{NT}}<0$、$\beta_{\mathrm{NT}}<0$ 和 $\delta_{\mathrm{NT}}\leqslant0$ 是具有给定值的模型参数。基于当前已建立的链接更新所有结点的 $p_{\mathrm{NT},i}$，然后基于 $p_{\mathrm{NT},i}$ 通过轮盘赌程序随机选择两个结点（Goodrich and Tamassia，2006）。基于 $p_{\mathrm{NT},i}$ 通过轮盘赌程序描述如下[式（2.32）]。将区间[0，C_{NT}]划分为 N_N 个子区间，其中

$$C_{\mathrm{NT}} = \sum_{i=1}^{N_N} p_{\mathrm{NT},i} \qquad (2.32)$$

N_N 个子区间彼此不相交。把某个子区间分配给某个结点，确保每个结点都有一个且仅有一个子区间相匹配。如果子区间与结点 i 相关联，则子区间的长度是 $p_{\mathrm{NT},i}$。然后，在区间[0，C_{NT}]范围内生成两个随机数。假设这两个随机数分别落在与结点 i 和结点 j 相关的两个子区间内，如果结点 i 和结点 j 之间当前没有链接，则在它们之间建立一个新的链接。之后，再次更新所有结点的 $p_{\mathrm{NT},i}$，并重复轮盘赌程序。直到建立了 N_E 条链接，至此新网络模型的第 1 阶段完成。

通过调整模型参数 α_{NT}、β_{NT} 和 δ_{NT} 的值，可以在阶段 1 中得到所期望的网络拓扑结构。如果 $\delta_{\mathrm{NT}}=0$，那么所有结点将有相同的概率被选择用于建立新的链接，这时生成的是随机网络。即使 N_N 很大，所生成的随机网络中的任何一对结点都可能只需要通过几个中间结点就能连接到一起。因此，$\delta_{\mathrm{NT}}=0$ 可以生成小世界拓扑结构（Watts and Strogatz，1998）。如果 $\delta_{\mathrm{NT}}>$

0，那么具有较大的 $k_{CN,i}$（表示结点 i 当前具有较多链接）的结点将更有可能被选中以建立新链接。换句话说，在 $\delta_{NT} > 0$ 的情况下，新链接将更倾向于连接到已建立了多条链接的结点。这种优先连接机制将生成无尺度拓扑结构（Barabási and Albert，1999）。β_{NT} 和 δ_{NT} 的初值越大，所得到网络拓扑的无尺度特征越显著。

阶段 2。一旦阶段 1 生成了所期望的网络拓扑结构，则进入阶段 2，将活动状态分配给 N_N 个结点，最终生成具有所期望的凝聚度水平的网络系统。本章提出两种策略用于阶段 2 中分配结点活动状态。

在策略 1 下，有一个可调参数 $0 \leqslant \theta_R \leqslant \pi$。当分配结点活动状态时，简单地在区间 $[-\theta_R, \theta_R]$ 内生成 N_N 个随机数作为 N_N 个结点的活动状态。基于式（2.15）中凝聚度的定义，本章假定凝聚度函数 $f_{CS}(\theta_i, \theta_j) = \cos(\theta_i - \theta_j)$，因此较小的 θ_R 会生成具有较高凝聚度水平的网络系统。所以，基于阶段 1 中生成的网络拓扑结构（即阶段 1 中所生成的网络拓扑结构在阶段 2 中不会改变），可通过改变 θ_R 的值，在阶段 2 中获得不同的网络系统凝聚度水平。

然而，为了得到较高凝聚度水平的网络系统，策略 1 需要小的 θ_R，这意味着结点活动状态之间的差异很小。众所周知，许多自然和人造系统通常在个体之间表现出高度多样性。因此，人们更倾向于得到结点活动状态的充分差异化的网络系统，这就要求每个结点的活动状态可以设置为区间 $[-\pi, \pi]$ 内的任何值。策略 1 的另一个缺点是，无论 θ_R 有什么值，在策略 1 下所可能得到的最小系统凝聚度水平约为 0。换句话说，策略 1 可以在 $[0, 2N_E/N_N]$ 内调整网络系统的凝聚度水平，但在 $[-2N_E/N_N, 0]$ 内则几乎没有任何调控能力。因此，当需要研究负凝聚度水平对网络系统性能的影响时，策略 1 的应用价值就不大了。

因此，我们进一步提出了策略 2。策略 2 在 $[-\pi, \pi]$ 内随机分配结点活动状态，同时，策略 2 能够在区间 $(-2N_E/N_N, 2N_E/N_N)$ 内调整所生成的网络系统的凝聚度水平。

在策略 2 下，当把结点活动状态分配给随机选择的结点时，如结点 i，如果结点 i 当前还没有被分配活动状态，那么只能随机选择 $[\theta_{M,i}+\theta_B-\theta_R, \theta_{M,i}+\theta_B+\theta_R]$ 内的状态值，其中 $0 \leqslant \theta_B \leqslant \pi$ 和 $0 \leqslant \theta_R \leqslant \pi$ 是两个可调参数，$\theta_{M,i}$ 是结点 i 的相邻结点的当前平均活动状态，即式（2.33）：

$$\theta_{M,i} = \frac{1}{N_{NN,i}} \sum_{k=1}^{N_{NN,i}} \theta_{NN,k} \tag{2.33}$$

式中，$N_{NN,i}$ 为结点 i 的相邻结点的数量；$\theta_{NN,k}$ 为结点 i 的第 k 个相邻结点的活动状态。需要注意的是，如果当前第 k 个相邻结点尚未被分配活动状态，那么就假设 $\theta_{NN,k}=0$。如果结点 i 的所有相邻结点当前都尚未被分配活动状态，则在 $[-\pi, \pi]$ 内随机选择结点 i 的活动状态值。

在策略 2 下，一些结点被赋予 $[-\pi, \pi]$ 内的随机活动状态值，因为它们的相邻结点很可能尚未被分配活动状态。而后，对尚未被分配活动状态的结点，通过确定它们的相邻结点，为其分配活动状态值。通过这种方式，N_N 个结点最终将在 $[-\pi, \pi]$ 内具有多样化的活动状态。关于系统凝聚度水平的调控，则有若 $\theta_B=0$，则较小的 θ_R 将导致 $[0, 2N_E/N_N]$ 内较大的系统凝聚度水平正值，若 $\theta_B=\pi$，则较小的 θ_R 将导致在 $[-2N_E/N_N, 0]$ 内较小的系统凝聚度水平负值。图 2.16 给出了基于凝聚度的新模型所生成的 9 个具有不同的网络拓扑结构和平均凝聚度值的简单网络系统的示例图。

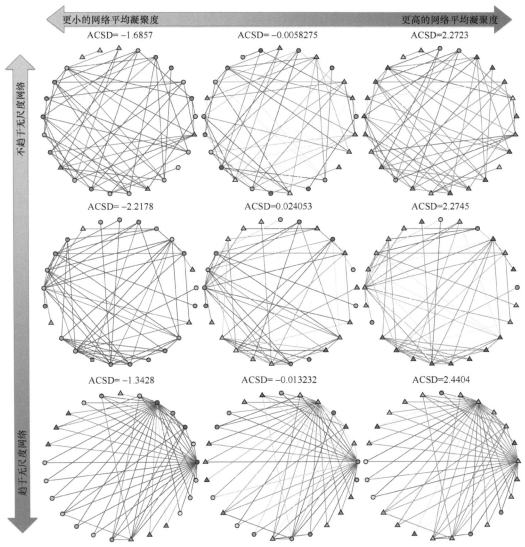

△/● ：具有正/负凝聚度的结点 (节点颜色与节点状态值有关, 节点状态的相似性由颜色相似性表示)；
—/— ：具有正/负效率的联结 (红/蓝越深, 正/负效率越高)

图 2.16　基于凝聚度新模型所生成的简单网络系统示例

2.5.2　网络系统动态行为建模

　　基于凝聚度的网络模型生成了具有所期望的拓扑结构和凝聚度水平的网络系统后, 就可以测试外来冲击对网络系统可能产生的影响。为此, 需要模拟灾害情景下结点之间的交互行为。本书主要关注结点之间的两类交互行为, 即资源捐赠行为和负荷分担行为, 这些行为在现实世界的灾难和风险管理中都很常见。在此还模拟了灾害情景下结点的恢复行为,以测试网络系统在灾害打击情景下的恢复性。

1. 结点的资源捐赠行为

当结点（如结点 i）面临外来冲击时，结点 i 可接受来自当前未受到任何外来冲击的相邻结点所捐赠的资源，以帮助其应对所面临的外来打击。相邻结点之间捐赠资源的效果通常主要取决于结点 i 与其相邻结点之间某些属性的差异。例如，即使邻居有足够的能力和资源，困难的家庭也很少能得到敌对邻居的帮助。又如，如果两个工厂使用不兼容的生产线，那么它们也难以从彼此的冗余设备中受益。

本书中，将结点用以应对外来打击的能力和资源统称为结点的功能容量。假设每个结点，如结点 i，具有初始功能容量 $c_{NF,i}=1$。令二进制变量 b_i 表示结点 i 是否面临外来冲击（如果是，则 $b_i=1$；否则，$b_i=0$）。设 $d_{i,j}$ 表示在灾害情景模拟中结点 i 向结点 j 所捐赠的功能容量，$d_{i,j}$ 计算公式如下[式（2.34）]：

$$d_{i,j} = \begin{cases} (1-b_i) \times \dfrac{1-\alpha_{DB}}{c_{DM,i}} \times \beta_{DB} \times c_{NF,i} \times b_j \times M_A(i,j) \times f_{DB}(\theta_i,\theta_j), & c_{DM,i} > 1-\alpha_{DB} \\ (1-b_i) \times \beta_{DB} \times c_{NF,i} \times b_j \times M_A(i,j) \times f_{DB}(\theta_i,\theta_j), & c_{DM,i} \leqslant 1-\alpha_{DB} \end{cases} \quad (2.34)$$

式中，$c_{DM,i}$ 为所估计的结点 i 需要对外捐赠资源的总量，假设结点 i 具有无限的功能容量[式（2.35）]：

$$c_{DM,i} = \beta_{DB} \times c_{NF,i} \times \sum_{j=1}^{N_N} \left[b_j \times M_A(i,j) \times \left| f_{DB}(\theta_i,\theta_j) \right| \right] \quad (2.35)$$

遗憾的是，结点 i 并没有无限的功能容量，而是最初的 $c_{NF,i}=1$。在结点 i 没有受到直接的外来打击的情况下，它必须至少保持 $0 \leqslant \alpha_{DB} < 1$ 的功能容量用于其自身的最小用途。$0 \leqslant \beta_{DB} \leqslant 1$ 是一个与捐赠意愿相关的网络系统参数，$-1 \leqslant f_{DB}(\theta_i, \theta_j) \leqslant 1$ 类似于凝聚度函数。

在灾害情景模拟中，结点 i 的功能容量计算公式如下：

$$c_{NF,i} = \begin{cases} \min(1, c_{GR,i}), & b_i=1, c_{GR,i} \geqslant \alpha_{DB} \\ 0, & b_i=1, c_{GR,i} < \alpha_{DB} \\ c_{NF,i} - \sum_{j=1}^{N_N} |d_{i,j}|, & b_i=0 \end{cases} \quad (2.36)$$

式中，$c_{GR,i}$ 为外来打击影响下发生资源捐赠行为后结点 i 的总功能容量[式（2.37）]：

$$c_{GR,i} = \max\left(0, c_{NF,i} - a_H + \delta_{DB} \times \sum_{j=1}^{N_N} d_{j,i}\right) \quad (2.37)$$

式中，$a_H \geqslant 0$，为外来打击强度；$0 \leqslant \delta_{DB} \leqslant 1$，为确定在结点之间进行资源捐赠的成本转换效率的参数（如运行慈善组织的管理成本）。

根据式（2.34），如果 $b_i=1$，那么对于所有的 $j=1, \cdots, N_N$，即 $d_{i,j}=0$，受到外来打击的结点将不会对外捐赠资源。如果 $b_i=0$，那么对于所有的 $i=1, \cdots, N_N$，即 $d_{i,j}=0$，不会

给没有受到外来打击的结点捐赠资源。根据式（2.34）与式（2.36）给出的模型，一个受到外来打击的结点，如结点 i，可以得到其没有受到外来打击的相邻结点的支持，即资源捐赠。一般来说，较大的 β_{DB} 和较小的 α_{DB} 意味着网络系统中的成员更愿意帮助他们的受灾朋友。需要注意的是，朋友之间才会捐赠资源；若非朋友，即敌人，则有 $f_{DB}(\theta_i, \theta_j) \leqslant 0$，即敌人可能只会袖手旁观，甚至试图趁火打劫。根据式（2.34），敌人可能会干扰其他结点的资源捐赠行为，但在这个模型中，根据式（2.35）和式（2.36），不考虑抢劫行为（公式中使用了绝对值）。式（2.36）还表示如果敌对结点干扰其他结点，其自身的功能容量也将随着干扰成本而降低。根据式（2.36），假设结点 i 受到外来打击，如果其所剩的总功能容量（即 $c_{GR,i}$）小于 α_{DB}（即结点正常运行所需的最小功能容量），则结点的功能容量将变为 0（即 $c_{NF,i} = 0$）。

2. 结点的负荷分担行为

假设结点 i 最初具有功能容量 $c_{NF,i} = 1, \cdots, N_N$。在负荷分担行为模型中，受到外来打击的结点（即 $b_i = 1$）将不会从其他结点接收任何捐赠，而是丧失一定百分比的功能容量，这将导致整个系统功能容量降低。没有受到外来打击的结点（即 $b_i = 0$）将通过参考其受到外来打击的相邻结点的功能容量丢失百分比来或多或少地增加其自身的功能容量，以便尽可能保持整个系统的功能容量变化的稳定。但是，没有受到外来打击的结点不能无限地增加其自身的功能容量，而是存在一个上限 $1 < C_{UB} < +\infty$。

结点之间的负荷分担行为的数学描述如下[式（2.38）]。首先，更新受到外来打击的结点的功能容量。假设 $b_i = 1$，那么

$$c_{NF,i} = \max\left(0, c_{NF,i} - a_H\right) \tag{2.38}$$

之后，计算 $b_j = 1$ 的结点将会导致 $b_i = 0$ 的相邻结点增加多少功能容量。设结点 j 使结点 i 的功能容量增加 $e_{j,i}$ [式（2.39）]：

$$e_{j,i} = \begin{cases} (1-b_i) \times \dfrac{C_{UB}-1}{e_{EC,i}} \times \beta_{LT} \times b_j \times (1-c_{NF,j}) \times M_A(i, j) \times \max\left[0, f_{LT}(\theta_i, \theta_j)\right], e_{EC,i} > C_{UB} - 1 \\ (1-b_i) \times \beta_{LT} \times b_j \times (1-c_{NF,j}) \times M_A(i, j) \times \max\left[0, f_{LT}(\theta_i, \theta_j)\right], e_{EC,i} \leqslant C_{UB} - 1 \end{cases}$$

$$\tag{2.39}$$

式中，$e_{EC,i}$ 为估计的结点 i 需要增加的功能容量的总量，若其功能容量无限大，则 $e_{EC,i}$ 为式（2.40）：

$$e_{EC,i} = \beta_{LT} \times \sum_{j=1}^{N_N} b_j \times (1-c_{NF,j}) \times M_A(i, j) \times \max\left[0, f_{LT}(\theta_i, \theta_j)\right] \tag{2.40}$$

式中，$0 \leqslant \beta_{LT} \leqslant 1$，为一个与网络系统中的负荷分担意愿相关的参数；$-1 \leqslant f_{LT}(\theta_i, \theta_j) \leqslant 1$，为与凝聚度函数类似的函数。

然后，在灾害情景模拟中，对于 $b_i = 0$ 的结点，其功能容量将增加到式（2.41）：

$$c_{NF,i} = c_{NF,i} + \sum_{j=1}^{N_N} e_{j,i} \tag{2.41}$$

最后，整的系统的功能容量 C_{OSF} 为式（2.42）：

$$C_{\mathrm{OSF}} = \sum_{i=1}^{N_N} c_{\mathrm{NF},i} - \left(1 - \delta_{\mathrm{LT}}\right) \times \sum_{i=1}^{N_N} \sum_{j=1}^{N_N} e_{j,i} \tag{2.42}$$

式中，$0 \leqslant \delta_{\mathrm{LT}} \leqslant 1$，为一个表示转换效率的参数，$\delta_{\mathrm{LT}}$ 说明虽然结点 j 受到外来冲击会导致结点 i 增加自身的功能容量，其增加量为 $e_{j,i}$，但是其效果仅相当于结点 j 具有 $c_{\mathrm{NF},j} = \delta_{\mathrm{LT}} \times e_{j,i}$。例如，当地农场需要每天为其社区提供 1t 食物，假设当地农场因灾害影响而关闭后，一个遥远的农场生产了 1t 额外的食物并送到该社区，但由于长途运输，一些食物发生了变质，因此该社区最终所得到的食物是少于 1t 的。

上述负荷分担行为在现实中也很常见。根据式（2.39），即使 $b_i = 0$ 的结点因为 $b_j = 1$ 的相邻结点而增加自身的功能容量，如果结点 i 和结点 j 彼此不能很好地相处，即如果 $f_{\mathrm{LT}}(\theta_i, \theta_j) \leqslant 0$，那么结点 i 也可能不会这样做。例如，两家相邻的公司拥有完全不同的产品线，当一家公司因危机而停止营业时，即使另一家公司立刻注意到了商机（其他远方公司可能无法及时获得信息）并且也有额外的生产资源，但是它也很难在短时间内占领停止营业公司的市场份额，因为其产品线并不一样。

3. 结点的恢复行为

结点之间的上述两种交互行为主要关注灾害情景下网络系统性能的即时变化，其适用于研究网络系统脆弱性。这里，需要另一个模型来模拟灾害情景下相对较长时间内的网络系统性能的恢复情况，以便研究网络系统的恢复性。

假设基于凝聚度的模型所生成的网络系统暴露于一系列的外部打击之下，即在 T_{SP} 个仿真时间单位内受到随机的外部冲击。在仿真开始时，即在仿真时刻 $t=0$ 时，所有结点的功能容量为 1，即对于结点 i，在时刻 $t=0$ 时有 $c_{\mathrm{NF},i}(0) = 1$。然后，在每个仿真时刻 $0 < t \leqslant T_{\mathrm{SP}}$ 模拟一次外部冲击，从网络系统的 N_N 个结点中随机选择 $0 < P_{\mathrm{RAN}} < 100\%$ 的结点并将它们的功能容量减少到 0，即如果结点 i 在时刻 t 受到外部打击，那么它的功能容量立即变为 $c_{\mathrm{NF},i}(t) = 0$。在模拟过程中，如果在时刻 t 的结点，如结点 i，具有功能容量 $c_{\mathrm{NF},i}(t) < 1$，则在下一时刻 $t+1$，其功能容量可以在一定程度上自我恢复，其数学表述如下[式（2.43）]：

$$c_{\mathrm{NF},i}(t+1) = \min\left(1, \max\left\{0, c_{\mathrm{NF},i}(t) + \alpha_{\mathrm{RB}} \times \left[c_{\mathrm{NF},i}(t) + \sum_{j=1}^{N_N} c_{\mathrm{NF},j}(t) \times M_A(i, j) \times f_{\mathrm{RB}}(\theta_i, \theta_j)\right]\right\}\right)$$

$$\tag{2.43}$$

式中，$\alpha_{\mathrm{RB}} > 0$，为恢复率；$-1 \leqslant f_{\mathrm{RB}}(\theta_i, \theta_j) \leqslant 1$，为一个类似于凝聚度函数的函数。式（2.43）表明，结点的恢复行为不仅取决于自身当前的功能容量，还取决于其相邻结点的功能容量。但是，即使其相邻结点当前具有较高的功能容量，但它们也可能不会对该结点的恢复提供任何帮助，相反，如果 $f_{\mathrm{RB}}(\theta_i, \theta_j) < 0$，则它们甚至会干扰该结点的恢复过程。

需要注意的是，该模型不是仅仅模拟单个外部冲击事件下网络系统的恢复行为，而是研究在一系列外部冲击事件期间网络系统的恢复性，这更具有实际意义。事实上，在受到单个外部冲击之后，结点 i 的恢复行为可能需要很长一段时间，以至于在其恢复的过程中，网络系统的其他结点又受到了一些其他外部冲击，尽管这些新的外部冲击事件可能不会直

接命中结点 i，但是很可能会通过网络系统的拓扑结构对结点 i 的恢复过程产生间接影响。因此，本章主要评估一系列外部冲击事件的整个模拟期间网络系统总的平均功能容量。

2.5.3　网络系统动态行为仿真结果及讨论

1. 仿真设置

通过模拟仿真，以研究网络系统凝聚度和网络系统脆弱性之间的关系，以及网络系统凝聚度和网络系统恢复性之间的关系。首先，使用基于凝聚度的模型随机生成 2000 个网络系统，每个网络系统具有 N_N = 100 个结点和 N_E = 400 条链接。其中，1000 个网络系统在 α_{NT}=1、β_{NT}=3 和 δ_{NT}=0 的情况下生成，因而具有小世界拓扑结构；其他 1000 个网络在 α_{NT}=1、β_{NT}=3 和 δ_{NT}=1 下生成，因而具有无尺度拓扑结构。应用前述策略以控制这 2000 个网络系统的结点活动状态的分布，将与这些策略相关的参数设置为 θ_B=0 和 θ_R =0.1π, 0.2π, ···, π，以期得到区间（0, $2N_E/N_N$）内的系统凝聚力水平。此处将每个 θ_R 值都应用于 100 个小世界网络和 100 个无尺度网络。

为了研究网络系统凝聚度和网络系统脆弱性之间的关系，首先在上述 2000 个网络系统引入前面已介绍的结点间资源捐赠行为，将与资源捐赠行为相关参数设置为 α_{DB}=0.2、β_{DB}=0.1 和 δ_{DB}=0.9。然后，对每个网络系统进行了 900 次外部打击测试。在外部打击测试中，随机产生幅度 a_H 在区间[0, 2]内的外部打击事件，并在 N_N 个结点中随机选取 P_{RAN}%的结点以进行攻击（P_{RAN} 指单次测试中外部打击事件的直接影响范围）。对于每个网络系统，P_{RAN} = 10, 20, ···, 90，并在每个 P_{RAN} 值下进行 100 次外部打击测试。为此，对每个网络系统进行了 900 次外部冲击测试。在进行了外部打击测试之后，测量整个系统的功能容量，即网络系统中所有 N_N 个结点的功能容量之和，以评估网络系统在外部打击下的脆弱程度。再次，将结点间负荷分担行为引入上述 2000 个网络系统中，并将那些负荷分担行为相关参数设置为 C_{UB}=2、β_{LT}=0.1 和 δ_{LT}=0.9。之后，对每个网络系统进行 900 次外部打击测试。外部打击测试的过程与资源捐赠行为实验中的相同。最后再次评估整体系统在外部打击下的脆弱性。

为了研究网络系统凝聚度和网络系统恢复性之间的关系，这里还对上述 2000 个网络系统引入前述的结点恢复行为，并将自愈行为相关参数设置为 α_{RB}= 0.1。再把每个网络系统暴露于 100 个随机外部打击事件序列。每个外部冲击事件序列持续 T_{SP} = 10000 个模拟时间单位长度，且每个模拟时刻都有一个外部打击事件发生，每个外部打击事件将直接影响到网络系统 N_N 个结点中的 P_{RAN}%=10%的结点。在外部打击事件结束后，测量 T_{SP} = 10000 个模拟时间单位期间整体网络系统的平均功能容量，再统计完全丧失了功能结点的平均数量，即具有功能容量 $c_{NF,i}$（t）=0 的结点的数量，以评估网络系统的恢复性。

为简单起见，在上述实验中，设定式（2.44）如下：

$$f_{DB}\left(\theta_i,\theta_j\right) = f_{LT}\left(\theta_i,\theta_j\right) = f_{RB}\left(\theta_i,\theta_j\right) = f_{CS}\left(\theta_i,\theta_j\right) = \cos\left(\theta_i - \theta_j\right) \tag{2.44}$$

这些函数用以描述在同一个网络系统中，两个结点的活动状态的差异是如何通过链接影响到结点彼此之间的交互行为的。

2. 网络系统凝聚度和网络系统脆弱性之间的关系分析

这里分别给出了关于资源捐赠行为和负荷分担行为实验的一些主要结果。在每种结点间的交互行为下，将小世界网络系统的结果与无尺度网络系统的结果分开。对于给定的交互行为和给定的拓扑结构类别，绘制了整体系统的平均功能容量（AOSFC）与系统凝聚度水平的变化（由ACSD 表征）。需要注意的是，基于凝聚度的模型很难精确控制所生成网络系统具有某个特定ACSD 值。例如，假设希望生成一个 ACSD = 2 的网络系统，即使多次改变模型参数 θ_R，也难以得到一个正好 ACSD = 2 的网络系统，但是一般会生成许多 ACSD 值约为 2 的网络系统。因此，在仿真实验中，将那些所有 ACSD 值处于子区间[θ_{SR}−0.25，θ_{SR}+0.25]内的网络系统都近似看作具有 ACSD=θ_{SR} 网络系统，其中 θ_{SR}=0，0.5，1，…，6.5，7（在 N_E/N_N=4 的情况下，理论上可能的最大 ACSD = 8；但是在仿真实验中，基于凝聚度的模型所生成的网络系统的实际最大 ACSD 都小于 7）。而后，在给定的外部冲击事件直接影响范围 P_{RAN} 下（即单次外部打击所直接影响到的结点百分比），以所有 ACSD 值在同一子区间内的网络系统来计算平均结果。

图 2.17～图 2.20 的右侧子图中，对于给定的网络系统，还将其性能与 ACSD = 0 的网络系统的性能进行比较，以便评估 ACSD 值增加对系统性能的提高有多大的影响。

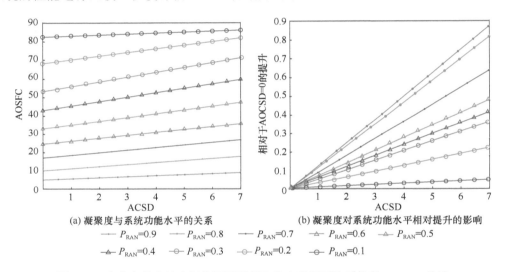

(a) 凝聚度与系统功能水平的关系　　(b) 凝聚度对系统功能水平相对提升的影响

—— P_{RAN}=0.9　—— P_{RAN}=0.8　—— P_{RAN}=0.7　—△— P_{RAN}=0.6　—△— P_{RAN}=0.5

—△— P_{RAN}=0.4　—○— P_{RAN}=0.3　—○— P_{RAN}=0.2　—○— P_{RAN}=0.1

图 2.17　实验中具有结点间资源捐赠行为的小世界网络系统的 AOSFC 结果

图 2.17 给出了实验中具有结点间资源捐赠行为的小世界网络系统的 AOSFC 结果，图 2.18 为实验中具有资源捐赠行为的无尺度网络系统的 AOSFC 结果，图 2.19 为实验中具有负荷分担行为的小世界网络系统的 AOSFC 结果，以及图 2.20 为实验中具有负荷分担行为的无尺度网络系统 AOSFC 结果。观察图 2.17～图 2.20，可以得出以下结论：无论哪种结点间交互行为，无论外部冲击事件直接影响范围 P_{RAN} 如何，具有较高凝聚度水平的网络系统（即具有较大 ACSD 值的网络系统）总是具有较大的 AOSFC 值，这意味着外部冲击对高凝聚度系统的影响较小。

在较大的外部打击事件直接影响范围 P_{RAN} 下，随着系统凝聚度水平的提高，AOSFC的相对改善更为显著，这表明，在应对大规模外部打击事件时，网络系统的凝聚度水平的高低尤其重要。

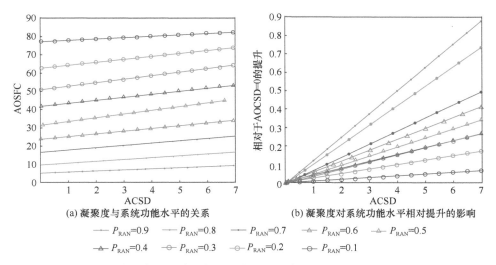

图 2.18　实验中具有资源捐赠行为的无尺度网络系统的 AOSFC 结果

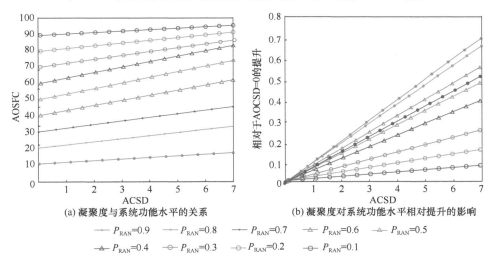

图 2.19　实验中具有负荷分担行为的小世界网络系统的 AOSFC 结果

应对外部打击事件时，系统性能在不同类型的网络拓扑结构下没有太大差别。关于结点间相互作用行为的网络系统的研究中，小世界拓扑结构略好于无尺度拓扑结构。这可能是因为小世界网络系统中的大多数结点具有比无尺度网络系统中的大多数结点相对更多的邻居，且如果系统具有正的 ACSD 值，则在外部冲击事件期间，更多的邻居意味着有更多的支持。

回顾基于 CND 的网络系统的研究发现，通常来说，无尺度网络比小世界网络对随机攻击更具鲁棒性，因为在随机攻击下，前者相比后者不太可能被分割成彼此割裂的子图（子系统）（Albert and Barabási，2002；Boccaletti et al.，2006）。关于随机外部冲击影响的实验结果却给出了一个相反的观点，并不是要否定基于 CND 的研究发现。实际上，基于 CND 的研究只对网络拓扑结构感兴趣。但是，现实世界中结点活动也需要被考虑在内。因此，基于 CND 的方法就可能会产生令人困惑甚至产生错误的结论，正如 Tanaka 等（2012）的研

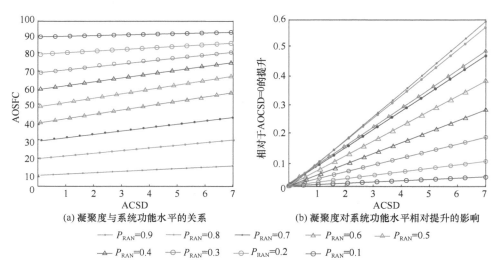

(a) 凝聚度与系统功能水平的关系　　　　　　(b) 凝聚度对系统功能水平相对提升的影响

$P_{RAN}=0.9$　　$P_{RAN}=0.8$　　$P_{RAN}=0.7$　　$P_{RAN}=0.6$　　$P_{RAN}=0.5$

$P_{RAN}=0.4$　　$P_{RAN}=0.3$　　$P_{RAN}=0.2$　　$P_{RAN}=0.1$

图 2.20　实验中具有负荷分担行为的无尺度网络系统的 AOSFC 结果

究所指出的，虽然中心结点（其 CND 非常大）对于结构鲁棒性是最重要的，但是当涉及动态鲁棒性时，具有较小 CND 的结点比中心结点更为重要。图 2.17～图 2.20 中的分析结果（包括图 2.22 和图 2.23 的分析结果）在某种程度上正是与 Tanaka 等（2012）的发现相一致的。

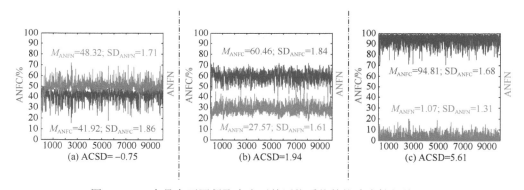

(a) ACSD= −0.75　　　　　　(b) ACSD=1.94　　　　　　(c) ACSD=5.61

图 2.21　三个具有不同凝聚力水平的网络系统的抗攻击性能的示例

　　如果相同的外部打击事件对一个网络系统造成的影响较小，那么通常会说系统不易受到该外部打击事件的影响，即系统对该外部打击事件的脆弱性较低。因此，根据图 2.17～图 2.20 可以得出结论，无论网络拓扑结构类别如何，系统凝聚度水平都可以作为评估网络系统脆弱性的指标，较低的系统脆弱性水平对应着较高的系统凝聚度水平。

　　关于网络系统凝聚度和网络系统自适力之间的关系分析。这里给出一些关于网络系统结点恢复行为实验的主要结果。图 2.21 显示了在相同的外部打击事件下具有不同系统凝聚度水平（由 ACSD 值表示）的 3 个网络系统的抗攻击性能的示例。图 2.22 和图 2.23 绘制了小世界网络和无尺度网络的平均抗攻击性能曲线（基于 200 000 个随机攻击事件序列，即对每个网络系统进行 100 个随机攻击事件序列实验），对于每类网络拓扑结构都生成了具有不同系统凝聚度水平的网络系统。

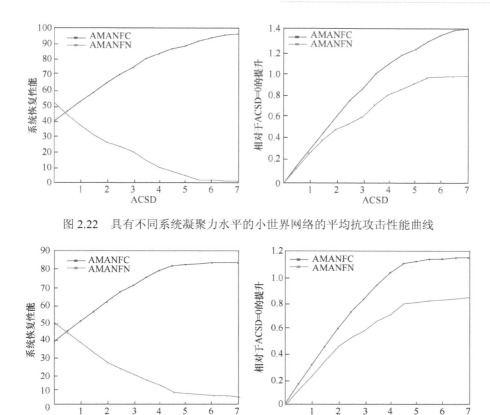

图 2.22　具有不同系统凝聚力水平的小世界网络的平均抗攻击性能曲线

图 2.23　具有不同系统凝聚力水平的无尺度网络的平均抗攻击性能曲线

在图 2.21 中，对于每个网络系统，绘制出了随机攻击事件序列期间结点的平均功能容量（ANFC）和功能容量为 0 的结点数量（ANFN）随仿真时间而变化的情况。一般来说，较大的 ANFC 和较小的 ANFN 意味着更好的抗攻击性能。从图 2.21 中可以直观地看出，更好的抗攻击性能与更高的系统凝聚度水平（即更大的 ACSD）呈正相关。

图 2.21（a）的网络系统具有-0.75 的 ACSD，即 ACSD 的值几乎为 0。实际上，在系统（a）中，具有负 CSD 值的结点的数量约为 50，即网络系统的所有 N_N=100 的结点中有一半结点，且基于[式（2.43）]中定义的恢复行为，大多数此类结点一旦受到外部冲击将无法恢复，而只是保持 $c_{NF,i}(t)$ =0。对于 N_N=100 结点中的另一半结点，它们具有正 CSD 值，这意味着它们可以从其相邻结点获得有效支持，因此它们的功能容量通常在外部打击过后可以或多或少地得到恢复。对于具有正 CSD 值的这些结点，它们大多数时间具有 $c_{NF,i}(t)$ >0。因此，系统（a）的 ANFN 曲线会稳定在大约 48 的数值水平。虽然，随着时间的推移，能保持功能的结点的数量约为 52，但在恢复过程中通常有一些结点 $c_{NF,i}(t)$ <1。因此，系统（a）的 ANFC 曲线稳定在约 42%，小于 52%。

图 2.21（b）的网络系统具有正 ACSD 值，即 1.94。然而，在系统（b）中，仍然存在一些具有负 CSD 值的结点。这样的结点一旦受到外部打击，它们很可能保持 $c_{NF,i}(t)$ =0。

另外，系统（b）中具有负 CSD 值的结点数量远小于系统（a）中具有负 CSD 值的结点数量。因此，系统（b）的 ANFN 曲线稳定在约 28，比系统（a）小 43%。同时，系统（b）的 ANFC 曲线稳定在约 60%，比系统（a）的值大 44%。

图 2.21（c）的网络系统是通过设置 $\theta_R=0.1\pi$ 产生的，即相邻结点的活动状态被限制在很窄的范围内，所以出现了非常大的 ACSD = 5.61，其是 3 个网络系统中最大的一个。在相同的外部打击事件下，系统（c）ANFN 曲线维持在约 1，且 ANFC 曲线稳定在约 95%。换句话说，外部打击事件对系统（c）的性能几乎没有影响，平均而言，几乎所有结点一直具有 $c_{NF,i}(t) \approx 1$，都运行良好。

图 2.21 旨在显示系统凝聚度水平不同的 3 个网络系统在相同的外部打击事件下如何运行的一些细节。在做出任何定论前，还需要看看基于 2000 个网络系统的所有 100 个随机攻击事件序列实验的平均结果。如图 2.22 和图 2.23 所示，即 100 个随机攻击事件序列实验中网络系统的平均 ANFC（AMANFC）和平均 ANFN（AMANFN），从中可以清楚地看到：①无论是小世界还是无尺度拓扑结构，恢复行为下的网络系统的抗攻击性能随着系统凝聚度水平的提高而稳定地提高；②一般来说，小世界拓扑结构比无尺度拓扑结构的网络系统具有稍高的抗攻击性能，在无尺度拓扑结构中，大多数结点具有非常少的邻居，当系统具有正 ACSD 值时，来自邻居的支持也相对较少（当然，如果系统具有负 ACSD 值，则无尺度拓扑结构可能成为优势，因为大多数结点将受到相对较少的敌对邻居的干扰）。

总而言之，实验结果表明，较高的系统凝聚度水平说明外部冲击将对网络系统造成较小的影响。实验结果也表明，更高的系统凝聚度水平与更好的恢复性相关。换句话说，较高的系统凝聚度水平使得系统具有较低的脆弱性和较好的恢复性。因此，系统凝聚度作为网络系统的固有属性（Hu et al.，2017，2018），可以作为同时研究网络系统的脆弱性和恢复性的有效方法。

最后，一个简单的 ACND 值（即所有结点的 CND 的平均值）可以评估网络系统的脆弱性或恢复性吗？答案是否定的，因为这样的验证实验至少需要 CND 分布（这比单个 ACND 值复杂得多），才能分析网络系统的结构鲁棒性。那么，一个简单的 ACSD 的值（即所有结点的 CSD 的平均值）是否可以评估网络系统的脆弱性和恢复性？根据本书的实验结果，答案是肯定的。另外，因为结点活动状态和凝聚度函数可以根据问题特征进行适当定义和设计，所以应用凝聚度研究各种网络系统的脆弱性和恢复性是可行的。

脆弱性和恢复性是研究外部打击下系统性能的两个重要概念。它们通常分别与外部打击事件发生前和外部打击事件发生后的系统性能有关，并且通过不同的指标和方法进行评估。本章开展了对网络系统凝聚度和网络系统脆弱性，以及网络系统凝聚度和网络系统恢复性之间关系的模拟仿真研究，以证明系统凝聚度可以作为同时评估网络系统脆弱性和恢复性的指标。本书中使用了小世界和无尺度拓扑结构，并引入了网络系统在受到外部冲击时结点之间的资源捐赠行为和负荷分担行为。仿真实验结果表明，对于一个网络系统，较高的系统凝聚度水平会产生较低的系统脆弱性和较高的恢复性。这说明可以用系统凝聚度水平来研究网络系统的脆弱性和恢复性，即网络系统的凝聚度水平可以作为评估网络系统的脆弱性级别和恢复性级别的指标。一般而言，网络系统的凝聚度水平越高，其脆弱性/恢复性水平就越低/越高。

需要指出的是，本章还介绍了一个通用的方法框架流程，以便应用凝聚度概念研究网络系统的各种特性。本章的实验是基于抽象网络系统进行的，即网络拓扑结构、结点活动状态、凝聚度、交互行为和恢复行为都是高度抽象简化的，是通过参考一些现实世界的现象和规律来定义和模拟的。这些抽象的研究可以进一步改进、拓展和应用到各种现实网络系统的脆弱性和恢复性研究中。

参 考 文 献

何大韧, 刘宗华, 汪秉宏. 2009. 复杂系统与复杂网络. 北京: 高等教育出版社

胡小兵, 史培军, 汪明, 等. 2014. 凝聚度——描述与测度社会生态系统抗干扰能力的一种新特性. 中国科学: 信息科学, 44(11): 1467～1481

沙莲香. 1987. 社会心理学. 北京: 中国人民大学出版社

史培军. 1996. 再论灾害研究的理论与实践. 自然灾害学报, 5(4): 140～144

史培军, 汪明, 胡小兵, 等. 2014. 社会-生态系统综合灾害风险防范的凝聚力模式. 地理学报, 69(6): 863～876

徐娜. 2013. 史培军: 走巨灾防范的中国之路. 中国减灾, 204: 8～9

Adger W N. 2006. Vulnerability. Global Environmental Change, 16(3): 268～281

Albert R, Barabási A L. 2002. Statistical mechanics of complex networks. Reviews of Modern Physics, 74(1): 47～97

Axelrod R. 1997. The dissemination of culture: a model with local convergence and global polarization. Journal of Conflict Resolution, 41(2): 203～226

Ball P. 2012. Why Society is A Complex Matter: Meeting Twenty-First Century Challenges with A New Kind of Science. Germany: Springer Science & Business Media

Barabási A L, Albert R. 1999. Emergence of scaling in random networks. Science, 286(5439): 509～512

Barr N. 2004. Economics of the Welfare State. New York, NY: Oxford University Press

Blaabjerg F, Teodorescu R, Liserre M, et al. 2006. Overview of control and grid synchronization for distributed power generation systems. IEEE Transactions on Industrial Electronics, 53(5): 1398～1409

Boccaletti S, Latora V, Moreno Y, et al. 2006. Complex networks: structure and dynamics. Physics Reports, 424(4-5): 175～308

Buzna L, Peters K, Helbing D. 2006. Modelling the dynamics of disaster spreading in networks. Physica A: Statistical Mechanics and Its Applications, 363(1): 132～140

Callaway D S, Newman M E J, Strogatz S H, et al. 2000. Network robustness and fragility: percolation on random graphs. Physical Review Letters, 85(25): 5468

Cinelli M, Ferraro G, Iovanella A. 2017. Structural bounds on the dyadic effect. Journal of Complex Networks, 5(5): 694～711

Cohen R, Erez K, Ben-Avraham D, et al. 2001. Breakdown of the internet under intentional attack. Physical Review Letters, 86(16): 3682

Colman A M. 2006. The puzzle of cooperation. Nature, 440(7085): 744～745

Daido H, Nakanishi K. 2004. Aging transition and universal scaling in oscillator networks. Physical Review Letters, 93(10): 104101

Eom Y H, Jo H H. 2014. Generalized friendship paradox in complex networks: the case of scientific collaboration. Scientific Reports, 4(1): 1～6

Gallopín G C. 2006. Linkages between vulnerability, resilience, and adaptive capacity. Global Environmental Change, 16(3): 293～303

Goodrich M T, Tamassia R. 2006. Algorithm Design: Foundation, Analysis and Internet Examples. New York: Wiley

Granovetter M. 1978. Threshold models of collective behavior. American Journal of Sociology, 83(6): 1420～1443

Grefenstette J J. 1992. The evolution of strategies for multiagent environments. Adaptive Behavior, 1(1): 65~90

Guo H, Wu Y, Shang Y, et al. 2019. Quantifying farmers' initiatives and capacity to cope with drought: a case study of Xinghe County in Semi-Arid China. Sustainability, 11(7): 1848

Helbing D. 2013. Globally networked risks and how to respond. Nature, 497(7447): 51~59

Hu X B, Li H, Shi P J, et al. 2019. A consilience approach to study vulnerability and resilience of network systems. Journal of Environmental Informatics(accepted)

Hu X B, Shi P, Wang M, et al. 2017. Towards quantitatively understanding the complexity of social-ecological systems-from connection to consilience. International Journal of Disaster Risk Science, 8(4): 343~356

Hu X B, Shi P, Wang M, et al. 2018. Adaptive behaviors can improve the system consilience of a network system. Adaptive Behavior, 26(1): 3~19

Hu X B, Wang M, di Paolo E. 2013. Calculating complete and exact pareto front for multiobjective optimization: a new deterministic approach for discrete problems. IEEE Transactions on Cybernetics, 43(3): 1088~1101

Huberman B A, Adamic L A. 1999. Growth dynamics of the world-wide web. Nature, 401(6749): 131~131

Jeong H, Tombor B, Albert R, et al. 2000. The large-scale organization of metabolic networks. Nature, 407(6804): 651~654

Kochen B M. 1989. The Small World. Norwood, New Jersey: Ablex Publishing

Morino K, Tanaka G, Aihara K. 2011. Robustness of multilayer oscillator networks. Physical Review E, 83(5): 056208

Newman M E J. 2001a. Scientific collaboration networks. I. Network construction and fundamental results. Physical Review E, 64(1): 016131

Newman M E J. 2001b. The structure of scientific collaboration networks. Proceedings of the National Academy of Sciences, 98(2): 404~409

Newman M E J. 2003. The structure and function of complex networks. SIAM Review, 45(2): 167~256

Newman M E J, Strogatz S H, Watts D J. 2001. Random graphs with arbitrary degree distributions and their applications. Physical Review E, 64(2): 026118

Noldus R, van Mieghem P. 2015. Assortativity in complex networks. Journal of Complex Networks, 3(4): 507~542

OECD. 2011a. Future Global Shocks: Improving Risk Governance. Washington D.C., USA: OECD Reviews of Risk Management Polices

OECD. 2011b. A strategy toolkit for Future Global Shocks, International Futures Programme. Paris: OECD Report

Park J, Barabási A L. 2007. Distribution of node characteristics in complex networks. Proceedings of the National Academy of Sciences, 104(46): 17916~17920

Pastor S R, Vespignani A. 2001. Epidemic spreading in scale-free networks. Physical Review Letters, 86(14): 3200

Peel L, Larremore D B, Clauset A. 2017. The ground truth about metadata and community detection in networks. Science Advances, 3(5): e1602548

Piegorsch W W, Bailer A J. 2005. Quantitative Risk Assessment with Stimulus-Response Data. Analyzing Environmental Data. Chichester, West Sussex, UK: Wiley

Tanaka G, Morino K, Aihara K. 2012. Dynamical robustness in complex networks: the crucial role of low-degree nodes. Scientific Reports, 2: 232

Wang L, Wang Z, Yang C, et al. 2012. Evolution and stability of Linux kernels based on complex networks. Science China Information Sciences, 55(9): 1972~1982

Watts D J, Strogatz S H. 1998. Collective dynamics of "small-world" networks. Nature, 393(6684): 440~442

Wilson E O. 1999. Consilience: The Unity of Knowledge. New York, USA: Vintage Books

Wu Y, Guo H, Wang J. 2018. Quantifying the similarity in perceptions of multiple stakeholders in Dingcheng, China, on agricultural drought risk governance. Sustainability, 10(9): 3219

Young H P. 1998. Individual Strategy and Social Structure: An Evolutionary Theory of Institutions. Princeton NJ: Princeton University

第3章 雨养农业旱灾风险防范凝聚力研究[*]

综合灾害风险防范凝聚力理论与方法论的应用研究，不仅有助于发展综合灾害风险防范的措施、模式，还有助于完善凝聚力理论与方法论。本章以内蒙古乌兰察布市兴和县为例，探讨雨养农业旱灾风险防范的凝聚力，并以此完善综合灾害风险防范的理论和实践。

3.1 雨养农业案例研究区概况及数据收集

3.1.1 兴和县地理区位及环境特征

地理区位。兴和县（北纬 40°26′至 41°26′，东经 113°21′至 114°08′）（简称兴和）位于我国内蒙古中部城市乌兰察布市的东南部，与山西省和河北省相邻，是内蒙古距首都北京最近的县，也是中国中部向西部的过渡地带（图 3.1）。该地区属于中国北方农牧交错带，是我国种植业与畜牧业的过渡区，为典型的中国北方雨养农业区，也是中国农业生产环境最为脆弱的地区之一。

图 3.1 兴和地理位置与行政区划

---

* 本章执笔：郭　浩　王静爱　史培军

兴和县域总面积达到 3518km²，南北长约 109km，东西宽约 67km。2006 年全县辖 5 镇 2 乡，包括店子镇、张皋镇、城关镇、鄂尔栋镇、赛乌素镇、民族团结乡、大库联乡。2013 年经过行政区划改革，现有 9 个乡镇，即在原来的基础上增加了大同夭乡和五股泉乡，辖 161 个行政村。截至 2018 年，全县总人口达到 31.9 万人，其中农村人口 25.3 万人，占总人口的 79.31%，人口密度约为 90.8 人/km²。共有耕地面积 1033.8km²，占全县总面积的 29.4%，耕地中有 90%以上为旱地。

地貌特征。兴和地处阴山北麓，地形从东南到西北整体呈下降趋势，平均海拔 1500m，高/平原主要分布于中部和北部地区，以及南部小部分地区，占全县面积的 38.2%；丘陵主要分布在中部和北部地区，占全县面积的 36.5%；山地主要分布在中部和南部，占全县面积的 25.3%（图 3.2）。兴和北部地区耕地较为平整，适合大面积农业设施发展，因此承包大户较多，主要包括赛乌素镇、大库联乡、五股泉乡等；中部海拔较低，地下水资源较其他地区丰富，适宜农业发展，主要包括民族团结乡、城关镇和鄂尔栋镇等；而南部则以山地为主，地形起伏较大，以坡耕地居多，不适宜大范围农业耕作，主要包括张皋镇、店子镇、大同夭乡等。

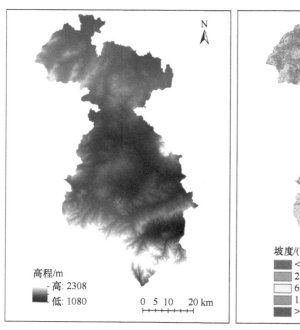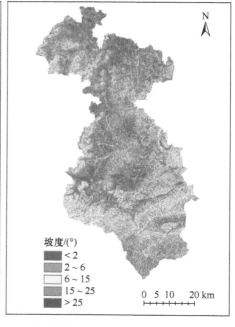

图 3.2　兴和高程图（左）和坡度图（右）

气候特征。兴和属于中温带大陆性季风半干旱气候，其夏季和冬季分别受大陆低压和蒙古高压控制，大陆性特征明显。

兴和气候趋于暖干化，旱灾频发。年均降水量为 365.6mm 左右，年平均气温约为 4.3℃，最冷月为 1 月，平均气温–13.8℃，最热月为 7 月，平均气温 19.9℃。同时，该地区风速较大，年平均风速 3.7m/s，大风日数达 45d。因此，水分的蒸发量较大，平均每年蒸发量达到

2036.8mm，是年均降水量的 5 倍以上，属于典型的中国北方半干旱地区。兴和主要依赖地下水灌溉，地下水埋藏较深，导致灌溉成本较高，普通农户难以承受，因此大多以雨养农业为主，受旱灾影响较大，流传有"十年九旱，靠天吃饭"的说法。近 60 年来，与中国北方暖干化趋势一致，兴和也呈现气温上升、降水减少的现象。1954～2016 年的 60 多年间，该地区气温呈明显的上升趋势，平均每十年上升 0.36℃。降水则表现为减少趋势，平均每年减少 0.54mm。降水的减少和平均气温的上升，导致土壤水分降低，干旱程度进一步加重。受气候暖干化影响，未来该地区的旱灾可能会更加严重（图 3.3）。

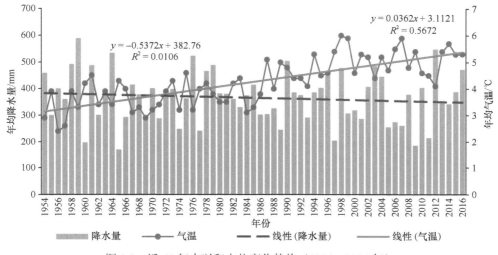

图 3.3　近 60 年来兴和水热变化趋势（1954～2016 年）

降水年际变化较大。兴和位于中国东南季风尾闾区，降水年际波动较大。近 60 年来，1959 年降水量最大，全年降水量达到 587.7mm 是多年均值的 1.6 倍，1965 年降水量最小，全年仅降水 167.7mm，不足多年均值的 50%。该地区降水可能出现连续的极端变化，如 1959 年降水量较往年明显偏高，第二年，降水量又明显偏低，仅为 196.3mm，两者相差约 400mm，差异巨大。同样的情况还在 1964～1965 年、1976～1977 年、1989～1990 年、1997～1998 年、2011～2012 年等年份多次出现。近 60 年，兴和超过一个标准差的极端年降水情况出现了 22 次。降水的波动性明显高于整个华北地区。极端的降水变化使得本就严重依赖降雨的雨养农业区农作物种植更加充满了不确定性，当地农户的收入也因此有较大的波动，农户整体的脆弱性增高，抵御风险的能力下降（图 3.4）。

降水时空分布不均、季节波动明显。兴和降水不仅年际差异巨大，同时也存在较大的季节性波动。降水最多的月份集中在夏季的 6～8 月，降水总量平均可以达到 226.8mm，占全年降水量的一半以上，其中 7 月是降水最多的月份，平均为 100mm 左右；冬季降水最少，平均降水总量为 5.4mm，降水最少的月份为 1 月，平均只有 1.4mm 的降水。从季节波动来看，兴和全年降水相对标准差均在 40% 以上。春季 3～5 月降水波动逐渐减小，但仍属于降水波动较高的时期，4 月后降水波动开始明显下降，至 5 月降水相对标准差降至 60% 左右。

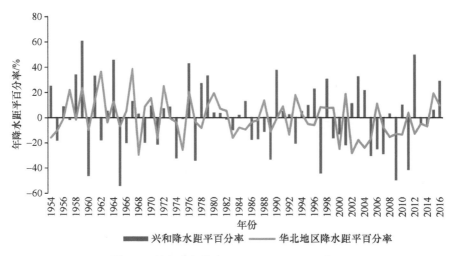

图 3.4　兴和多年降水距平（1954～2016 年）

该区熟制为一年一熟，每年的 4～5 月是兴和地区的播种时期，但这一时期的降水波动在 60%～99%，因此常出现极端少雨的情况，从而严重影响到农作物的萌发、出苗，最终影响产量。夏季是全年降水波动最小的时期，相对标准差在 44%～55%，9 月以后降水波动开始明显上升，11 月是全年降水波动最大的月份，相对标准差可以达到 150% 以上，整个冬季降水最少，降水的波动也最大，相对标准差在 110%～130%（图 3.5）。

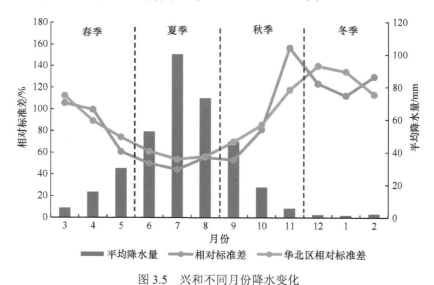

图 3.5　兴和不同月份降水变化

3.1.2　兴和野外调研及数据采集

调研过程。作者于 2017 年 3 月对兴和进行了预调研，其间先后走访了当地农牧业局、气象局、民政局、水利局等与农业抗旱救灾相关的政府部门，以了解当地农业旱灾情况、农民种植情况，以及抗旱救灾的相关流程与规划，而且对研究区农业旱灾以及当地农民实际情况有了初步的了解。同时根据当地地形地貌特征选取两个乡镇作为预调研点，分别是中部以平原地形为主的民族团结乡和南部以山地为主的大同夭乡，并走访了两个乡镇的农业相关部门。此外，在每个乡镇内选择 2 个典型村作为农户预调研点，每个村随机选取若干农户进行调查，以了解农户耕种情况、农户面对旱灾时采取的措施等。同时对初步设计的问卷进行测试，了解其中的问题，以便做进一步的修改。

在预调研的基础上，作者对问卷进行了修改，并于 2017 年 8~9 月在兴和县的 9 个乡镇开展全面调查。调查是由受过培训的调查员与农户和政府负责人一对一进行的，采用半结构式问卷。农户问卷主要包括 4 个部分：①农户抗旱资源，除保险购买频率、预警信息渠道、农产品销售渠道、受教育水平、生活用水外均为开放性问题。②农户抗旱积极性，采用 Likert 量表方式（1~5 分），评分越低表明该项的意愿度越小。③对旱灾的认识，包括对旱灾适宜农作物的认识（选择），以及对抗旱效果的评价等（采用 Likert 量表）。④在抗旱过程中与其他主体的联系，包括联系频率、联系的便利性等方面；政府部门负责人的问卷主要包括两个部分，即对旱灾的认识，以及与其他主体的联系等。其中，对旱灾的认识部分问题与农户问卷一致。在调查过程中有些受访者没有耐心完成整个问卷调查过程，在问及相对敏感的问题时，如家庭收入、政府补贴等，存在受访者不清楚或不愿告知等情形，这些问卷均视为无效问卷。

调查点分布。调查点包括兴和全部的 9 个乡镇，对每个乡镇农业相关部门负责人进行访谈，采回政府访谈 9 份。采用多阶段随机抽样方法，在每个乡镇按照其行政村总数 30%以上的比例随机选择采样点，共走访调查 68 个行政村的村委负责人。同时在每个行政村采样点内随机抽样调查约 10 个农户样本。若该村有承包大户，则其中包含 1~2 个承包大户的样本（本书中将"租用他人土地进行农业种植，且耕种面积在 100 亩以上"的认定为承包大户）。最终收回有效问卷 636 份，其中普通农户 551 份，承包大户 85 份（表 3.1，图 3.6）。

表 3.1　兴和各乡镇问卷分布

乡镇名称	行政村总数	行政村采样点数	农户问卷数
赛乌素镇	25	14	92
张皋镇	10	5	51
大库联乡	17	8	83
店子镇	20	7	70
城关镇	19	7	71
大同夭乡	15	6	60
民族团结乡	22	9	96
五股泉乡	12	4	42
鄂尔栋镇	21	8	81

图 3.6　野外采样点分布

3.2　雨养农业区农户与政府抗旱一致性评价

3.2.1　农户与政府抗旱一致性评价

1. 抗旱一致性函数构建思路

农户与政府抗旱一致性评价（F-G-CD 函数）是 IRG-AD-C 模型中最重要的参数，是衡量各研究对象能否"凝心"的关键。当 F-G-CD 函数评价较高时，则说明不同对象较易在抗旱过程中达成共识，从而凝聚力较高，反之，则凝聚力较低。

本书从三个维度构建 F-G-CD 函数（图 3.7），即"目标-认识-评价"三个方面。综合上述三个维度的评价，建立三维空间向量，根据农户与政府的空间向量夹角的大小计算农户与政府的抗旱一致性。在计算农户与政府目标一致性（T）、认识一致性（P）和评价一致性（E）的基础上，建立三维空间向量，两者的差异性则可以用两者在空间上形成的角度的余弦值表示（图 3.8）。当农户与政府三维空间向量方向一致时，夹角是 0°，余弦值达到最大值 1，两者方向相反时，夹角为 180°，余弦值为最小值−1，即农户与政府的抗旱一致性取值范围为[−1，1]，可以通过式（3.1）计算得到。X 和 Y 分别表示两空间向量，在本章中，即农户与政府在抗旱一致性三维评价中的空间向量，X_i 和 Y_i 分别表示 X 和 Y 向量的各分量，n 表示分量个数，在本章中 n 等于 3。

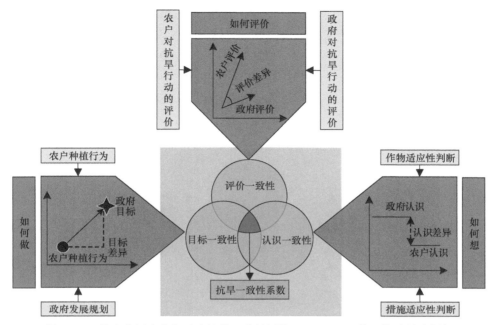

图 3.7　雨养农业区农户与政府抗旱一致性评价（F-G-CD 函数）构建思路框架

目标一致性用于评价政府规划和农户种植行为在抗旱目标上的差异程度，认识一致性用于评价政府和农户在农作物适宜和措施适宜上的刊物差异程度，评价一致性用于估算政府和农户对于抗旱行动的评价差异程度，用向量夹角大小表示，把三者综合在一起计算抗旱一致性

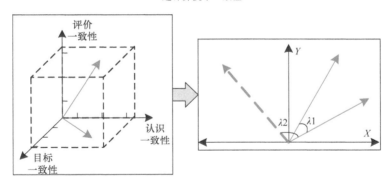

图 3.8　三维空间向量夹角

绿色表示政府三维空间向量，红色表示农户三维空间向量，当两向量空间夹角小于 90°时 λ1，夹角余弦为正值，表示农户与政府可以在抗旱上达成一定程度的共识，当两向量夹角超过 90°时 λ2，夹角余弦为负值，表示农户与政府在抗旱上较难达成共识

$$F-G-CD = \cos\left(\vec{X},\vec{Y}\right) = \frac{\vec{X}\cdot\vec{Y}}{|X|\cdot|Y|} = \frac{\sum_{i=1}^{n} X_i \times Y_i}{\sqrt{\sum_{i=1}^{n} X_i^2 \times \sum_{i=1}^{n} Y_i^2}} \tag{3.1}$$

2. 目标一致性评价方法

中国北方半干旱雨养农业区由于气候常年干旱，该地区农户长期以来拥有适应当地气

候环境的种植经验，大多种植莜麦、谷子、黍子等耐旱或需水量较少的农作物，以减少旱灾对农业生产造成的影响。当地政府在制定相关农业发展规划时，同样考虑当地实际情况，规划适宜当地种植的农作物。同时，农户的种植行为和政府的规划行为也受到市场驱动的影响，一般倾向于种植或规划收入相对较高的农作物。因为适应性和市场两个驱动因子对不同的农户和政府驱动的强度有差异，这也造成了农户的种植行为和政府的规划有一定差异。本章中目标一致性，即测量农户的种植行为和政府的规划行为能否在抗旱这一目标上达成一致（图3.9）。

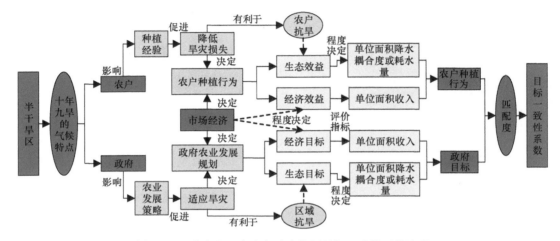

图3.9 雨养农业区农户与政府抗旱目标一致性评价流程

从生态和经济两个方面进行抗旱目标一致性评价。生态效益，即对当地气候的适应程度，用单位面积降水耦合度或耗水量来表示。当地农户种植行为或政府规划中生态效益的提高有助于当地旱灾适应能力的提升。经济效益用单位面积收入来表示，农作物单位面积收入的提高有助于农户收入的增加，也有助于农户提升自身的抗旱能力，从而降低农户的脆弱性（Deressa et al.，2010）。

农户的种植行为和政府的规划均体现了两者在抗旱目标上的差异，其是以提高旱灾适应为主要驱动，还是以提高经济能力为主要驱动。以政府规划为目标，农户的种植行为能否满足政府在上述两个方面上的目标，甚至高于其目标，体现了农户与政府在抗旱目标上的一致程度。用相对差异变化量来表达农户与政府在生态或经济上的目标差异程度[式（3.2）]。

$$D_{FG} = \frac{f(F) - f(G)}{f(G)} \tag{3.2}$$

式中，D_{FG}为农户种植行为与政府规划在经济或生态上的差异程度；$f(F)$和$f(G)$分别为农户种植行为在某一维度上的得分和政府规划在某一维度上的得分。

运用式（3.3）可以计算各农户与其所在乡镇政府的目标一致性系数。T为目标一致性系数，D_e为农户与政府经济维度差异度，D_a为农户与政府生态维度差异度。

$$T = \frac{D_e + D_a}{2} \tag{3.3}$$

最终将目标一致性系数归一化至[–1，1]，由于目标一致性正负值具有明显的意义，即正值表示农户的种植行为优于政府的规划，而负值则表示农户的种植行为劣于政府的规划，因此采用分段归一化的方法[式（3.4）]。

$$\begin{cases} T' = \dfrac{T - T_{\min}}{T_{\max} - T_{\max}} & (T \geqslant 0) \\[3mm] T' = \dfrac{T - T_{\max}}{T_{\max} - T_{\min}} & (T < 0) \end{cases} \tag{3.4}$$

式中，T' 为归一化后的目标一致性系数；$T_{\min}$ 和 $T_{\max}$ 分别表示目标一致性的最小值和最大值。

3. 认识一致性评价方法

除从行动方面对比农户与政府抗旱一致性外，本章也从主观认识方面评价农户和政府对抗旱的看法。认识一致性是构建 F-G-CD 函数的另一个维度，农户对于哪些农作物适应当地发展、哪些措施有利于抗旱有自身的经验和认识。而政府负责人作为当地农业政策的主要制定者与执行者对于上述两个问题的看法也会影响其对相关措施、技术的推广和重视程度等。因此，将农户和政府在种什么（农作物适应性）和怎么种（措施适应性）上认识的差异性纳入 F-G-CD 函数的计算中。综合两个方面的差异度得分，计算农户与政府抗旱认识一致性系数（图 3.10）。不同于抗旱目标的一致性评价，认识一致性评价更多地从农户和政府主观意识出发。意识的差异程度决定了农户和政府在抗旱问题上能否达成共识、形成协同合作一致抗旱的局面。它影响着农户和政府对抗旱的积极程度、政策的贯彻和实施程度等。

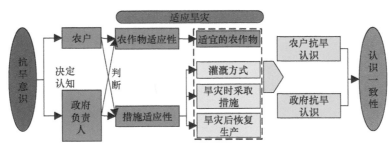

图 3.10　雨养农业区农户与政府抗旱认识一致性评价流程

根据前文所述方法，计算了当地不同农作物的降水耦合度，根据降水耦合度的高低了解当地不同农作物适宜情况，由此计算农户与政府在选择农作物适宜性问题时得分的高低。当农户得分高于政府负责人的得分时，则农户得分为正值，反之则为负值，其计算方法如式（3.5）所示：

$$P_z = \frac{\sum_{j=1}^{m_f} \lambda_j}{m_f} - \frac{\sum_{j=1}^{m_g} \lambda_j}{m_g} \tag{3.5}$$

式中，P_z 为在农作物适宜性认识上农户与政府的差异程度；m_f 和 m_g 分别为农户和政府负责人选择的适宜农作物数量；λ_j 为第 j 种所选农作物的降水耦合度。

根据农户和政府负责人对于抗旱措施的选择，利用式（3.6）可以计算农户与政府在抗旱措施认识上的差异程度。

$$P_c = \frac{C_f \bigcap C_g}{4} \tag{3.6}$$

式中，P_c 为农户与政府负责人在措施适宜性上的认识差异度；C_f 为农户所选择的措施；C_g 为政府负责人所选择的措施；$\bigcap$ 表示两类主体选择相同措施的数量，本书为 4。

综合农作物适应认识差异度和措施适应认识差异度计算农户与政府抗旱认识一致性系数（P），将其归一化至[−1，1]，归一化方法如式（3.7）所示。P' 表示归一化后的值，P_{min} 和 P_{max} 分别表示认识一致性系数的最小值和最大值。

$$P' = \frac{P - \left(P_{max} + P_{min}\right)/2}{P_{max} - \left(P_{max} + P_{min}\right)/2} \tag{3.7}$$

4. 评价一致性评价方法

政府在灾前、灾中以及灾后采取一定的抗旱措施或救灾手段，农户对其抗旱行为的评价与政府对抗旱行为评价的差异性，体现农户对政府抗旱行为的认可度，其也会影响抗旱的一致性。农户与政府对灾前、灾中和灾后整体的抗旱行为及其效果进行打分，打分采用 Likert 量表的形式。根据打分结果计算多维空间向量，用调整余弦相似度表示抗旱评价一致性（图 3.11）。对农户和政府在抗旱行动上的评价采用 Likert 量表的形式，分数越高则评价越好。但余弦相似度只能计算两个个体在空间角度上的差异，无法衡量每个个体在数值上的差异，即当两个个体 X 和 Y 得分分别为（1，2）和（5，5）时，使用余弦相似度得出的结果是 0.95，相似得分较高，但事实上对于同一问题 X 偏向给予低评价，而 Y 评价较高，因此本书选择调整余弦相似度表达农户与政府抗旱评价一致性，即所有维度上的数值均减去对应的中值，得到 X 和 Y 相对于中值的得分，如此计算得到的余弦相似度更接近实际情况[式（3.8）]。

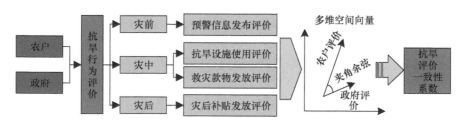

图 3.11　雨养农业区农户与政府抗旱评价一致性评价流程

$$E = \cos\left(X',Y'\right) = \frac{\overrightarrow{X-p} \cdot \overrightarrow{Y-q}}{\left|X-p\right| \cdot \left|Y-q\right|} = \frac{\sum_{i=1}^{n}\left(X_i - p\right) \times \left(Y_i - q\right)}{\sqrt{\sum_{i=1}^{n}\left(X_i - p\right) \times \sum_{i=1}^{n}\left(Y_i - q\right)}} \tag{3.8}$$

式中，E 为农户与政府抗旱评价一致性系数；X' 和 Y' 分别为农户与政府调整后的相对于中值的向量；p 和 q 分别为农户和政府的评价中值；n 为评价的维度。

3.2.2　农户与政府抗旱一致性计算

1. 抗旱一致性指标

如前文所述，从 3 个维度计算农户与政府抗旱一致性评价（F-G-CD）函数，即目标一致性、认识一致性和评价一致性，各维度指标见表 3.2。其中，目标一致性包含两个方面的指标，即生态目标一致性指标和经济目标一致性指标，根据农户和政府规划中各类农作物的种植比例，计算其降水匹配度或需水量以及单位面积收入。认识一致性包含农作物适宜性和措施适宜性认识，通过农户和政府选择适宜的农作物和措施计算其认识一致性。评价一致性包含对灾前、灾中和灾后抗旱行动的评价，政府负责人和农户通过 Likert 量表打分评价各指标，计算两者在抗旱评价上的一致性程度。

表 3.2　雨养农业区农户与政府抗旱一致性评价（F-G-CD）函数计算指标

评价维度	指标	说明	数据来源
目标一致性	生态目标一致性	农户和规划中各类农作物降水匹配度或需水量/耕种总面积	农户调查问卷和农业发展规划
	经济目标一致性	农户和规划中各类农作物收入/耕种总面积	
认识一致性	农作物适宜性认识	哪些农作物适宜在当地种植	农户和政府调查问卷
		哪种灌溉方式适宜当地农业发展	
	措施适宜性认识	哪种措施有利于减轻旱灾对农业生产的影响	
		哪种措施有利于灾后恢复生产	
		灾民采取哪种措施有利于恢复经济收入	
评价一致性	灾前抗旱行动评价	当地基本能收到旱灾预警	农户和政府 Likert 量表打分
	灾中抗旱行动评价	修建的水利抗旱设施大部分人能收益	
		救灾款物发放较为合理	
	灾后抗旱行动评价	灾后补贴分配及时合理	

2. 农户与政府抗旱目标一致性评估

1）单位面积降水耦合度/需水量计算

计算单位面积降水耦合度，首先需要计算不同农作物在不同生长期的需水量。使用校正过的 SIMETAW（simulation evapotranspiration of applied water）模型计算农作物的生长季需水。SIMETAW 模型是由美国加州大学戴维斯分校开发的，是用于计算农作物需水量、制定合理的农业灌溉量的模型（孔箐锌等，2009；胡惠杰等，2017）。SIMETAW 模型是基于彭曼-蒙特斯（Penman-Montieth）公式（Allen et al.，1994），在输入每日气象数据的基础上，估算农作物每日需水量、蒸发量等信息。

SIMETAW 模型只需要较少的基本气象数据，如每日最高气温、每日最低气温、露点温度、降水量、风速和太阳净辐射即可运行。SIMETAW 模型相较于其他模型和计算方法，具有所需参数较少、操作简便等特点。

兴和播种大多从 4 月开始，收获一般在 10 月之前，11 月至次年 3 月由于温度较低，农作物无法生长。根据研究区 1987～2016 年的降水数据，计算每月平均降水量，利用SIMETAW 模型计算了不同时间段的农作物需水量（图 3.12）。

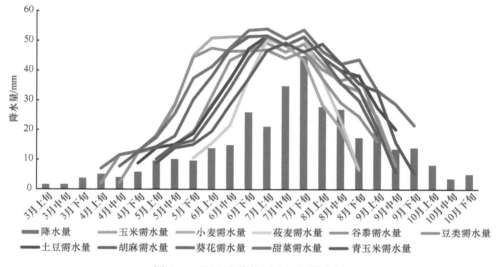

图 3.12　兴和农作物需水量与降水量

兴和降水较多的时间集中在 7 月中旬和 7 月下旬，其多年平均降水总量均在 30mm 以上。6 月下旬至 8 月上旬的降水量占到全年降水总量的 50%以上。莜麦、玉米等农作物的需水高峰期与兴和地区的降水高峰期较为吻合，而小麦、谷黍等农作物需水的高峰期在 5 月下旬至 6 月，这一时期降水量还较少，易导致农作物受旱。

为了进一步度量这种农作物需水和降水的匹配程度，本章采用降水耦合度来表达（杨晓琳等，2012；杜玲等，2017），可采用以下公式计算[式（3.9），式（3.10）]：

$$\lambda_i = \begin{cases} P_i / \text{ET}_{ci}, P_i < \text{ET}_{ci} \\ 1, P_i \geq \text{ET}_{ci} \end{cases} \quad (3.9)$$

$$\lambda = \sum_{i=1}^{n} \frac{\text{ET}_{ci}}{\text{ET}_c} \lambda_i \quad (3.10)$$

式中，λ 为整个生育期降水耦合度；λ_i 为第 i 阶段的降水耦合度；ET_c 为整个生育期的农作物需水量；ET_{ci} 为第 i 阶段的农作物需水量；P_i 为第 i 阶段的降水量。计算得到的农作物生育期降水耦合度在 0～1，计算结果见表 3.3。计算单位面积降水耦合度如式（3.11）所示，单位面积降水耦合度 U_λ，即所有农作物降水耦合度之和比上种植总面积，m 为种植的农作物种类数，S 为种植总面积，S_j 和 λ_j 分别为第 j 种农作物的种植面积和降水耦合度。

表 3.3　兴和不同农作物生育期降水耦合度（λ）和需水量（ET_c）

农作物	生育期降水耦合度 λ	生育期农作物需水量 ET_c/mm
玉米	0.63	457.87
小麦	0.53	474.76
莜麦	0.74	303.00
谷黍	0.57	503.76
豆类	0.62	465.97
土豆	0.6	490.74
胡麻	0.64	440.12
葵花	0.57	498.78
甜菜	0.51	628.17
青玉米	0.66	446.78

$$U_\lambda = \frac{\sum_{j=1}^{m} S_j \times \lambda_j}{S} \tag{3.11}$$

对于普通农户而言，由于缺乏灌溉条件和灌溉资本，因此种植降水耦合度高的农作物更适宜当地的气候环境，即生态效益较高。而承包大户由于在灌溉上投入大量的资本，通过打深机井满足灌溉的需求，可以在农作物缺水时灌溉，因此其不受降水波动的制约。降水耦合度在这里用于衡量承包大户的旱灾适应程度显然是不合适的，承包大户种植需水量大的农作物时，需要抽取大量的地下水，从而造成地下水位下降，长期如此，对于区域抗旱显然是不利的，因此用单位面积农作物需水量来表达承包大户的生态效益[式（3.12）]。

$$U_{ET_c} = \frac{\sum_{j=1}^{m} S_j \times ET_{cj}}{S} \tag{3.12}$$

式中，U_{ET_c} 为单位面积需水量；ET_{cj} 为第 j 种农作物的生育期需水量。

2）单位面积收入计算

单位面积收入由农作物产量、单价和播种面积所决定。该数据均来源于农户调查数据，采用调查农户的数据平均值来表示[式（3.13）]。

$$U_p = \frac{\sum_{j=1}^{m} \left[S_j \times \left(Y_j \times P_j - H_j \right) \right]}{S} \tag{3.13}$$

式中，U_p 为单位面积收入；m 为种植作物类型数；S_j 为第 j 类作物的播种面积；Y_j 为第 j 类农作物平均单位面积产量；P_j 为第 j 类农作物平均收购单价；H_j 为第 j 类农作物的消耗成本；S 为农户的播种总面积。各类农作物的收购价格和平均产量是被调查农户所提供数据的平均值，结果见表 3.4。

各类农作物消耗成本主要来源于《全国农产品成本收益资料汇编 2017》（国家发展和改革委员会价格司，2017），由于普通农户并无土地租赁、劳动力雇用等费用的产生，因此对

表 3.4　兴和普通农户各类农作物平均产量和收购价格

农作物	平均产量/（斤[①]/亩[②]）	收购价格/（元/斤）
玉米	592.35	0.74
小麦	172.6	0.98
莜麦	200.67	1.23
谷黍	373.04	1.33
豆类	179.78	1.99
土豆	1776.84	0.58
胡麻	136.62	2.25
葵花	303.46	2.04
甜菜	4250	0.23
青玉米	4416.67	0.15

于普通农户只取成本中涉及种子、化肥、农药、机械作业的部分，承包大户则包含所有的物质和服务支出成本。对于《全国农产品成本收益资料汇编 2017》不包含的作物，本书取所有农户支出的平均值来代替。承包大户进行规模化种植的作物以土豆、葵花、甜菜和菠菜 4 类为主，其他作物种植较少，且大多在旱地上耕种，因此对于承包大户种植的各类作物中除土豆、葵花、甜菜和菠菜 4 类作物外，其他作物的收购价格和平均产量取与普通农户相同的值（表 3.5）。

表 3.5　兴和承包大户规模化生产农作物平均产量和收购价格

农作物	平均产量/（斤/亩）	收购价格/（元/斤）
土豆	4462.96	0.60
葵花	4462.96	2.81
甜菜	6180.95	0.43
菠菜	2986.00	2.01

3）农户与政府抗旱目标一致性结果

（1）抗旱目标一致性空间差异。统计各采样点行政村农户与政府抗旱目标一致性的均值，得到普通农户和承包大户与政府抗旱目标一致性的空间分布（图 3.13）。从图 3.13 中可以看出，普通农户与政府抗旱目标一致性有明显的"南高北低"的空间分布格局。南部地区的张皋镇、鄂尔栋镇、大同夭乡、城关镇和店子镇大部分地区农户与政府抗旱目标一致性得分在–0.17 以上。而北部地区，赛乌素镇、大库联乡和五股泉乡的农户与政府抗旱目标一致性则相对较差。这主要是北部地区政府在农业发展规划中将更多的土地规划用于种植土豆等作物，而当地农户受长期干旱影响，在种植土豆等作物的同时也会选择种植杂粮等耐旱作物，从而导致农户单位面积收入低于政府规划，但单位面积降水耦合度相对较高，而南部地区政府农业发展规划中，以种植杂粮杂豆为主，使得政府规划的单位面积收入相对较低，农户较易达到该目标，因此抗旱目标一致性相对较高。

① 1 斤=500g。
② 1 亩≈666.7m²。

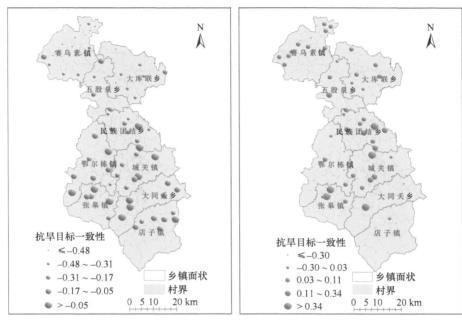

图 3.13　兴和普通农户（左）、承包大户（右）与政府抗旱目标一致性分布

承包大户与政府抗旱目标一致性高值区主要集中在兴和县中部，包括张皋镇东部、城关镇西部以及民族团结乡等地。这些地区承包大户应对旱灾的能力也相对较强，表明这一地区承包大户经济收入相对较高，明显高于政府的发展规划。赛乌素镇北部、大库联乡南部、鄂尔栋镇等地承包大户与政府抗旱目标一致性则相对较差。

（2）各乡镇抗旱目标一致性差异。通过对比各乡镇农户与政府在生态适应和提高经济两个维度上的差异，可以更直观地看出造成农户和政府在抗旱目标一致性上较差的原因。从两个维度来看，农户种植行为相对于政府规划可能存在 4 种情况，即高适应-高收入、高适应-低收入、低适应-低收入和低适应-高收入（图 3.14）。各乡镇农户种植行为与政府规划的差异如图 3.15 所示，总体来看，普通农户分布在第四象限的较多，说明普通农户大多处于高适应-低收入的状态。

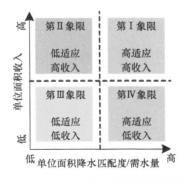

图 3.14　雨养农业区农户种植行为与政府规划差异的四象限分类图

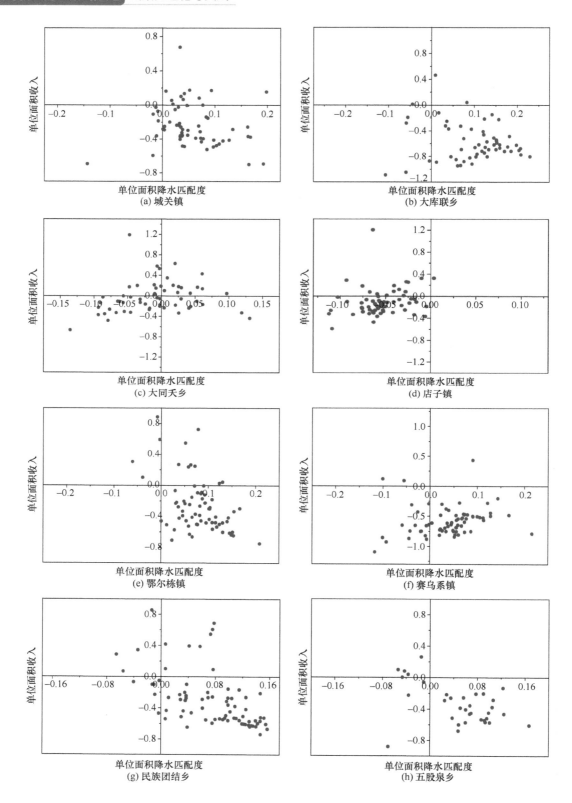

(a) 城关镇

(b) 大库联乡

(c) 大同义乡

(d) 店子镇

(e) 鄂尔栋镇

(f) 赛乌系镇

(g) 民族团结乡

(h) 五股泉乡

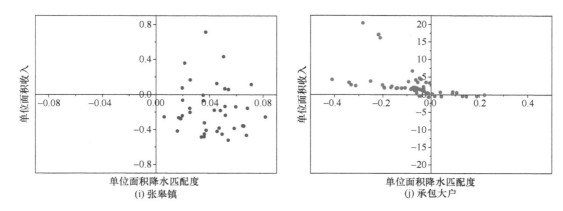

图 3.15　兴和各乡镇农户种植行为与政府规划在适应和经济两个维度上的差异性

图中每个点代表一个农户在单位面积降水匹配度（其中承包大户为单位面积需水量），以及单位面积收入两个维度上的得分，中心点为政府规划得分。由于各乡镇承包大户数量较小，因此将所有承包大户在一张图上显示。通过农户得分与中心点的差异程度表达农户与政府抗旱目标一致性大小

受到长年生活和种植经验的影响，当地农户会偏向于选择耐旱程度高的农作物，以保障其基本的生活和家庭收入。而不选择收入高但对旱灾适应能力较弱的农作物，因为普通农户没有资本和能力去冒旱灾损失惨重的风险。因此，形成了这种适应性较强但收入较低的种植制度，这种长期的种植惯性正是受当地气候环境所影响。

承包大户则分布在第二象限的较多，说明承包大户大多选择适应能力较差但收入较高的农作物。兴和承包大户在种植设备尤其是灌溉设施上的投入巨大，能够保证其稳定的灌溉，降低降水波动的影响，因此有条件选择耗水量大、收入较高的农作物，这种选择也是市场因素起决定性作用。承包大户的集约化生产使当地大面积的旱地转为水浇地，其对减少旱灾损失发挥重要作用。

从各乡镇普通农户与政府在生态适应和提高经济两个维度上的差异分布来看，其大致可以分为四类。

第一类普通农户集中分布在第四象限，在其他各象限均有少量分布，该类型以民族团结乡等北部乡镇最为典型，包括大库联乡、赛乌素镇、民族团结乡和五股泉乡 4 个乡镇。这些乡镇农户分布于第四象限的比例均超过 70%。其中，大库联乡比例最高，约有 77.9%，赛乌素镇比例最低，也超过 70.3%，说明该乡镇农户受长期的耕作经验的影响较大，偏爱选择适宜度高的农作物种植。

第二类与第一类相似，农户主要分布在第一象限和第四象限，但以第四象限为主，在第二和第三象限则很少分布。这类农户同第一类农户一样，在种植制度上也具有较高的适应性，同时比第一类地区的农户更愿意选择高经济收入的农作物。这一类主要以中部地区的乡镇为主，包括城关镇、鄂尔栋镇和张皋镇 3 个地区。城关镇第四象限的农户数量占总样本量的 66.7%，第一象限的比例为 19.4%。

第三类与前两类不同，农户在不同象限的分布较为均衡，以大同夭乡为典型，农户的抗旱行为与政府规划差异在四个象限中的分布均位于 0 点附近，但相较而言，处于第三象

限的农户的比例最高，约占到总量的41.4%，其他各象限数量接近，均在17%～22%，该区域农户适应性偏低同时经济收入也不高。

第四类农户主要分布在第二象限和第三象限，第一和第四象限分布较少，其中以兴和南部地区的店子镇为典型。店子镇是9个乡镇中农户种植行为适应性评分最差的一个乡镇，大部分农户处于第二和第三象限，其中又以第三象限的比例最大，约为71.6%，表明该乡镇农户种植制度相较于当地的发展规划有较低的适应性，同时经济收入也较低。总体来看，在适应和经济两个维度上与政府规划相去甚远，农户总体抗旱行为与政府抗旱目标的一致性低。

各乡镇承包大户类型较为一致，均集中分布在第二象限，第二象限的承包大户比例占所有样本总量的84.7%。在适应性这一维度上，仅12.9%的农户高于当地政府规划。

3. 农户与政府抗旱认识一致性评估

1）认识一致性空间差异

根据前文所述方法，计算兴和县农户与政府抗旱认识一致性，统计各采样行政村农户与政府抗旱认识一致性均值，得到普通农户、承包大户与政府抗旱认识一致性分布（图3.16）。

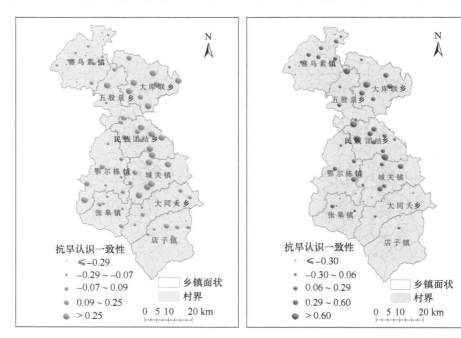

图3.16 兴和普通农户（左）、承包大户（右）与政府抗旱认识一致性分布

从图3.16中可以看出，普通农户与政府抗旱认识一致性明显呈现出东中部较高，西南部和西北部相对较低的空间格局。城关镇、民族团结乡和大库联乡的农户与政府抗旱认识一致性相对较高，普遍在0.09以上。其他地区包括大同天乡、店子镇、赛乌素镇、鄂尔栋镇和张皋镇等地区普通农户与政府抗旱认识一致性较低。承包大户与政府抗旱认识一致性

同普通农户的空间格局较为相似，也集中表现为城关镇、民族团结乡和大库联乡等东部地区的抗旱认识一致性较高，其他地区相对较低。这主要由于大库联乡和民族团结乡地区的农户与政府在农作物适宜认识一致性上的得分较高，城关镇则是由于政府与农户在抗旱措施适宜性上认识一致性得分较高。

2）各乡镇认识一致性差异

各乡镇农户与政府在认识一致性上的得分如图 3.17 所示，可以看出，农户与政府在农作物适宜认识一致性上的总体得分集中在–0.5～0.5，其中大库联乡大部分认识一致性值均为正值，得分在 0.48 附近的农户最多。其他乡镇包括大同夭乡、鄂尔栋镇、民族团结乡和张皋镇，其中位数也大于 0，均在 0.1～0.3。

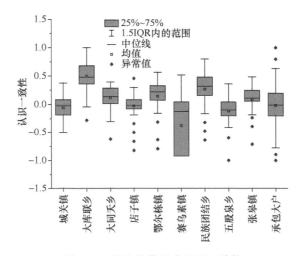

图 3.17　兴和作物适宜认识一致性

城关镇和店子镇两个乡镇农户与政府在农作物适宜认识一致性上的得分相对较低，城关镇农户与政府认识一致性得分多集中在–0.18～0.10，店子镇是各农户与政府认识一致性值最为集中的一个乡镇，大多集中在 0 值上下。

赛乌素镇和五股泉乡两个乡镇的农户与政府在作物适宜认识一致性上的得分较低。两个乡镇认识一致性中位数均在–0.12 左右。其中，赛乌素镇认识一致性得分大多集中在负值，最低值为–0.92。承包大户与各政府的认识一致性数值分布较广，在[–1，1]均有分布，同时分布也较为均衡，大致以 0 为中位数，大部分主要集中在–0.2～0.2，表明承包大户与各政府负责人在作物适宜的认识上总体一致性较高。

各乡镇农户与政府在抗旱措施适宜上的认识一致性（图 3.18）中大同夭乡、张皋镇大多分布在[–1，0]，表明该地区农户与政府在抗旱措施上的认识一致性较低。城关镇则主要分布在[–0.5，1]，其中 50%以上的农户与政府认识一致性数值集中在[0，0.5]，表明农户与政府在认识上能够达到较好的一致性，是所有乡镇中农户与政府在抗旱措施认识上一致性最好的一个，平均值为 0.25。

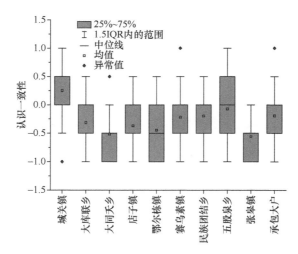

图 3.18　兴和措施适宜认识一致性

大库联乡、店子镇、赛乌素镇、民族团结乡以及承包大户与各政府在抗旱措施适宜上的认识一致性分布较为相似，均分布在[–1，0.5]，其中以[–0.5，0]最为集中，其均值则有一定差异，但多为负值，表明上述地区大部分农户与政府在抗旱措施适宜上的认识一致性偏差较大。

根据前文所述计算方法，将农作物适宜认识一致性和措施适宜认识一致性结合，得到农户与政府抗旱认识一致性（图 3.19）。可以看出，城关镇、大库联乡和民族团结乡等乡镇的农户与政府在认识上的一致性系数主要分布在[–0.5，1]。50%以上均分布在 0 值以上，中位数位于 0.2～0.3，表明该区域农户与政府在抗旱认识上总体有较高的一致性。

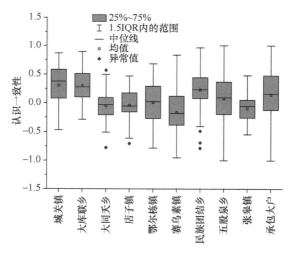

图 3.19　兴和抗旱认识一致性

五股泉农户和承包大户的分布较为类似，在[–1，1]内均有分布，较为集中的是在[–0.2，0.5]，其中位数在 0.1 左右。其他包括大同天乡、店子镇、鄂尔栋镇、张皋镇等中部和南部的乡镇，多集中在[-0.5，0.5]，较五股泉乡和承包大户的数值更加集中，其中位数在 0 附近，表明上述乡镇的农户与政府的抗旱认识一致性处于中等水平，认识一致性既不高也不是特别差。

赛乌素镇农户与政府的认识一致性则整体偏差，50%以上的认识一致性集中在[-0.4，0.12]，中位数为-0.18，全乡镇平均值为-0.16，总体来看，赛乌素镇属于各乡镇中农户与政府认识一致性较差的乡镇。

4. 农户与政府抗旱评价一致性评估

1）评价一致性空间差异

计算普通农户、承包大户与政府在抗旱评价上的一致性，统计各乡镇农户与政府抗旱评价一致性均值，得到农户与政府抗旱评价一致性空间分布（图 3.20）。从图 3.20 中可以看出，普通农户与政府抗旱评价一致性较高的地区主要集中在中部地区，包括民族团结乡、鄂尔栋镇、五股泉乡的部分地区。大库联乡、大同夭乡、城关镇、赛乌素镇北部以及店子镇东部地区的普通农户与政府抗旱评价一致性较低。在调查过程中发现，政府相关人员对抗旱行为和效果的评价一致性普遍较高，但农户对抗旱评价一致性相对较低，这造成了农户与政府抗旱评价的差异，但在民族团结乡、鄂尔栋镇等地区，农户对政府的抗旱行为较为认可，使得该区域农户与政府抗旱评价一致性高于其他地区。承包大户与政府抗旱评价一致性的空间分布与农户的也较为相似，高值区主要集中在鄂尔栋镇北部和民族团结乡等兴和中部地区，其他地区的抗旱评价一致性则相对较低。

图 3.20　兴和普通农户（左）、承包大户（右）与政府抗旱评价一致性分布

2）各乡镇抗旱评价一致性差异

为进一步体现农户与政府在抗旱评价上的差异，本书采用极坐标的方法表达农户与政府评价的差异性（图 3.21）。从空间向量夹角变化范围看，农户与政府抗旱评价空间向量夹角变化范围为 0°～180°。

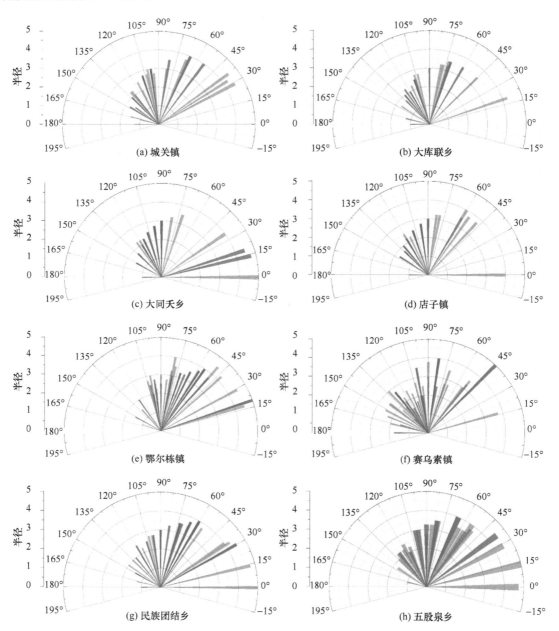

(a) 城关镇　(b) 大库联乡　(c) 大同天乡　(d) 店子镇　(e) 鄂尔栋镇　(f) 赛乌素镇　(g) 民族团结乡　(h) 五股泉乡

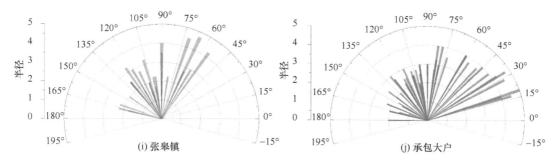

图 3.21　兴和各乡镇农户与政府抗旱评价一致性结果

图中每条线与 0°所形成的夹角大小，表示一个农户与政府在抗旱评价上一致程度的大小，一致性越低，所形成的角度越大，半径大小表示农户评分平均值的高低，线越长农户评分越高，农户对抗旱行为的认可度也越高。线的颜色越深表示农户与政府在抗旱评价上形成该夹角的次数越多。由于各乡镇承包大户数量较小，因此将所有承包大户在一张图上显示

民族团结乡、大同夭乡和店子镇三个乡镇农户与政府抗旱评价的空间向量夹角最小值为 0°，也即部分农户与政府在抗旱评价上达到完全一致，其他各乡镇最小角度在 15°以上。除了鄂尔栋镇和张皋镇以外，其他乡镇均存在农户与政府抗旱评价的空间向量夹角达到 180°，这些农户与政府对抗旱评价完全相反，一致性最低。农户评价的平均值取值范围为[1，5]，其中约有 36.3%的农户评价的平均值大于等于 3，表明有超过 1/3 的农户对抗旱行为的评价相对较高，但大部分农户对抗旱行为的评价较低。从极坐标角度分布上来看，城关镇、大同夭乡、店子镇、赛乌素镇和张皋镇等地区有 60%以上的农户与政府抗旱评价的空间向量夹角分布在 90°以上。小于 90°的仅占 10%~20%，表明上述地区农户与政府在抗旱评价上一致性较低；大库联乡约有 44.12%的农户与政府评价的空间向量夹角在 90°以上；而鄂尔栋镇、民族团结乡和五股泉乡等乡镇的农户与政府抗旱评价一致性相对较高，分别有 59.72%、49.35%和 52.94%的农户与政府抗旱评价空间向量夹角小于等于 90°，表明上述乡镇大部分农户与政府在抗旱行为评价上能够达到较好的一致性。承包大户与政府抗旱评价的空间向量夹角约有 32.94%小于 90°。

从极坐标半径分布来看，随着农户与政府抗旱评价的空间向量夹角的增大，半径越来越小，也即农户对抗旱行为评价的均值越来越低，表明政府对抗旱行为评价较高，而大部分农户并不认可。其中，店子镇农户评价较低，半径最大值不超过 4，其次是大库联乡半径最大值约为 4.25，两乡镇仅 15.15%和 19.12%的农户评价均值超过 3，表明该区域农户对抗旱行为评价较低，较不认可。城关镇、大同夭乡、赛乌素镇和张皋镇，农户对抗旱行为的评价略好于上述两乡镇，有 20%~30%的农户评价均值超过 3。鄂尔栋镇、民族团结乡和五股泉乡三个乡镇农户对抗旱行为的评价较高，约有 60%以上的农户对政府抗旱行为持认可的态度，其抗旱评价均值超过 3。承包大户中约有 35.2%对抗旱行动评价较高，半径超过 3。

5. 农户与政府抗旱一致性

1）综合抗旱一致性空间差异

综合农户与政府抗旱目标一致性、抗旱认识一致性和抗旱评价一致性，计算得到普通农户、承包大户与政府综合抗旱一致性，统计各行政村采样点内农户与政府综合抗旱一致

性均值，得到其空间分布（图 3.22）。

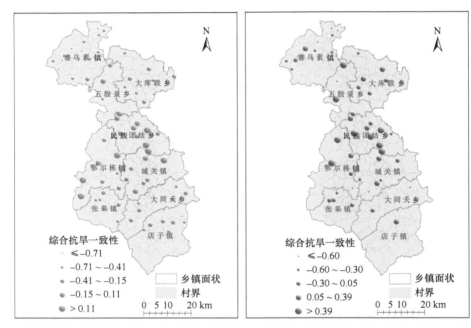

图 3.22 兴和普通农户（左）、承包大户（右）与政府综合抗旱一致性分布

兴和普通农户与政府抗旱一致性在空间分布上呈现"中部高南北低"的空间分布格局，中部地区包括城关镇北部、民族团结乡以及鄂尔栋镇的北部和西南部等地区，这些地区农户与政府抗旱一致性相对较高。抗旱认识一致性和抗旱评价一致性在民族团结乡、鄂尔栋镇北部等地的得分相对较高，导致该区域农户与政府抗旱一致性相对较高。抗旱认识一致性和抗旱评价一致性在民族团结乡、鄂尔栋镇北部等地的得分相对较高，导致该区域农户与政府抗旱一致性相对较高。而兴和北部的赛乌素镇和大库联乡等地农户与政府抗旱一致性较低，同时南部的店子镇、张皋镇和大同夭乡等地的农户与政府抗旱一致性也偏低。

承包大户与政府抗旱一致性的空间分布格局与农户的较为相似，其一致性高值区主要集中在民族团结乡、鄂尔栋镇北部以及部分五股泉乡地区，部分地区抗旱一致性可达到 0.39 以上。赛乌素镇、城关镇南部和张皋镇等地的承包大户与政府抗旱一致性相对较低。其中，兴和中部的民族团结乡在承包大户与政府抗旱目标一致性、抗旱认识一致性和抗旱评价一致性三个方面得分均较高，因此该地区综合抗旱一致性整体较高。

2）各乡镇综合抗旱一致性差异

参考空间向量余弦距离计算农户与政府综合抗旱一致性系数，由于在目标、认识、评价等各个维度中取值范围均为 [-1, 1]，1 表示农户与政府的一致性高或在某些方面优于政府，-1 表示一致性最低。本书绘制三维空间向量来表达不同乡镇农户与政府的抗旱一致性（图 3.23）。

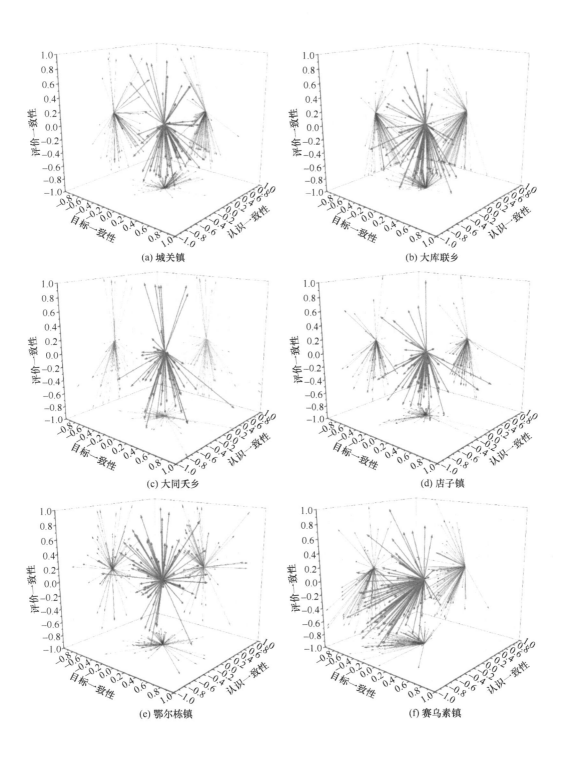

(a) 城关镇　　　　　　　　　　　　　　(b) 大库联乡

(c) 大同夭乡　　　　　　　　　　　　　(d) 店子镇

(e) 鄂尔栋镇　　　　　　　　　　　　　(f) 赛乌素镇

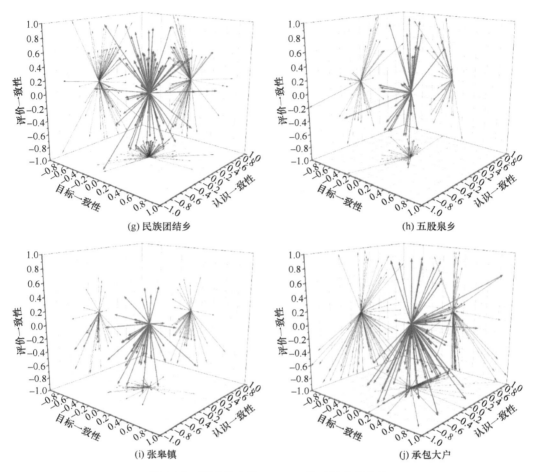

图 3.23　兴和各乡镇 F-G-CD 的三维空间表达

图中每个蓝色向量是由农户与政府一致性指数在三个维度上构成的，0 点位于立方体的中心，向量越趋向于（1，1，1）则表示农户与政府的综合抗旱一致性越高，向量越趋向于（-1，-1，-1）则表示农户与政府抗旱一致性越低。图中绿色、黄色和紫色平面向量则分别表示空间向量在"目标一致性-认识一致性""目标一致性-评价一致性"和"认识一致性-评价一致性"等平面上的投影。由于各乡镇承包大户数量较小，因此将所有承包大户在一张图上显示

从图 3.23 可以看出，店子镇、赛乌素镇和张皋镇属于同一类型，其空间向量大多指向（-1，-1，-1）点，也即大多数农户与政府在抗旱上很难达成一致性。从不同平面投影上可以看出，店子镇明显在评价一致性维度上指向负向的比例较大，在目标一致性-认识一致性平面上的投影的向量也大部分指向第二、第三象限，由此计算得到的抗旱一致性系数有86.36%为负值，其中取值在[-1，-0.6]的占总样本数的50%；赛乌素镇的特征更加明显，从三个平面投影可以看出，其大部分向量指向左下角（-1，-1，-1），除认识一致性维度有少量正向向量外，目标一致性和评价一致性维度均少见正值，由此计算得到的抗旱一致性系数中仅 12.16%的比例为正值，[-1，-0.8]区间内所占比例最大，约为 51.35%；张皋镇的空间向量在三个面上的投影也显示出总体评价一致性较差，目标一致性-认识一致性平面上的向量也集中指向第三象限，由此计算得到的综合抗旱一致性系数中有82.5%为负值，在[-1，

−0.8]区间内的比例约为 30%。

城关镇和大库联乡的空间向量分布较为相似，空间向量指向 (−1, 1, −1) 的较多，表明上述两个乡镇在目标和评价一致性维度上农户与政府的一致性较低，但在认识一致性维度上农户与政府的一致性较高。两乡镇的空间向量在评价一致性维度上的投影明显以负向为主，目标一致性-认识一致性平面上的投影向量也大多指向第二象限，表明农户和政府在认识上的一致性高于其他两个维度。由此计算得到的综合抗旱一致性系数中，城关镇负值约占总样本的 79.36%，在[−0.8，−0.6]区间内的数量最为集中，约占 30.16%；大库联乡镇有 82.35%的抗旱一致性系数为负值，其中[−0.8，−0.2]区间内最为集中，占总样本的 67.65%。

大同天乡不同于上述两个乡镇，其空间向量在评价一致性维度上的投影以负向为主，但在目标一致性-认识一致性平面上的投影则无明显的趋向性。其计算得到的抗旱一致性系数在[−1，1]区间内的分布呈递减趋势，[−1，−0.8]区间的比例最高约为 20.69%，负值占总样本量的 79.31%。

鄂尔栋镇、民族团结乡和五股泉乡三个乡镇抗旱一致性的空间向量趋向于 (−1, 1, 1) 点，空间向量在目标一致性-认识一致性和目标一致性-评价一致性平面上的投影显示目标维度以负向为主。而空间向量在评价一致性-认识一致性维度上的投影多分布在第一象限。可见，这类乡镇农户与政府在评价一致性维度和认识一致性维度上一致性相对较高。由此计算得到的综合抗旱一致性系数，鄂尔栋镇在各区间分布较为均匀，正向得分约占总样本量的 48.61%，在[−1，−0.8]、[−0.4，−0.2]和[0.4，0.6]区间内分布的数量比例均较多，占总样本的 12.5%；民族团结乡农户与政府抗旱一致性系数中有 55.84%为正值，比例最大的集中在[0.2，0.4]区间内，约为 16.88%；五股泉乡农户与政府抗旱一致性有 61.76%小于 0，在 0 值附近分布数量较少，此类乡镇农户与政府的抗旱一致性比例较上述几类明显增加，农户与政府达成抗旱一致性的可能性较高。

从承包大户与政府的抗旱一致性空间向量在评价一致性维度上的投影可以看出，承包大户对于抗旱行为的评价与政府达成一致性的比例不高，投影集中在评价一致性-认识一致性，以及评价一致性-目标一致性平面中的第三、第四象限。总体来看，空间向量趋向 (0, 1, −1) 点的比例较多。由空间向量计算得到的抗旱一致性系数中有 52.94%的比例为负值，在[−0.8，−0.6]区间内最为集中，占总样本量的 20%。

从概率分布上来看，各乡镇农户与政府抗旱一致性的概率分布差异较大。除赛乌素镇和店子镇在 0.75 以上几乎没有分布外，其他乡镇在[−1，1]区间内均有分布（图 3.24）。

大多数乡镇的农户与政府抗旱一致性概率分布为偏态分布，大多集中在 0 以下，城关镇在[−1，0]区间内存在两个峰值，得分在−0.75 和−0.25 左右的概率最大，大库联乡则多集中在−0.5 左右。大同天乡、店子镇和张皋镇的概率分布较为相似，在[−1，−0.5]发生概率达到最大，随后持续下降，至 1 的概率几乎为 0。鄂尔栋镇和民族团结乡的概率分布较为类似，农户与政府抗旱一致性在取值范围内的分布概率较为均匀，均在 1%以下且无明显的峰值。赛乌素镇农户与政府抗旱一致性多集中在接近−1，在取值−1 附近的概率远远高于其他值的概率，约为 3%。承包大户在[−1，1]也均匀分布，存在多个概率峰值。

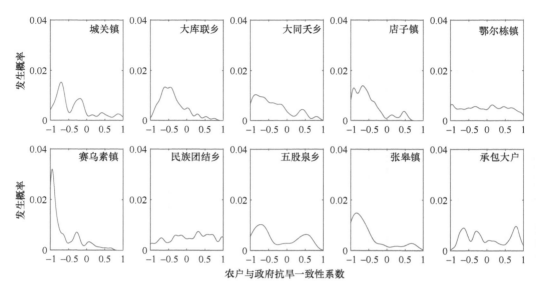

图 3.24　兴和各乡镇 F-G-CD 函数概率分布曲线

基于调研采样数据计算得到的各乡镇农户与政府抗旱一致性概率分布曲线，横坐标为农户与政府抗旱一致性系数，纵坐标为发生概率（probability density function，PDF）

3.3　雨养农业区农户与政府联系度

3.3.1　主体联系度计算方法

农户与政府联系度评估（F-G-CE 函数）是 IRG-AD-C 模型中"聚力"程度的表达，可用农户与政府的联系度来表示。在抗旱过程中，农户与政府是时刻联系着的，而联系的纽带是各行政村的村委负责人。在整个抗旱的前、中、后期，农户、村委和乡镇政府均保持着相互联系、相互沟通。

灾前村委负责统计农户种植情况，上报给乡镇政府，协助政府完成调查统计工作，而政府部门将天气信息、灾害预警信息等通过村委向农户传达。旱灾发生时，村委通过实地调查，结合当地实际情况上报灾情，政府部门也会派农业、民政等相关部门负责人去实地勘察灾情。灾害较严重时上级部门下拨救灾物资，由当地政府部门配合各村村委发放给农户。灾害发生后，由村委负责统计当地灾情，上报损失情况给当地政府，政府配合上级政府向农户发放灾后补贴等（图 3.25）。

将 F-G-CE 函数拆解成农户与村委的联系和村委与乡镇政府的联系两个方面[式（3.14）]。L 表示农户与政府的联系度大小，l_f 和 l_c 分别表示农户与村委的联系度以及村委与乡镇政府的联系度。联系度通过 5 个维度进行评价，分别是相识年限、联系频率、联系需求度、工作了解度、联系便利度。每个维度采用 Likert 量表进行打分，分数越高评价越好，综合 5 个维度的农户与村委联系度以及村委与乡镇政府联系度，计算 F-G-CE 函数（图 3.26）。

$$L = l_f \times l_c \tag{3.14}$$

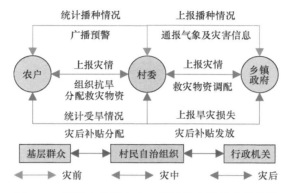

图 3.25　雨养农业区农户、村委和乡镇政府的联系

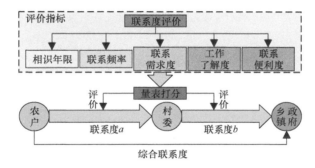

图 3.26　雨养农业区农户与乡镇政府联系度（F-G-CE 函数）评价流程

由于不同维度评价的得分范围不同，因此在计算 F-G-CE 函数过程中需将各维度的评价进行归一化处理，再综合各项评分结果，得到农户与乡镇政府的联系度，可用式（3.15）进行计算：

$$l_i = \frac{\sum\limits_{j=1}^{n} \dfrac{x_{ij} - \min\left(X_j\right)}{\max\left(X_j\right) - \min\left(X_j\right)}}{n} \quad (3.15)$$

式中，l_i 为第 i 个农户与村委的联系度，或第 i 个村委与乡镇政府的联系度；n 为评价维度；X 为所有的农户或村委样本；x_{ij} 为第 i 个农户第 j 维的评价值。

3.3.2　农户与政府联系度计算

1. 联系度评价指标

选择相识年限、联系频率、联系需求度、工作了解度和联系便利度 5 个维度对农户与政府的联系度进行评价（表 3.6）。其中，相识年限和联系频率影响着两者之间联系的强度，两者关系越持久、联系的越频繁，说明两者之间的联系度相对较高，联系度的高低影响两者信息交流和传递（武志伟和陈莹，2007；王家宝和陈继祥，2011）。

表 3.6　雨养农业区农户与政府联系度评价指标及说明

评价维度	说明
相识年限	1.不认识；2.半年左右；3.一年到两年；4.三年到五年；5.六年及以上
联系频率	1.完全不联系；2.偶尔联系；3.经常有联系
联系需求度	1.完全不需要；2.不太需要；3.一般；4.比较需要；5.非常需要
工作了解度	1.完全不清楚；2.不太清楚；3.一般；4.比较清楚；5.非常清楚
联系便利度	1.非常不便；2.不太方便；3.一般；4.比较方便；5.非常方便

联系需求度影响着两主体联系的稳定性，当一方所拥有的信息被另一方所需，或是唯一的信息来源，这时两者的联接是稳定的（Johnson et al.，2004）。工作了解度和联系便利度影响着两主体联接的联系效率。当一方了解对方的工作，从对方所提供的信息中快速提取对己方有用的信息时，可以提高两者之间的沟通效率（Pérez Nordtvedt et al.，2008；苏涛永等，2016），同时两者的联系便利度也影响着两个主体沟通的效率（王晓娟，2007；张鹏程，2010）。

2. 农户与村委联系度评估

1）农户与村委联系度空间差异

根据各行政村采样点农户与村委联系度的平均值，得到普通农户和承包大户与村委的联系度空间分布（图 3.27）。相较于农户应对旱灾能力和农户与政府抗旱一致性等空间分布格局，农户与村委的联系度并没有特别明显的空间差异性，但同样存在部分高值区和低值

图 3.27　兴和普通农户（左）、承包大户（右）与村委联系度分布

区。普通农户与村委联系度高值区主要分布在张皋镇和鄂尔栋镇北部、店子镇和大同天乡东部、赛乌素镇南部部分地区等。上述地区农户与村委的联系度大多在 0.48 以上。而鄂尔栋镇东部至民族团结乡北部，以及大库联乡西南部等地农户与村委的联系度则相对较低。承包大户与村委联系度高值区主要分布在张皋镇北部与鄂尔栋镇南部等地、赛乌素镇西南部、民族团结乡大部分地区。

2）各乡镇农户与村委联系度差异

各乡镇农户与村委的联系度如图 3.28 所示。总体来看，各乡镇普通农户与村委的联系度差异不大，在兴和的 9 个乡镇中南部乡镇的张皋镇、店子镇和大同天乡的普通农户与村委的联系度较高，其中，张皋镇的农户与村委联系度的均值最高，达到了 0.60 左右。北部乡镇，如五股泉乡、大库联乡、民族团结乡的农户与村委平均联系度较低，民族团结乡是兴和农户与村委的联系度最低的乡镇，平均联系度约为 0.47，张皋镇的平均联系度是民族团结乡的 1.3 倍左右。

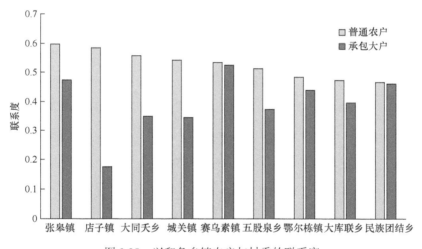

图 3.28　兴和各乡镇农户与村委的联系度

相较而言，不同乡镇的承包大户与村委的联系有较大的差异性。综合来看，承包大户与村委的联系度普遍小于普通农户与村委的联系度。其中，差异最大的为店子镇，该乡镇中普通农户与村委的联系度是承包大户与村委的联系度的 3.3 倍。从不同乡镇差异性上来看，北部乡镇，如赛乌素镇、民族团结乡、大库联乡等承包大户与村委的联系度均处在全县较高的水平，最高的赛乌素镇承包大户与村委的联系度达到 0.52，与当地普通农户与村委的联系度相当。而南部地区如店子镇、大同天乡等承包大户与村委的联系度偏低。这主要是由于北部乡镇承包大户比较集中，规模化农业生产比较成熟，因此当地承包大户与当地村委相识较久，且联系更加紧密，甚至有些村委成员本身就是承包大户，因此联系度较高。而南部乡镇由于坡耕地较多，尤其是大同天乡和店子镇两个乡镇，较少的平整耕地导致当地承包大户数量较少，规模也较小，与当地村委联系并不紧密。

3. 村委与乡镇政府联系度评估

1）村委与乡镇政府联系度空间差异

同样通过上所述方法，计算采样点行政村村委与当地乡镇政府的联系度，结果如图 3.29 所示。总体上看，北部赛乌素镇各村委与乡镇政府的联系度最高，大多在 0.7 以上。南部店子镇村委与乡镇政府联系度最低，多在 0.65 左右。从各乡镇内部空间分布来看，赛乌素镇各村委与乡镇政府联系度相对均衡，联系度均在 0.7 以上，最大值和最小值相差不超过 0.3。大库联乡内位于东南部的行政村村委与乡镇政府联系度相对较高，大多在 0.7~0.8，北部的乡镇联系度相对较低，约为 0.6。城关镇则西南地区村委与乡镇政府联系度较高，超过 0.7，北部的旋天洼村和西北部西官村联系度较低。鄂尔栋镇村委与乡镇政府联系度也较为平均，均在 0.7 以上，最大值和最小值仅相差 0.15。张皋镇各村委与乡镇政府联系度均相对较高，联系度在[0.75，0.9]。大同天乡则东部地区的村委与乡镇政府的联系度较高，得分均在 0.65 以上，东部地区的花家天村和兴胜庄村等与乡镇政府的联系度较低，均在 0.6 以下。店子镇是各乡镇中村委与乡镇政府联系度最低的地区。

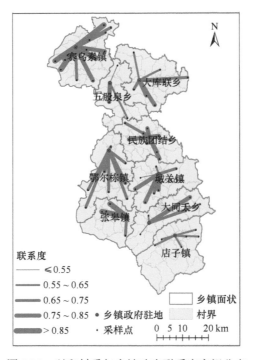

图 3.29　兴和村委与乡镇政府联系度空间分布

2）各乡镇村委与乡镇政府联系度差异

农户大多通过村委向乡镇政府反映自身的情况和需求，因此不同村村委与乡镇政府的联系也是影响农户与乡镇政府联系的因素之一（图 3.30）。总体来看，各乡镇村委与乡镇政府的联系均较为紧密，大多集中在 0.6~0.8，明显高于大多数农户与村委的联系度。

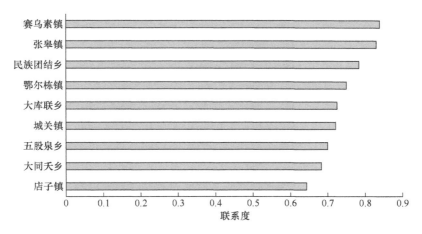

图 3.30　兴和村委与乡镇政府联系度均值

各乡镇村委与乡镇政府联系度差异不大，村委和乡镇政府联系度平均值最高的为赛乌素镇，联系度约为 0.84，联系度最低的为店子镇，村委与乡镇政府平均联系度约为 0.64，最低值与最高值相差约 31%。从各乡镇村委与乡镇政府平均联系度来看，中部地区和北部地区的乡镇除五股泉乡外，其余乡镇村委与乡镇政府联系度均值相对较高，包括北部的赛乌素镇、民族团结乡，中部的鄂尔栋镇等。南部乡镇大同夭乡和店子镇的村委与乡镇政府平均联系度较低。

调查时发现，兴和乡于 2013 年进行了乡镇的重新划分，由原来的 7 个乡镇，即赛乌素镇、大库联乡、民族团结乡、城关镇、鄂尔栋镇、张皋镇和店子镇扩展为现在的 9 个乡镇。五股泉乡和大同夭乡两个乡镇是在 2013 年后刚刚成立的乡镇。五股泉乡从原来的民族团结乡、赛乌素镇等乡镇拆分出来，大同夭乡则主要由从张皋镇和店子镇分离出来的一部分构成。新成立的乡镇政府尚未与各村村委建立紧密的联系，这可能是造成上述村委与乡镇政府联系度均值较低的主要原因。

4. 农户与乡镇政府联系度

基于农户与村委的联系度以及村委与乡镇政府的联系度来计算农户与乡镇政府的综合联系度，并在样本的基础上，根据信息扩散理论得到农户与乡镇政府联系的概率分布（图 3.31）。

从图 3.31 中可以看出，各乡镇农户与乡镇政府的联系度在[0.25，0.6]范围内分布最多，各乡镇 50%以上均分布在这一区间内。从概率分布的形态上来看，城关镇和大同夭乡较为接近，在[0.25，0.6]区间内均出现两次峰值，且发生概率在 0.02 以上。大库联乡、鄂尔栋镇、民族团结乡和赛乌素镇概率分布形态较为接近，大多集中在 0.5 以下，且存在多个概率峰值，联系度至 0.75 左右概率迅速下降。其中，赛乌素镇是农户与乡镇政府联系度数值分布最广的一个乡镇，最大值达到 0.9，平均值约为 0.45。店子镇、张皋镇和五股泉乡的农户与乡镇政府联系度概率分布形态较为接近，仅存在一个峰值，概率最大值出现在[0.3，0.5]左右。其中，店子镇是农户与乡镇政府联系度概率分布最为集中的一个乡镇，最大值仅 0.585，平均值也相对较低，约为 0.37。

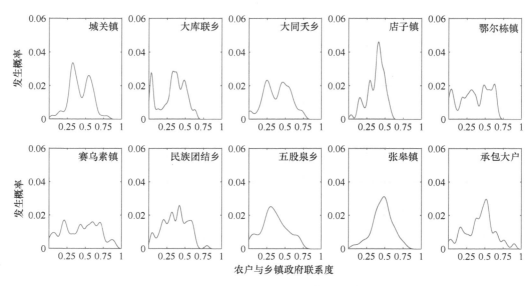

图 3.31　兴和各乡镇的 F-G-CE 概率分布曲线

基于调研采样数据计算得到的各乡镇农户与乡镇政府联系度概率分布曲线，横坐标为农户与乡镇政府联系度大小，纵坐标为发生概率

3.4　雨养农业区农户应对旱灾能力评价

3.4.1　农户应对旱灾能力计算方法

1. 应对旱灾能力构建思路

应对旱灾能力评估（F-CC 函数）是 IRG-AD-C 模型中凝聚力的力量来源，用于评价个体农户应对旱灾能力的大小。本节从两个方面构建 F-CC 函数，即农户所拥有的抗旱资源（objective resource，OR）和农户在抗旱过程中的主观积极性（subjective initiatives，SI）。农户拥有的抗旱资源决定了农户所具有的最大抗旱能力，但在实际抗旱工作中，农户往往并不能充分发挥其全部能力，还受到农户抗旱主观积极性的影响（图 3.32）。农户在抗旱过程中投入资金和精力的积极性，往往取决于农户对灾害的经历、对应对机制的看法、对灾害风险的意识等主观因素（Wang et al.，2012；Xu et al.，2018）。而这些主观的、内在的驱动力因素很大程度上影响人们在应对灾害时的行动，进而影响其风险防范水平（Wang et al.，2012；Ye and Wang，2013）。例如，在灌溉上投入的积极性（Bhatasara，2018）、与其他人交流的积极性（Fuchs et al.，2017）、购买保险的积极性（Abugri et al.，2017）等都会影响农户应对灾害的能力。因此，有必要在构建 F-CC 函数时同时考虑农户主观因素以及客观资源量。F-CC 可通过式（3.16）计算。

$$F - CC = f(OR) \times f(SI) = f(ER, SR, HR, PR) \times f(PB, RD, RA) \tag{3.16}$$

式中，OR 为抗旱资源，由经济资源（ER）、社会资源（SR）、人力资源（HR）、物质资源（PR）4 个维度计算得到；SI 为农户抗旱的主观积极性，从灾害发生过程的角度，包括农户灾前准备的积极性（PB）、灾中应对的积极性（RD）和灾后恢复的积极性（RA）。

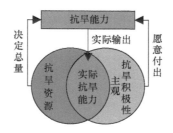

图 3.32　雨养农业区农户抗旱能力评估概念框架

2. 各指标权重计算

构建式（3.16）需要确定各减灾资源的权重大小，本节采用主观与客观相结合的方法来确定各指标的权重，其中主观方法以层次分析法为主，通过专家的打分，确定各指标类型之间的权重关系；客观方法以熵值法为主，通过计算各指标的信息熵来决定底层指标的权重，并根据上级指标的权重进行调整，从而形成最终的指标权重。

1）熵值法

熵值法是根据各指标信息熵确定其权重的一种客观方法，当某一指标的值离散程度越大，该指标所提供的信息量也就越大，则其权重也应越大；反之，指标间的值离散程度越小，其容纳的信息量也就越小，权重则相对较小。熵值法确定权重克服了人为确定权重的主观性以及多指标变量之间信息的重叠（Deng et al.，2000；Shemshadi et al.，2011）。熵值法确定权重的过程如下：

设有 n 个样本，每个样本包含 m 项指标数据，则存在一个初始矩阵 X[式（3.17）]。

$$X = \left\{ x_{ij} \right\}_{n \times m} \qquad (0 \leqslant i \leqslant n, 0 \leqslant j \leqslant m) \tag{3.17}$$

首先，需要对 m 项指标数值进行归一化，将各指标数值转化为 0~1，本节中负向指标和正向指标分别使用式（3.18）和式（3.19）进行归一化。

$$x'_{ij} = \frac{x_{ij} - \min\left(x_j \right)}{\max\left(x_j \right) - \min\left(x_j \right)} \tag{3.18}$$

$$x'_{ij} = \frac{\max\left(x_j \right) - x_{ij}}{\max\left(x_j \right) - \min\left(x_j \right)} \tag{3.19}$$

式中，x'_{ij} 为标准化后的指标值；x_{ij} 为 X 矩阵中第 i 个样本的第 j 项指标值；$\min\left(x_j \right)$ 为第 j 项指标的最小值；$\max\left(x_j \right)$ 为第 j 项指标的最大值。定义第 i 个样本第 j 项指标的比重为 p_{ij}[式（3.20）]。

$$p_{ij} = \frac{x'_{ij}}{\sum\limits_{i=1}^{n} x'_{ij}} \tag{3.20}$$

则第 j 项指标的熵值 e_j 为[式（3.21）]

$$e_j = -k\sum_{i=1}^{n}\left(p_{ij} \times \ln p_{ij}\right) \tag{3.21}$$

式中，$k = 1/\ln n$，则第 j 项指标的差异系数为 g_j[式（3.22）]，g_j 越大表明第 j 项指标的数值的差异性越大，指标越重要，权重 a_{ij} 则越高[式（3.23）]。

$$g_j = 1 - e_j \tag{3.22}$$

$$a_j = \frac{g_j}{\sum_{i=1}^{m} g_j} \tag{3.23}$$

2）层次分析法（analytic hierarchy process，AHP）

层次分析法是著名运筹学家 Saaty T. L.在 20 世纪 70 年代提出的（Saaty，1990）。该方法的主要思想是将复杂问题的各要素划分为不同层次，判断每个层次内各要素的相对重要程度，最终确定权重。其计算权重的过程包括以下几个方面：①确定研究的总目标，在总目标下构建一个多层次指标体系；②确定相邻层次要素之间的相对重要程度，构建判断矩阵；③确定对于上一层次的某个元素而言，本层次中与其相关元素的重要性排序；④计算各层元素对总目标的合成权重，进行总排序。

本书调查了 45 位与农业和灾害研究相关的专家，专家根据自己的经验对抗旱资源和抗旱主观积极性下各指标两两相对重要程度进行打分，打分表见表 3.7 所示，取值范围为 1～9，表中 i 表示该层中 i 元素，j 表示该层中 j 元素。

表 3.7　相对重要程度判断打分赋值

重要程度	赋值	重要程度	赋值
i 元素和 j 元素同等重要	1	i 元素比 j 元素稍不重要	1/3
i 元素比 j 元素稍重要	3	i 元素比 j 元素不重要	1/5
i 元素比 j 元素重要	5	i 元素比 j 元素明显不重要	1/7
i 元素比 j 元素明显重要	7	i 元素比 j 元素极其不重要	1/9
i 元素比 j 元素极其重要	9		

在得到判断矩阵后需对判断矩阵的有效性进行检验，计算其一致性程度，如式（3.24）所示：

$$CI = \frac{\lambda_{\max} - n}{n - 1} \tag{3.24}$$

式中，$\lambda_{\max}$ 为判断矩阵的最大特征值；n 为指标的个数。通过查找 n 所对应的一致性指标 RI（表 3.8），即可计算一致性比例 CR[式（3.25）]。

$$CR = \frac{CI}{RI} \tag{3.25}$$

当 CR 小于 0.1 时，则判断矩阵通过一致性检验，评分结果是可用的。本节中，通过专家的意见计算得到抗旱资源与抗旱主观积极性直接的重要性比例作为权重，同时根据判断

表 3.8 平均随机一致性指标

n	RI	n	RI
1	0	6	1.24
2	0	7	1.32
3	0.58	8	1.41
4	0.90	9	1.45
5	1.12	10	1.49

矩阵，计算抗旱资源下各要素和抗旱主观积极性下各要素的权重，以此为上层指标权重。在熵值法确定各指标权重的基础上，根据上层指标权重，对熵值法计算得到的权重进行调整，从而形成完整的指标权重结果。

3.4.2 农户应对旱灾能力评价结果

1. 农户应对旱灾能力指标及权重

农户抗旱资源选取经济资源、社会资源、人力资源、物质资源 4 个方面，其中经济资源包括生产资料投入（ER1）、家庭人均收入比例（ER2）、农业收入比例（ER3）3 个次级指标；社会资源包括作物保险购买频率（SR1）、预警信息获取渠道（SR2）、农产品销售渠道（SR3）3 个次级指标；人力资源包括受教育水平（HR1）、家庭抚养比例（HR2）、农业劳动人口比例（HR3）；物质资源包括耕地总面积（PR1）、作物种植多样性（PR2）、生活用水稳定性（PR3）（表 3.9）。

表 3.9 雨养农业区 F-CC 函数的指标构建

指标类型	次级指标	说明	平均值	标准差	权重
经济资源（ER）	生产资料投入（ER1）	农户种子、化肥、农药、灌溉投入的总和/元	40808.8	190020.1	0.068
	家庭人均收入比例（ER2）	农户租金收入、政策补贴收入、农业收入、务工收入计算得到的家庭总收入除以家庭总人口/元	49123.4	178701.6	0.067
	农业收入比例（ER3）	种植收入和畜牧收入之和占家庭总收入的比例/%	0.6	0.3	0.010
社会资源（SR）	作物保险购买频率（SR1）	=4，每年购买；=3，经常购买；=2，偶尔购买；=1，很少购买	3.5	1.1	0.026
	预警信息获取渠道（SR2）	=5，网络获取；=4，手机短信获取；=3，电视广播获取；=2，报纸获取；=1，其他人告知。多渠道为不同渠道得分之和	3.6	2.1	0.022
	农产品销售渠道（SR3）	=4，与企业签订订单合同；=3，自己销售；=2，运至收购点销售；=1，粮贩上门收购；=0，不销售。多渠道为不同渠道赋值之和	0.9	0.9	0.090
人力资源（HR）	教育水平（HR1）	=4，大专及以上；=3，高中；=2，初中；=1，小学；=0，不识字	1.4	0.9	0.079
	家庭抚养比例（HR2）	家庭中 14 岁以下和 70 岁以上人口占家庭总人口的比例/%	0.2	0.3	0.029
	农业劳动人口比例（HR3）	家庭中从事农业生产活动的人口占家庭总人口的比例/%	0.7	0.3	0.031

指标类型	次级指标	说明	平均值	标准差	权重
物质资源（PR）	耕地总面积（PR1）	耕种各类作物的种植面积总和/亩	89.9	225.0	0.115
	作物种植多样性（PR2）	作物种植多样性由 Shannon-Wiener 指数表示	1.3	0.7	0.017
	生活用水稳定性（PR3）	=5，自来水全天供应；=4，自建井供水；=3，自来水定时供应；=2，公共井水；=1，其他水源。多种来源时为各选项得分之和	3.6	0.9	0.006
灾前准备的积极性（PB）	参加种植培训的积极性（PB1）		3.5	1.1	0.071
	出钱或出力维护公共水利设施的积极性（PB2）	积极性程度由高至低为5到1，平均值为该因子得分			0.041
	关注天气信息的积极性（PB3）				0.015
灾中应对的积极性（RD）	旱灾时关注农作物生长情况的积极性（RD1）		3.1	1.1	0.008
	旱灾时寻找应急水源的积极性（RD2）	积极性程度由高至低为5到1，平均值为该因子得分			0.115
	防治旱灾次生灾害的积极性（RD3）				0.047
灾后恢复的积极性（RA）	关注农产品销售渠道的积极性（RA1）		2.0	1.1	0.044
	灾后拓展收入的积极性（RA2）	积极性程度由高至低为5到1，平均值为该因子得分			0.065
	灾后总结交流经验的积极性（RA3）				0.034

农户的抗旱主观积极性包括灾前准备的积极性（PB）、灾中应对的积极性（RD）和灾后恢复的积极性（RA）。灾前准备的积极性包括参加种植培训的积极性（PB1）、出钱或出力维护公共水利设施的积极性（PB2）、关注天气信息的积极性（PB3）三个方面；灾中应对的积极性包括旱灾时关注农作物生长情况的积极性（RD1）、旱灾时寻找应急水源的积极性（RD2）、防治旱灾次生灾害的积极性（RD3）三个方面；灾后恢复的积极性包括关注农产品销售渠道的积极性（RA1）、灾后拓展收入的积极性（RA2）、灾后总结交流经验的积极性（RA3）等（表3.9）。

上述构建 F-CC 函数的指标中包括正向和负向两类，其中农业收入比例和家庭抚养比例为负向指标，其他为正向指标。农业收入比例可以反映一个家庭对农业生产的依赖度，依赖度越高可能对旱灾越脆弱，越容易造成较大的旱灾损失。家庭抚养比例则反映家庭的劳动力水平，当家庭成员非常年轻或非常老龄时，他们不能对家庭收入做出任何贡献，在灾害来临时，他们只能起到消耗资源的作用，不利于抵御旱灾（Krömker et al.，2008）。

采用 Shannon-Wiener 指数表征农户种植农作物的多样性。Shannon-Wiener 指数可用于表达其种植农作物的复杂程度，多种农作物有利于农户面对旱灾时保持弹性（Cavatassi et al.，2011），Shannon-Wiener 指数可以通过式（3.26）计算：

$$H = -\sum_{i=1}^{N} \left(p_i \times \ln p_i \right) \tag{3.26}$$

式中，H 为 Shannon-Wiener 指数；N 为种植的农作物总数；p_i 为第 i 种农作物种植面积占耕地总面积的比例。当农户只种一种农作物时 Shannon-Wiener 指数为最小值 0，当农户种植多种农作物且种植的面积越平均时，Shannon-Wiener 指数越大。

根据前述权重计算方法，计算各项指标权重（表 3.9）。专家调查结果表明，各学者普遍认为农户主观积极性在抗旱过程中所发挥的作用要略高于农户掌握的资源量，比例大约为 1.27：1。

在农户应对旱灾资源中，经济资源占比最大，达到 0.145，其他三类要素权重则相近。在三级指标中，物质资源的耕地总面积是资源中最为重要的一个指标，其权重达到 0.09。耕地总面积的大小往往影响着农户财务状况的稳定性（Acosta and Espaldon，2008）。其次，社会资源的农产品销售渠道和人力资源的教育水平也有较高的权重，市场是农民之间交流信息的一种手段，接近市场的程度或其销售渠道的便利性对农户收入等起到决定性作用（Deressa et al.，2010）。而农民受教育水平可以反映其对灾害的脆弱性，提高农民受教育水平可以提高他们种植技术的能力、获取信息的能力，从而提高他们应对农业旱灾的能力（Leichenko and O'Brien，2002）。

农户的抗旱主观积极性中，灾中应对的积极性的比重最大，达到 0.17。在三级指标中，寻找应急水源的积极性对于抗旱起到关键作用。其次，灾前积极参与种植培训，灾后积极拓展销售渠道对于抗旱能力也有较大的影响。

2. 农户抗旱资源评估

1）抗旱资源的空间差异

根据前文所述的指标权重计算各农户的抗旱资源得分，统计调查采样的行政村农户抗旱资源的平均值，得到农户抗旱资源空间分布图（图 3.33）。从分布来看，普通农户抗旱资源较高的地区主要集中在张皋镇北部至城关镇一带，以及鄂尔栋镇北部至民族团结乡北部和大库联乡南部，同时赛乌素镇南部部分地区的农户抗旱资源也相对较高。而店子镇、大同夭乡西部以及赛乌素镇的西南部农户抗旱资源偏低，店子镇和大同夭镇以坡耕地为主，地形起伏大，造成耕地较为破碎，人均耕地相对较少导致这一地区农户抗旱资源相对偏低。

承包大户的抗旱资源空间分布相较于普通农户差异更加明显，抗旱资源较高的承包大户主要呈块状分布，集中在 3 个地区，分别为张皋镇至城关镇西南部地区、民族团结乡大部分地区，以及赛乌素镇东北部至大库联乡北部等地。其他地区承包大户的抗旱资源相对较少，由于上述地区土地较为平整，尤其是民族团结乡灌溉条件也相对较好，承包大户可以租用大片土地用于规模化生产，因此土地资源丰富，抗旱资源得分相对较高。

2）各乡镇抗旱资源差异

统计各乡镇农户抗旱资源的均值，计算不同乡镇普通农户和承包大户在经济资源、社会资源、人力资源和物质资源等方面的差异性（图 3.34）。从经济资源来看，各乡镇差异不大。其中，大同夭乡、鄂尔栋镇和城关镇等的农户平均得分较高，五股泉乡的农户平均得分最低。从社会资源来看，张皋镇的农户社会资源得分较高，平均为 0.05，其次为城关镇，说明该地区普通农户获取社会信息的渠道更加多样、稳定和及时。从人力资源来看，大库

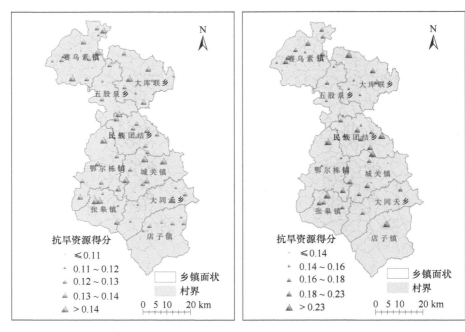

图 3.33　兴和普通农户（左）与承包大户（右）抗旱资源分布

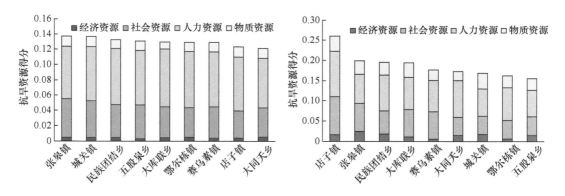

图 3.34　兴和各乡镇普通农户（左）与承包大户（右）抗旱资源统计

联乡的农户平均得分最高，约为 0.076，大同天乡、张皋镇和店子镇的农户人力资源平均得分排在后三位，反映出这一地区农户家庭人口劳动力不足、人口受教育水平偏低。由于这些地区农业生产条件较差，年轻劳动力多外出务工，从事农业生产的多是身体条件较差、受教育水平不高的老年人，因此造成这些地区人力资源得分较低。从物质资源来看，张皋镇农户平均得分最高，为 0.014。其次为城关镇。这主要是由于张皋镇、店子镇、大同天乡等乡镇不适宜开展大规模农业生产活动，耕地多集中在普通农户手中，农户拥有的耕地面积较大，同时为了抵御旱灾，该地区农户选择种植多种类型作物，因此得分较高。而大库联乡是农业设施发展最好的一个乡镇，普通农户的耕地大多集中于承包大户手中，普通农户只留小部分耕地，种植基本粮食作物用作口粮，因此物质资源得分较低。

综合来看，各乡镇普通农户抗旱资源并没有很大差异，张皋镇的农户抗旱资源平均得分相对较高，达到 0.137。在兴和最南部地区的两个乡镇，大同天乡和店子镇的农户抗旱资源较低，均在 0.12 左右。各乡镇承包大户的抗旱资源差异性较普通农户的更加明显，从经济资源来看，张皋镇承包大户经济资源得分最高，约为 0.025，民族团结乡和城关镇次之，在 0.016~0.017，赛乌素镇和鄂尔栋镇等经济资源得分较低。从社会资源来看，各乡镇承包大户在该方面得分差异较大，其中店子镇的承包大户社会资源得分最高，为 0.09；从人力资源来看，店子镇依然是平均得分最高的乡镇，达到 0.11，其他乡镇则差别不大，大多在 0.06~0.08 从物质资源来看，各乡镇的差异不大，均在 0.02~0.03，城关镇是平均得分最高的乡镇，其次是店子镇、大库联乡和张皋镇等，大同天乡的平均得分最低，约为 0.022。综合来看，在各乡镇中店子镇的承包大户抗旱资源平均得分相对较高，达到 0.26。其他乡镇承包大户应对旱灾的能力差异不大，为 0.15~0.19。

3. 农户抗旱积极性评估

1）抗旱积极性空间差异农户抗旱积极性评估

统计行政村采样点农户抗旱积极性平均值，得到普通农户和承包大户抗旱积极性空间分布（图 3.35）。可以看出，普通农户抗旱积极性的空间分布差异相对于抗旱资源而言更加明显，有明显的"北高南低"的趋势。北部赛乌素镇南部、大库联乡、民族团结乡以及鄂尔栋镇北部等地普通农户的抗旱积极性相对较高，大部分抗旱积极性得分均在 0.15 以上；而南部主要包括城关镇、大同天乡和店子镇，农户抗旱积极性相对较低。这主要由于南部

图 3.35　兴和普通农户（左）与承包大户（右）抗旱积极性分布

地区以坡耕地为主，主要种植一些谷子、黍子等耐旱农作物，遭遇旱灾时没有北部种植土豆、葵花等农作物的农户损失大，即使较严重的灾害也不至于颗粒无收，此外，当地耕种条件和灌溉条件也相对较差，导致当地民众抗旱积极性不高。

承包大户抗旱积极性与承包大户的抗旱资源分布格局较为相似，抗旱积极性较高的地区主要集中在鄂尔栋镇、张皋镇和城关镇的交界处、民族团结乡大部分地区以及赛乌素镇的北部地区。大同天乡、城关镇的中部和东部地区以及五股泉乡的南部和鄂尔栋镇的北部承包大户抗旱积极性相对较低。

2）各乡镇抗旱积极性差异

统计各乡镇普通农户和承包大户不同维度的抗旱积极性均值，计算不同乡镇农户在备灾、应急和恢复重建等方面的差异（图3.36）。从备灾的积极性来看，各乡镇有明显的差异，大同天乡的普通农户备灾积极性最高，达到0.079，大库联乡均值最低，为0.050。从应急的积极性来看，各乡镇的差异相较于备灾积极性更加明显，大库联乡的应急积极性最高，约为0.077，大同天乡的应急积极性则最低，为0.015，大库联乡的平均得分是其5倍以上。从恢复重建的积极性来看，各乡镇也有较为明显的差异，大库联乡恢复重建积极性最高为0.0449，大同天乡最低，仅为0.014。从总抗旱积极性来看，大库联乡的普通农户抗旱积极性总体最高，其次是张皋镇、五股泉乡和赛乌素镇等，店子镇、大同天乡和城关镇抗旱积极性较低。

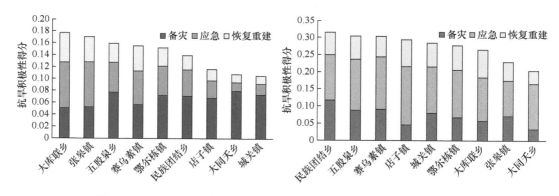

图3.36 兴和各乡镇普通农户（左）与承包大户（右）抗旱积极性统计

普通农户总体呈现出备灾积极性>应急积极性>恢复重建积极性，这主要是由于对于当地雨养农业区农户而言，关注天气预报，参加一些种植技术培训是相对较容易和可操作的。而当真正发生旱灾时，普通农户灌溉由于严重依赖降水，灌溉的成本又过高，因此其应对手段不多，在旱灾发生时普通农户的抗旱积极性相对较低。由于当地普通农户以高龄留守人群为主，旱灾发生后也没有能力与精力再外出务工或改种补种其他作物，因此普遍没有恢复重建的意愿，积极性较低。

从备灾的积极性来看，民族团结乡的承包大户最注重备灾环节，其备灾的积极性得分较高，达到0.11以上，店子镇和大同天乡的承包大户备灾积极性明显低于其他地区，仅为0.03～0.04；从应急的积极性来看，店子镇的应急积极性最高，达到0.17，张皋镇的承包大户应急积极性最低，为 0.1，其他地区均在 0.12～0.15；对于恢复重建的积极性，大库联乡、店子镇和鄂尔栋镇的恢复重建的积极性较高，均在 0.07 以上，其他地区差异不大，在 0.05～0.06，而大同天乡的承包大户平均得分最低，仅为 0.039。从总的抗旱积极性来看，民族团结乡和五股泉乡的农户抗旱积极性最高，由于大同天乡承包大户在备灾、应急、恢复重建各个环节均处于全县较低水平，因此其综合抗旱积极性也为全县最低。

与普通农户不同，承包大户总体呈现出应急积极性>备灾积极性>恢复重建积极性。由于承包大户在农业种植，尤其是灌溉等方面投入大量的成本，因此，对于旱灾的应对相较于普通农户更加积极。承包大户在旱灾时寻找应急水源的积极性以及旱灾时防治病虫害等次生灾害的积极性远高于普通农户。同时在参与技术培训等方面，其积极性也高于普通农户，同样也非常关注天气预警等，以便及时灌溉等，因此大部分承包大户备灾的积极性也相对较高。但对于恢复重建，承包大户在寻找和关注销售渠道的积极性以及交流总结抗旱经验的积极性上明显高于普通农户，但外出务工扩展收入的积极性与普通农户接近。这主要是由于承包大户的主要精力和资金都投入农业生产中，没有再扩展其他收入或补种其他作物的时间和意愿，因此其恢复重建的积极性也是相对较低的。

4. 农户应对旱灾能力评价空间格局

1）应对旱灾能力空间差异

统计采样点行政村农户应对旱灾能力的平均值，得到普通农户和承包大户应对旱灾能力的空间分布图（图 3.37）。普通农户应对旱灾能力较高的区域主要集中在兴和西南至东北

图 3.37　兴和普通农户（左）和承包大户（右）应对旱灾能力空间分布图

一线。从张皋镇北部至鄂尔栋镇，经民族团结乡北部至大库联乡，此外，赛乌素镇南部地区应对旱灾能力也相对较强。而兴和东南部地区农户应对旱灾能力较弱，主要包括城关镇、大同夭乡和店子镇的大部分地区。

承包大户受抗旱资源和抗旱积极性的影响，其应对旱灾能力的空间分布依然以块状分布为特点。应对旱灾能力突出的主要集中在 3 个地区，即张皋镇北部至城关镇西部、民族团结乡大部，以及赛乌素镇的北部部分地区。其他地区承包大户应对旱灾能力相对较弱一些。

2）各乡镇农户应对旱灾能力差异

综合农户抗旱资源和抗旱积极性得分，计算得到各乡镇农户的应对旱灾能力（图 3.38）。由于大同夭乡和店子镇普通农户抗旱资源较低，同时抗旱的积极性也处于全县较低的水平，因此两乡镇普通农户应对旱灾能力较弱。而张皋镇和大库联乡农户在抗旱资源和抗旱积极性两方面均排在全县前列，因此其农户应对旱灾能力的均值较高。张皋镇普通农户应对旱灾能力的平均得分为 0.307，是得分最低的大同夭乡的 1.3 倍。从各乡镇来看，由于抗旱资源得分较高，店子镇承包大户应对旱灾能力高于其他地区，约为 0.55。民族团结乡、赛乌素镇等北部乡镇也处于全县较高的水平。大同夭乡由于抗旱资源并不突出，同时抗旱积极性也是全县最低的地区，因此其承包大户的应对旱灾能力得分较低，平均得分约为 0.38。

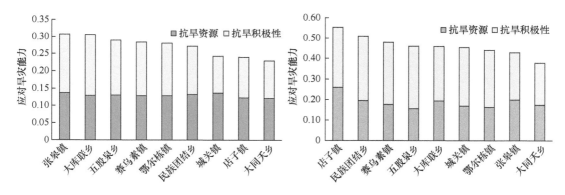

图 3.38　兴和各乡镇普通农户（左）和承包大户（右）应对旱灾能力

基于样本计算的农户应对旱灾能力，通过信息扩散方法可以计算各乡镇农户应对旱灾能力的概率分布曲线（图 3.39）。大部分乡镇的农户应对旱灾能力集中在[0，0.5]，其中城关镇农户应对旱灾能力的分布最为集中。城关镇和大同夭乡分布形式较为接近，均在 0.25 两侧出现两个峰值，并在 0.5 之前迅速下降。而大库联乡、赛乌素镇、民族团结乡和张皋镇的分布形式较为接近，农户应对旱灾能力在 0.25 左右的概率最大。

从分布范围来看，城关镇、大同夭乡和店子镇三个地区的农户应对旱灾能力达到 0.5 的可能性几乎为 0，其他地区均有不同概率的分布。鄂尔栋镇、赛乌素镇、民族团结乡、五股泉乡和张皋镇农户应对旱灾能力的分布相较于其他乡镇更为分散。承包大户的应对旱灾能力主要集中在[0.25，0.6]，出现概率最大的在 0.5 左右，概率峰值相较于普通农户明显偏大。

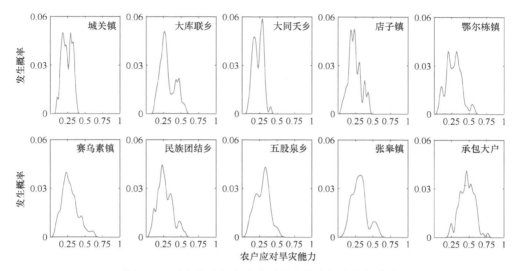

图 3.39　兴和各乡镇农户应对旱灾能力概率分布曲线

基于调研采样数据计算得到的各乡镇农户应对旱灾能力概率分布曲线，横坐标为农户应对旱灾能力值，纵坐标为发生概率

3.5　雨养农业旱灾风险防范凝聚力模拟与应用

3.5.1　凝聚力计算思路

以旱灾为例，当旱灾发生时，会影响种植业，也会对整个区域内的农户、政府、涉农企业等造成影响。除了对上述个体应对旱灾能力进行评价外，还需要对各主体之间的协同合作进行定量评价，在抗旱过程中的一致性、协同性等，凝聚力包含了这两个方面的内容（图 3.40）。当凝聚力较高时，系统内各主体的应对旱灾能力较强，同时相互协同合作性较好，则整个旱灾风险防范水平较高，遭受旱灾打击时的损失可能较小，相反则损失可能较大。本章重点关注农户与乡镇政府这两类主体之间的凝聚力。

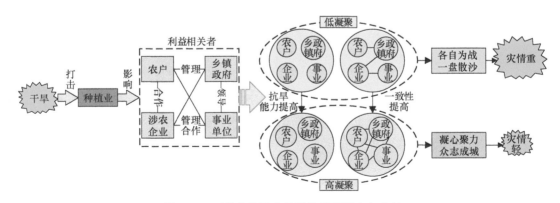

图 3.40　雨养农业旱灾风险防范凝聚力与灾情

凝聚力可能影响灾情的大小，当旱灾影响以种植业为主的农业时，相应的利益相关者即采取应对措施，在这一过程中，利益相关者提升自身应对旱灾能力有助于降低旱灾损失（应对能力的提高表示为图中圆圈大小变化），此外，利益相关者相互协作、一致抗旱也有助于减轻灾情的影响（一致性的提高表示为图中结点之间联接的增加）

　　基于凝聚力数理模型，结合区域特点将凝聚力数理模型赋予特定含义。本书认为，农业旱灾风险防范的凝聚力由三个方面构成，即农户抗旱能力评估，抗旱能力评估是指社会—生态系统中农户自身抵御旱灾的能力，它表达的是整个凝聚力过程中"力"的大小，对应于凝聚力数理模型中"结点强度"的概念。农户与乡镇政府抗旱一致性评估，抗旱一致性评估是指农户和政府在抗旱过程中协同一致、达成抗旱共识的过程，它表达凝心聚力的过程中"凝心"的程度，对应于凝聚力数理模型中"功能相位差"的概念。农户与乡镇政府联系度评估，是凝聚力模型中用于计算农户与乡镇政府之间的联系紧密程度，联系程度越紧密越易实现资源的合理分配和利用，其表达凝心聚力过程中"聚力"的程度，对应于凝聚力数理模型中"链接效率"的概念（图3.41）。

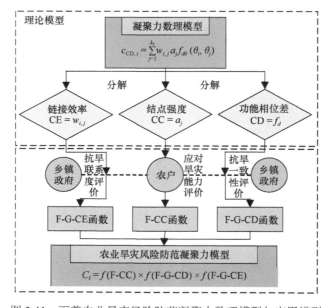

图3.41　雨养农业旱灾风险防范凝聚力数理模型与应用模型

　　综上，雨养农业旱灾风险防范凝聚力可以拆解成"凝""聚"和"力"三个方面。"力"是抗旱力量的来源，是凝聚力的基础；"凝"是农户与乡镇政府达成抗旱一致的过程，是决定主体能否凝聚在一起的关键；"聚"是农户与乡镇政府劲往一处使，协同合作，共同抗旱，是形成凝聚力的核心。

　　因此，本章中雨养农业旱灾风险防范凝聚力模型的公式可以表达为式（3.27）：

$$C_f = f\left(\text{F-CC}\right) \times f\left(\text{F-G-CD}\right) \times f\left(\text{F-G-CE}\right) \tag{3.27}$$

式中，C_f 为农户的凝聚度；F-CC 为农户应对旱灾能力；F-G-CD 为农户与乡镇政府的抗旱一致性；F-G-CE 为农户与乡镇政府的联系度。

　　由于普通农户和承包大户在抗旱资源等方面有较大差异，因此将农户分为普通农户和承包大户两类。通过式（3.28）可以计算得到各乡镇的凝聚力。

$$C_g = \sum_{i=1}^{n} C_{sfi} + \sum_{j=1}^{m} C_{bfj} \qquad (3.28)$$

式中，C_g 为乡镇的凝聚力；C_{sfi} 为第 i 个普通农户的凝聚度；n 为乡镇内普通农户数；C_{bfj} 为第 j 个承包大户的凝聚度；m 为乡镇内承包大户数。

3.5.2　各乡镇凝聚力计算

1. 基于不完备样本的数据集生成

以调查采样数据为基础，在构建雨养农业旱灾风险防范凝聚力模型时，需要根据样本的分布推演整体数据情况。采用信息扩散的方法，对样本数据在论域范围内进行扩展（图 3.42）。对于一定数量的样本数据，存在一个扩散函数，可以使样本数据所含的信息扩散至整个区域（Chongfu，1997；黄崇福等，1998；Huang，2002）。

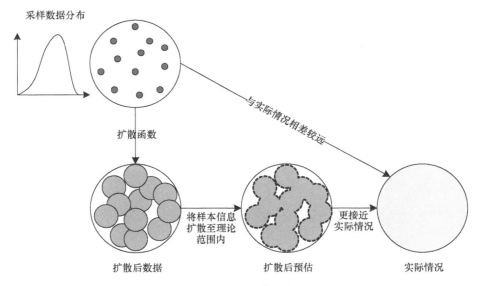

图 3.42　信息扩散示意图

信息扩散有多种方法，本书以正态信息扩散为主。令 $U=\{u_1, u_2, u_3, \cdots, u_n\}$ 是包含数据可能值的离散论域。根据数据的取值范围，应对旱灾能力和抗旱联系度的取值范围均为 $[0，1]$，抗旱一致性取值范围为 $[-1，1]$。

本章中论域的分辨率为 0.01，因此 $U=\{0, 0.01, 0.02, \cdots, 1\}$ 或 $\{-1, -0.99, -0.98, \cdots, 1\}$。通过信息扩散函数[式（3.29）]，将调查采样数据所携带的信息扩散到每个 u_i 中。

$$f_k(u_i) = \frac{1}{h\sqrt{2\pi}} \exp\left[-\frac{(X_k - u_i)^2}{2h^2}\right] \qquad (3.29)$$

式中，X_k 为第 k 个调查采样数据；h 为正态扩散系数，可以通过式（3.30）计算得到。

$$h = \begin{cases} 0.8146(b-a), & m = 5 \\ 0.5960(b-a), & m = 6 \\ 0.4560(b-a), & m = 7 \\ 0.3860(b-a), & m = 8 \\ 0.3362(b-a), & m = 9 \\ 0.2986(b-a), & m = 10 \\ 2.8651\dfrac{(b-a)}{n-1}, & m \geqslant 11 \end{cases} \quad (3.30)$$

式中，a，b 分别为调查采样数据 X 的最小值和最大值；m 为样本数量，则样本的信息累积和正态信息分布可以分别用式（3.31）和式（3.32）计算：

$$C_k = \sum_{i=1}^{m} f_k(U_i) \quad (3.31)$$

$$F(X_k, u_j) = \frac{f_k(u_j)}{C_k} \quad (3.32)$$

式中，C_k 为第 k 个样本的信息积累；$F(X_k, u_j)$ 为样本数据的标准化信息分布，对于每个点 u_j，将所有归一化信息相加，可以获得来自给定样本 X 的 u_j 处的信息增益。信息增益显示在式（3.33）中：

$$q(u_j) = \sum_{j=1}^{m} F(X_k, u_j) \quad (3.33)$$

通过对 $q(u_j)$ 的求和可以得到样本的扩散信息量[式（3.34）]，即

$$Q = \sum_{j=1}^{n} q(u_j) \quad (3.34)$$

因此，可以估算不同 u_i 的可能性，即可以得到样本的概率分布函数[式（3.35）]：

$$p(u_j) = \frac{q(u_j)}{Q} \quad (3.35)$$

由于本章数据来源于调查采样数据，在构建雨养农业旱灾风险防范凝聚力模型时，需建立完整的数据样本，因此本章采用信息扩散的方法将不完备的样本数据推演至整个取值范围内。如前述，我们已根据调查采样数据建立了其凝聚力不同函数的概率分布曲线。基于前文应对旱灾能力评估（F-CC）、农户与乡镇政府抗旱一致性评估（F-G-CD）和农户与乡镇政府联系度评估（F-G-CE）的概率分布曲线，生成随机样本，并计算得到基于随机数据的凝聚度。结合基于调查采样数据得到的凝聚度概率分布曲线和基于随机生成数据计算得到的凝聚度分布直方图，得到图 3.43。可以看出，基于随机生成数据计算得到的凝聚度与基于采样数据得到的凝聚度概率分布曲线的形态非常接近。因此，基于随机生成数据计算得到的凝聚度可以表征该地区凝聚度的基本状态。从图 3.43 中也可以看出，各乡镇凝聚度的数值分布较为集中，凝聚度大多集中在[–0.25，0.25]，通过统计发现，其中有 47.83%集中于[–0.05，0]，可见农户与乡镇政府的抗旱凝聚度普遍偏低。

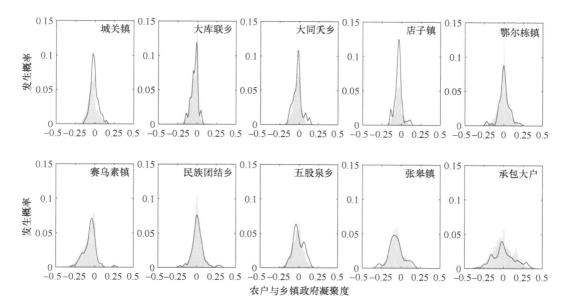

图 3.43 兴和各乡镇凝聚度概率分布曲线与分布直方图

图中红色线表示基于调查采样数据计算得到的各乡镇凝聚度的概率分布曲线，蓝色柱状图表示通过信息扩散方法按照各乡镇农户数量随机生成的完备农户样本计算得到的概率分布直方图，总体来看，基于随机生成数据计算得到的凝聚度与调查采样数据计算得到的凝聚度在概率分布上较为一致，可使用随机生成数据用于模型进一步计算

　　各乡镇中，仅鄂尔栋镇和民族团结乡两乡镇农户与乡镇政府的凝聚度平均值大于 0，其他乡镇均小于 0。从分布曲线形态上来看，除鄂尔栋镇和民族团结乡呈较好的正态分布外，其他各乡镇大多呈偏态分布，凝聚度在 0 以下时的发生概率最高。其中，城关镇、大库联乡、大同夭乡和店子镇的分布较集中。普通农户凝聚度最低的出现在张皋镇，为−0.286，最高值出现在民族团结乡，为 0.303。承包大户与乡镇政府的凝聚度则差异性较大，最低值为−0.334，最高值达到 0.344，其平均值接近 0。

2. 各乡镇凝聚力计算结果

　　基于调查数据，兴和各乡镇 IRG-AD-C 可以表示为图 3.44。从图 3.44 中可以看出，城关镇、大同夭乡和店子镇农户结点较小，表明该地区农户应对旱灾能力较差，低于全乡镇平均水平。城关镇、大同夭乡和店子镇分别有 58.06%、67.24%、66.67%的普通农户低于全县平均值。各乡镇中大部分农户与乡镇政府的抗旱一致性不高，大多为负向。仅民族团结乡农户与乡镇政府的抗旱一致性较高，有超过 55.84%的农户与乡镇政府抗旱一致性系数为正值。其次是鄂尔栋镇，约有 48.61%的农户能够与政府在抗旱上达成正向一致性。可以明显地看出，赛乌素镇农户与乡镇政府一致性较差，抗旱一致性系数多为负向且呈现出较大的差异性，该乡镇仅 12.16%的农户与乡镇政府在抗旱上呈正向一致性，总体凝聚力较差。除赛乌素镇外，店子镇、张皋镇的农户与乡镇政府在抗旱上的差异也较大，正值的比例均低于 20%。

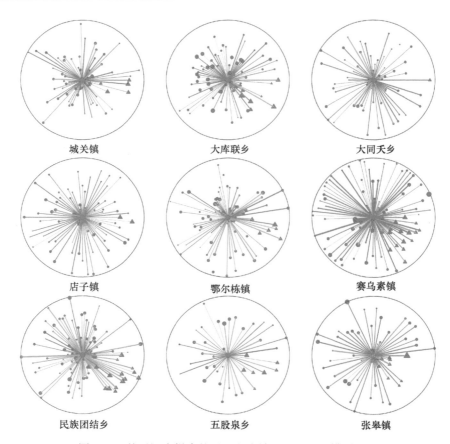

图 3.44　基于调查样本的兴和各乡镇 IRG-AD-C 模型表达

图中圆点表示一个普通农户样本，三角形表示一个承包大户样本，中心原点表示乡镇政府。线的长短表示农户与乡镇政府抗旱
一致性系数的大小，当抗旱一致性系数为负值时用红色线表达，表示农户与乡镇政府一致性较低。当抗旱一致性系数为正值时
用绿色线表达，表示农户与乡镇政府能够在一定程度上达成一致性。线的粗细表示农户与乡镇政府联系度的高低

3.5.3　基于凝聚力的农业旱灾风险防范能力评估

基于凝聚力的风险防范能力计算方法，各乡镇政府所能凝聚到的抗旱资源总和应为该区域农业旱灾风险防范能力，因此根据式（3.36），可以得到各乡镇农业旱灾风险防范能力。

$$Z = \sum_{i=1}^{n} C_{sfi} + \sum_{j=1}^{m} C_{bfj} \quad \left(C_{sfi} \geqslant 0, C_{bfj} \geqslant 0 \right) \tag{3.36}$$

式中，Z 为区域农业旱灾风险防范能力；C_{sfi} 为第 i 个普通农户与乡镇政府的凝聚度；C_{bfj} 为第 j 个承包大户与乡镇政府的凝聚度。

一个区域农户平均凝聚度与该地区农户和乡镇政府在抗旱工作中的凝心聚力程度有关，其是农户与乡镇政府关系的平均状态的表达；而区域总凝聚力 C 则是当地农户与乡镇政府协同一致共同抗旱的总体水平的测度，是区域社会—生态系统的一种内在属性。它与农户的数量和农户与乡镇政府的凝聚度有直接关系，但并非农户数量越多，总凝聚度 C 就越大，农业旱灾风险防范能力就越高。当区域内农户与乡镇政府抗旱一致性较差时，农户数量的增加并不会使得区域总凝聚力增加，反而使更多的农户与乡镇政府"离心"，总体凝聚力更低。当农户与乡镇政府一致性较高时，农户数量的增加会使区域总凝聚力增加，因为每个农户在抗旱中贡献自己的力量，形成"众人拾柴火焰高"的局面。

1. 基于凝聚力的各乡镇农业旱灾风险防范能力

本章基于 IRG-AD-C 模型，计算各乡镇农业旱灾风险防范能力。在研究中仅考虑了农户和政府两类主体，因此将各乡镇政府和农户看作一个封闭系统，根据前述方法，用乡镇政府在整个闭合系统内所能凝聚的抗旱能力作为区域农业旱灾风险防范能力，结果如图 3.45所示。

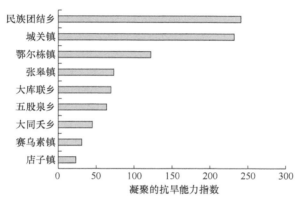

图 3.45　兴和各乡镇农业旱灾风险防范能力

根据 IRG-AD-C 模型计算结果，可以得到各乡镇政府能从农户处凝聚到的抗旱能力最大值。各乡镇中民族团结乡的农户与乡镇政府的凝聚力最高，因此政府能够凝聚的抗旱资源和力量多，农业旱灾风险防范能力较强，综合能力在 250 左右；城关镇紧随其后，与其他乡镇在农业旱灾风险防范能力上拉开较大差距，是其他乡镇农业旱灾风险防范能力的 2倍以上。鄂尔栋镇由于农户与乡镇政府的凝聚力均值也相对较高，因此鄂尔栋镇农业旱灾风险防范能力也明显高于其他乡镇。张皋镇、大库联乡和五股泉乡各乡镇的农业旱灾风险防范能力较为相近，得分在 60～70。而大同夭乡、赛乌素镇和店子镇的得分较低，属于第四梯队，农业旱灾风险防范能力得分在 50 以下。

2. 农业旱灾风险防范能力的验证

1）基于调查数据的验证

由于凝聚力包含农户和乡镇政府两类主体，其中农户应对旱灾能力是一种客观量，可通过相关指标的计算进行度量。而农户和乡镇政府在抗旱过程中的一致性与抗旱的联系度并非一种实际物质量，其涉及两类主体的认识和评价等意识层面的差异。这种差异很难在现有数据的基础上加以验证或测量，也没有相关统计数据能够反映两类主体的意识差异，因此本章仅能对 IRG-AD-C 模型中农户应对旱灾能力这一部分进行验证。本书在行政村尺度上通过基于调查数据计算得到的农户旱灾相对损失与 IRG-AD-C 模型中农户应对旱灾能力的计算结果进行对比，以验证模型部分计算结果的准确性。在调研过程中，本章设置了开放问题，调查农户旱灾损失情况。通过式（3.37）计算农户农业旱灾相对损失，结果如图 3.46 所示。

$$L_0 = \frac{L}{M_a} \tag{3.37}$$

式中，L_0 为农户农业旱灾相对损失；L 为通过调查得到的农户旱灾总损失；M_a 为农户家庭农业收入。

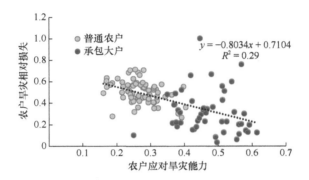

图 3.46 兴和农户应对旱灾能力与旱灾相对损失

图中的点表示每个调查采样点行政村的农户应对旱灾均值和旱灾相对损失均值。深色点表示承包大户，浅色点表示普通农户。两者明显呈负相关性，拟合优度 R^2 约为 0.29

对比基于调查数据得到的农户旱灾相对损失和 IRG-AD-C 模型中农户应对旱灾能力，如图 3.46 所示。可以看出，两者呈负相关关系，即应对旱灾能力越大时，农户旱灾相对损失可能越小。其拟合优度 R^2 达到 0.29。两者的相关系数为−0.54，在 0.01 水平下显著相关。可见，模型中 F-CC 函数计算相对准确，可以在一定程度上表达农户应对旱灾能力的大小，该能力与农户旱灾相对损失呈明显负相关。

2）基于统计数据的验证

如前文所述，目前暂无相关统计数据能够完全验证 IRG-AD-C 模型。但可以通过统计数据，计算各乡镇总体状态，与基于 IRG-AD-C 模型计算得到的各乡镇农业旱灾综合灾害风险防范能力做对比验证。本章则基于《兴和县统计年鉴》数据，利用因子分析计算各乡镇的综合得分，与前文 IRG-AD-C 计算得到的各乡镇农业旱灾风险防范能力进行对比。因子分析是将多个原始变量分解为由公共因子线性组合组成的变量，公共因子表达了相关指标背后共同的驱动力，通过少数公共因子代表了原始指标，以达到降维的效果。还可以根据各因子的方差贡献率计算综合得分。在灾害研究领域，已有研究者利用因子分析计算社会综合脆弱性，用于表达区域脆弱性整体状态（Cutter et al，2000；Chen，2013）。本章也通过因子分析计算兴和农业旱灾风险防范能力的整体状态。根据《兴和县统计年鉴》数据，选取与农业和社会发展相关的指标（表 3.10）。指标共包含农业人口、经济水平、水利工程建设、农业服务发展、农业规模化生产水平、信息传播与覆盖水平以及社会福利 7 类，共 13 个指标。

表 3.10　兴和农业抗旱水平指标体系

指标类型	指标编号	具体指标
农业人口	1	常住人口数/人
	2	农业户籍人口比例/%
	3	第一产业从业人员/人
经济水平	4	乡镇资产总额/万元
水利工程建设	5	有效灌溉面积比例/%
	6	自来水覆盖率/%
农业服务组织	7	农业技术服务机构从业人员数/人
农业规模化生产水平	8	农业生产合作社成员数/户
	9	土地流转面积比例/%
信息传播与覆盖	10	有线电视覆盖率/%
	11	网络宽带覆盖率/%
社会福利	12	农村养老保险覆盖率/%
	13	农村医疗保险覆盖率/%

通过因子分析从 13 个指标中提取公因子,采用最常见的最大方差法,进行因子旋转,共提取出 4 个公因子,4 个公因子能够解释原指标体系中 91.6%的总方差。因此,可以用 4 个公因子代替原指标体系。第一主因子能够解释总方差的 41.52%,其包含 6 个指标(表 3.11)。

表 3.11　各公因子的驱动因子

公因子	驱动因子个数	驱动因子
1	6	常住人口数(0.987)、农业户籍人口比例(−0.956)、第一产业从业人员(0.977)、农业技术服务机构从业人员数(0.792)、网络宽带覆盖率(0.908)、农村医疗保险覆盖率(−0.689)
2	4	农业技术服务机构从业人员数(0.550)、农业生产合作社成员数(0.617)、农村养老保险覆盖率(0.938)、农村医疗保险覆盖率(0.540)
3	3	有效灌溉面积比例(0.959)、农业生产合作社成员数(0.639)、土地流转面积比例(0.930)
4	3	乡镇资产总额(0.827)、自来水覆盖率(−0.706)、有线电视覆盖率(0.694)

其中,第一产业从业人员和常住人口数是主要驱动因子,第一产业从业人员、常住人口数、农业技术服务机构从业人员数、网络宽带覆盖率 4 个指标与第一因子呈明显的正相关关系,而农业户籍人口比例、农村医疗保险覆盖率与该因子呈负相关关系。第二主因子能够解释总方差的 18.37%,主要由 4 个指标构成(表 3.11),包括农业技术服务机构从业人员数、农业生产合作社成员数、农村养老保险覆盖率、农村医疗保险覆盖率,这些指标与该因子均呈正相关关系。其中,农村养老保险覆盖率对该因子影响最高,为主要驱动因子。第三主因子能够解释总方差的 17.40%,主要由 3 个指标构成(表 3.11),各指标与该因子也均呈正相关关系,包括有效灌溉面积比例、农业生产合作社成员数、土地流转面积比例。其中,有效灌溉面积比例和土地流转面积比例对该因子影响最大,为主要驱动因子。第四主因子能够解释总方差的 14.32%,主要由 3 个指标构成(表 3.11),其中乡镇资产总额、有

线电视覆盖率与该因子呈正相关关系，而自来水覆盖率则与该因子呈负相关关系。乡镇资产总额与该因子相关性最大，为主要驱动因子。

按照常见的方法，将各因子的方差贡献率作为权重，可计算得到各乡镇的综合得分，与前文计算得到的各乡镇农业旱灾风险防范能力进行相关性分析，结果见表 3.12。基于统计数据计算得到的各乡镇综合得分与基于模型计算得到的各乡镇农业旱灾风险防范能力相关性较高，两者 Pearson 相关系数可达到 0.823，在 0.01 水平下显著。两者的 Spearman 相关系数达到 0.733，在 0.05 水平下显著。

表 3.12　兴和各乡镇综合得分与旱灾综合灾害风险防范能力的相关性

相关性	相关系数	显著性水平（sig.双侧）
Pearson 相关性	0.823	0.006（< 0.01）
Kendall 相关性	0.556	0.037（<0.05）
Spearman 相关性	0.733	0.025（<0.05）

虽然目前无相关统计数据能够表达本书基于 IRG-AD-C 模型计算得到的农业旱灾风险防范能力，但通过统计数据，运用因子分析计算得到的综合得分可以与本书的各乡镇农业旱灾风险防范能力进行相互验证。验证结果表明，基于 IRG-AD-C 模型计算得到的各乡镇农业旱灾风险防范能力能够在一定程度上表达区域的整体状态，模型构建相对准确。

3.5.4　基于"凝聚–救助"模式的旱灾打击情景模拟

为了探究凝聚力应对农业旱灾打击的作用，本章模拟在不同的旱灾强度打击下，政府凝聚抗旱资源，救助受灾人口的过程，即"凝聚–救助"模式。旱灾打击下的"凝聚–救助"模式如图 3.47 所示。

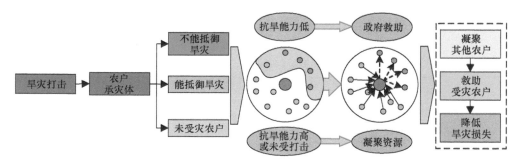

图 3.47　雨养农业旱灾打击下的"凝聚–救助"模式示意图

为了与农户抗旱能力一致，本章设定农业旱灾致灾强度与农户抗旱能力相对应，取值范围为[0, 1]。因此，假设各乡镇政府与该地区农户构成一封闭系统，系统与外部之间无资源和能量交换。在某次 H_i 强度的打击下，农户通过自身应对农业旱灾能力进行抵御，当农户应对农业旱灾能力大于致灾强度 H_i 时，表示农户能够完全凭借自身能力抵御农业旱灾，当农户应对农业旱灾能力小于 H_i 时，则农户遭受农业旱灾的打击，需要政府救助。假设政府救助是在封闭系统内部凝聚其他抗旱资源，并将其转移给受灾群众的过程，即政府通过凝聚力汇聚抗旱能力，并分配给受灾农户，以协助其抵御农业旱灾。在实际过程中，其可能表现为政府通过调用水泵、抗旱设备、劳动力等，协助受灾群众抵御农业旱灾。

根据 IRG-AD-C 模型，政府所能凝聚到的农业抗旱资源可以通过式（3.38）计算得到。SC 表示政府能够凝聚到的抗旱资源总量，n 表示未遭受旱灾打击的农户数量，C_i 表示第 i 个未遭受旱灾打击且与乡镇政府抗旱一致性为正值的农户的凝聚度，m 表示遭受旱灾打击，但通过自身抗旱能力足以抵御旱灾的农户数量，H 表示旱灾的致灾强度。

$$\mathrm{SC} = \sum_{i=1}^{n} C_i + \sum_{j=1}^{m} \left[f\left(\mathrm{F-CC}\right) - H \right] \times f\left(\mathrm{F-G-CD}\right) \times f\left(\mathrm{F-G-CE}\right) \qquad (3.38)$$

政府通过凝聚其他资源，救助受灾群众，对于受灾群众 i 来说，政府通过凝聚转移给 i 的抗旱资源量可通过式（3.39）计算得到：

$$F_i = \frac{\left[H - f\left(\mathrm{F-CC}\right) \right] \times \left\{ 1 + \left[1 - f\left(\mathrm{F-G-CD}\right) \right] \right\}}{f\left(\mathrm{F-G-CE}\right)} \qquad (3.39)$$

式中，F_i 为政府需要对第 i 个受灾农户的能力输出，以抵御旱灾；H 为旱灾的强度，本书假设当农户与乡镇政府抗旱一致性为最高值 1 时，政府需转移的能量最少；$1-f$（F–G–CD）为农户与乡镇政府抗旱一致性同最优情况的差距，$1+[1-f$（F–G–CD）]表示农户与乡镇政府抗旱一致性较差时，政府救助该农户需要提供的能量倍数。

在一次旱灾打击下，假设政府能够充分利用所凝聚的抗旱资源救助受灾群众，则对于一个区域政府而言，所能救助的受灾农户比例 PS 可通过式（3.40）计算得到：

$$\mathrm{PS} = \frac{s}{l} \qquad (3.40)$$

式中，s 为在"凝聚–救助"模式下政府所能救助的受灾农户总数；l 为遭受旱灾打击的且应对旱灾能力不足以抵御旱灾的农户总数。式中 s 应满足式（3.41）中的约束条件。

$$\mathrm{SC} - \sum_{i=1}^{s} F_i \geqslant 0 \qquad (3.41)$$

本章中在"凝聚–救助"模式下，设置了全范围打击和区域范围打击两个情景，全范围打击则是指整个兴和发生同样等级的旱灾，区域范围打击是设定不同的打击范围，对不同乡镇进行旱灾打击模拟。

1. 全范围打击模拟

全范围打击是设定同样的旱灾强度，对整个兴和所有农户进行旱灾打击模拟，当农户的应对旱灾能力高于旱灾强度时，则农户可通过自身能力抵御旱灾。当农户应对旱灾能力低于旱灾强度时，则农户需要政府的救助。在此情景下，模拟不同旱灾强度对兴和的旱灾打击。

不同乡镇在"凝聚–救助"模式下，在不同强度的旱灾打击情景下，能够救助的受灾农户比例如图 3.48 所示。在"凝聚–救助"模式下，各乡镇可救助的农户比例随旱灾强度的增大呈"S"形的下降趋势。随着旱灾强度的增大，赛乌素镇率先出现了一定比例的农户无法被救助的情况，该乡镇农户与乡镇政府的凝聚力较低，遭受旱灾打击后政府能够凝聚的抗旱资源较少，导致部分应对旱灾能力较弱的农户遭受损失，而出现无法被救助的情况。当致灾强度达到 0.1 时，部分凝聚力较差的乡镇开始出现一定的受灾农户无法被救助的情况，其中店子镇政府在"凝聚–救助"模式下，仅能够救助约 55%的受灾农户，为全县最低。随着旱灾强度超过 0.1，大同夭乡开始出现大幅下降，并在旱灾强度达到 0.16 左右时，损失农户数超过赛乌素镇，在该强度下大同夭乡通过"凝聚–救助"仅能够帮助 20%的受灾农户。

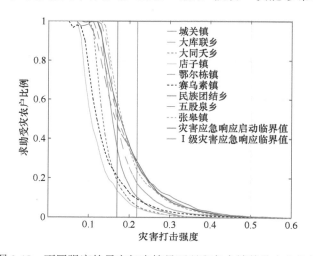

图 3.48　不同强度的旱灾打击情景下兴和各乡镇救助农户比例

　　根据 2016 年颁布的中国《国家自然灾害救助应急预案》，将自然灾害的应急响应分为 4 级，其中明确了不同比例的农户遭受灾害时启动的应急响应等级。各地区根据国家应急预案制定当地的灾害应急响应预案，在兴和，当旱灾强度达到 0.17 时，该区域内受灾人口将达到 15%，若内蒙古其他区域也遭受同样的损失，则符合国家Ⅳ级灾害应急响应标准。在该情况下，兴和大部分乡镇通过"凝聚–救助"，仍有一定比例的农户无法被救助的情况。其中，张皋镇由于农户平均应对旱灾能力较强，受灾农户数量较少，因此该乡镇政府凝聚资源救助农户比例在 60%左右，民族团结乡由于凝聚力较高，也处于全县较高水平。而店子镇通过"凝聚–救助"模式，仅能帮助不足 15%的受灾农户。当致灾强度达到 0.22 时，兴和受灾农户数达到农户总数的 30%，满足Ⅰ级灾害应急响应的启动标准。在该情景下，大部分乡镇的损失农户数出现大幅增加，情况最好的民族团结乡，在"凝聚–救助"模式下也仅能帮助 30%左右的受灾农户，其他 70%的农户则面临旱灾损失。而店子镇的情况为全县最差，能救助的受灾农户不超过 5%。

　　本章用不同旱灾强度下农户救助比例曲线的积分表示该乡镇在"凝聚–救助"模式下抵御旱灾打击的能力，并与前文中计算得到的各乡镇农业旱灾风险防范能力进行对比。两组数据的 Spearman 相关系数为 0.70，在 0.05 水平下显著相关，表明在"凝聚–救助"模式下，各乡镇农业旱灾风险防范能力与抵御旱灾打击能力有较好的相关性，也即提高各乡镇凝聚力对于抵御农业旱灾打击具有积极的作用。

2. 区域范围打击模拟

除进行兴和全范围的旱灾打击模拟外，本章还对不同乡镇不同范围进行了旱灾打击模拟。旱灾打击范围由低到高分别设定为各乡镇农户总数的 5%、10%、20%、40%、60% 和 80%。在不同的旱灾强度以及不同的旱灾打击范围下模拟各乡镇遭受旱灾随机打击 100 次，观测各乡镇在"凝聚–救助"模式下救助农户比例。

在旱灾强度达到 0.1 左右时，城关镇的农户开始出现无法抵御旱灾的情况，随着致灾强度的增加，受灾农户比例也逐渐增大，至致灾强度达到 0.4 左右时，遭受旱灾影响的农户几乎无法抵御旱灾打击，农户损失比例达到 100%（图 3.49）。

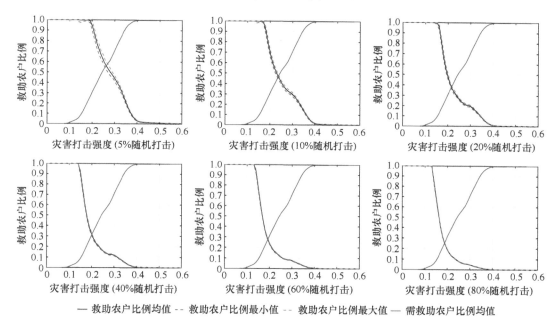

图 3.49　兴和城关镇不同旱灾打击范围下政府救助农户比例曲线

在 5% 打击范围的情景下，致灾强度达到 0.2 时，虽然需救助农户比例已达到受灾农户的 30%，但城关镇依然可以在"凝聚–救助"模式下，通过凝聚其他资源 100% 地救助受灾农户。在该情景下，救助农户比例最大值和最小值之差在[0, 0.03]范围内波动，在旱灾强度达到 0.14 时，循环模拟下，最大值和最小值差异最大。随着打击范围的增大，整体不确定性趋于减少，至 80% 打击范围时与平均状态几乎一致。随着打击范围的增大，救助农户比例曲线整体向左移动，城关镇 100% 救助农户的致灾强度临界值从 0.2 减少至 0.13 左右。

旱灾强度超过 0.1，大库联乡的农户同样出现无法抵御农业旱灾的情况，随着致灾强度的增加，无法抵御旱灾的农户比例呈"S"形增大的趋势，但由于该乡镇农户应对旱灾能力相对较强，因此至致灾强度达到 0.6 时才出现遭受旱灾影响的农户 100% 无法抵御旱灾的情况，随着致灾强度的增加，需救助农户占受旱灾影响农户比例的变化曲线差异不大（图 3.50）。

在 5%随机打击的情景下，致灾强度达到 0.14 时，大库联乡依然可以在"凝聚–救助"模式下，通过凝聚其他资源 100%地救助受灾农户。随着旱灾强度进一步增大，开始出现部分农户无法被救助的情况。在 5%打击范围情景下，救助农户比例最大值和最小值在[0，0.19]范围内波动，在旱灾强度达到 0.24 时，循环模拟下，最大值和最小值差异最大。随着打击范围的增大，整体不确定性趋于减少。随着打击范围的增大，救助农户比例曲线整体向左移动但不显著，大库联乡 100%救助农户的致灾强度临界值从 0.14 减少至 0.13 左右。但曲线的线型变化明显，在打击范围为 80%的情景下，旱灾强度达到 0.2 时，可救助农户比例已减少至 0.25 左右，整体呈"L"形曲线下降。

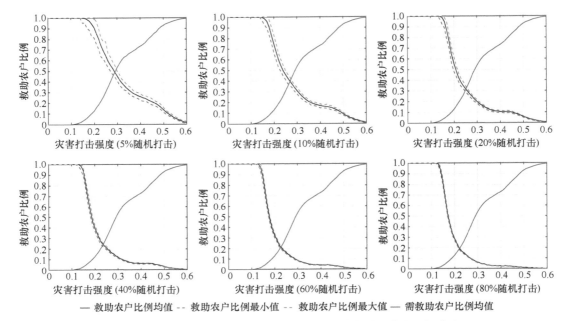

图 3.50 兴和大库联乡不同旱灾打击范围下政府救助农户比例曲线

旱灾强度超过 0.08 时大同夭乡的农户即出现了无法抵御旱灾的情况，随着致灾强度的增加，至旱灾强度达到 0.42 左右时遭受旱灾影响的农户 100%无法抵御旱灾，表明该区域农户整体抵御旱灾能力偏低。随着致灾强度的增加，需救助农户占受旱灾影响农户比例的变化曲线差异不大（图 3.51）。

在 5%打击范围的情景下，致灾强度达到 0.12 时，大同夭乡依然可以在"凝聚–救助"模式下，通过凝聚其他资源 100%地救助受灾农户。随着致灾强度进一步增大，开始出现部分农户无法被救助的情况。在 5%打击范围的情景下，救助农户比例最大值和最小值之差在[0，0.21]范围内波动，在旱灾强度达到 0.18 时，循环模拟下，最大值和最小值差异最大。随着打击范围的增大，整体不确定性趋于减少，救助农户比例曲线整体向左移动但不显著，大同夭乡 100%救助农户的致灾强度临界值从 0.12 减少至 0.11 左右。曲线的线型明显向下弯曲，整体呈"L"形曲线下降。在打击范围为 80%的情景下，旱灾强度达到 0.2 时，可救助农户比例已减少至 0.1 左右。

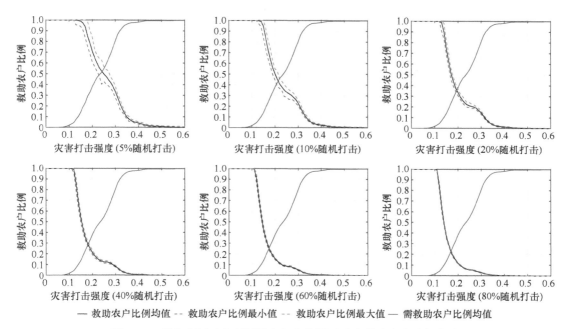

　—— 救助农户比例均值 -- 救助农户比例最小值 -- 救助农户比例最大值 —— 需救助农户比例均值

图 3.51　兴和大同夭乡不同旱灾打击范围下政府救助农户比例曲线

旱灾强度超过 0.03 时店子镇的农户即出现了无法抵御旱灾的情况，由于该区域农户整体抵御旱灾能力偏低，随着致灾强度的增加，至旱灾强度达到 0.45 时已经开始出现遭受旱灾影响的农户 100%无法抵御旱灾的情况。随旱灾强度增加，需救助农户占受旱灾影响农户比例的变化曲线差异不大（图 3.52）。

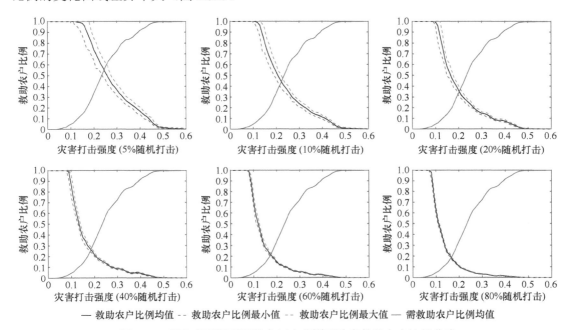

　—— 救助农户比例均值 -- 救助农户比例最小值 -- 救助农户比例最大值 —— 需救助农户比例均值

图 3.52　兴和店子镇不同旱灾打击范围下政府救助农户比例曲线

在5%打击范围的情景下，致灾强度达到0.11时，店子镇可以在"凝聚–救助"模式下，通过凝聚其他资源100%地救助受灾农户。但农业旱灾强度进一步增大后，出现部分农户无法被救助。在5%打击范围的情景下，救助农户比例最大值和最小值之差在[0，0.27]范围内波动，在旱灾强度达到0.18时，循环模拟下，最大值和最小值差异最大。随着打击范围的增大，整体不确定性趋于减少，同时救助农户比例曲线整体向左移动，店子镇100%救助农户的致灾强度临界值从0.11减少至0.07。超过农业旱灾强度0.07后，政府在"凝聚–救助"模式下，可救助农户比例迅速下降。至致灾强度达到0.2时，在不同打击范围情景下，可救助农户比例在0.13～0.75变化。

鄂尔栋镇的农户也在致灾强度较小时即开始出现无法抵御旱灾的情况，随着旱灾强度的增加，致灾强度达到0.2时，约有0.2的受灾农户需要政府救助。由于该乡镇农户应对旱灾能力相对较强，因此在致灾强度达到0.6时，才开始出现受旱灾影响的农户100%无法抵御旱灾的情况（图3.53）。

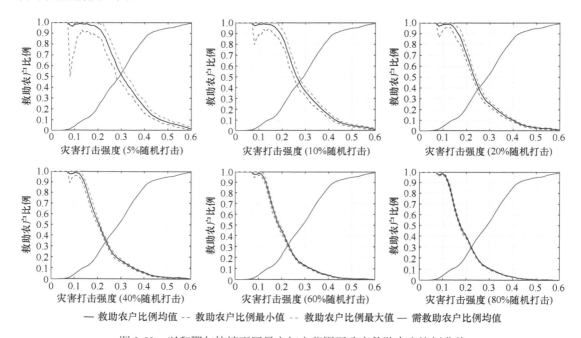

图3.53　兴和鄂尔栋镇不同旱灾打击范围下政府救助农户比例曲线

在"凝聚–救助"模式下，救助农户比例的最大值和最小值差异随着打击范围的增大而逐渐减少。在5%打击范围的情景下，救助农户比例的不确定性最大。当致灾强度小于0.07时，鄂尔栋镇在"凝聚–救助"模式下，可以通过凝聚其他资源100%地救助受灾农户。但随着致灾强度进一步增大，农户无法被救助的比例逐渐增大。当旱灾强度达到0.08时，循环模拟下，最大值和最小值差异最大。随着农业致灾强度的增加，曲线的线型明显向下弯曲，呈"L"形曲线下降。旱灾强度达到0.2时，不同打击范围下可救助农户比例在39.8%～95.3%波动。

赛乌素镇的农户同样也在致灾强度小于 0.1 时开始出现无法抵御旱灾的情况，随着旱灾强度增加，受灾农户比例呈"S"形增加趋势。在致灾强度达到 0.6 时，赛乌素镇农户约有 0.98 的农户无法抵御旱灾的情况（图 3.54）。

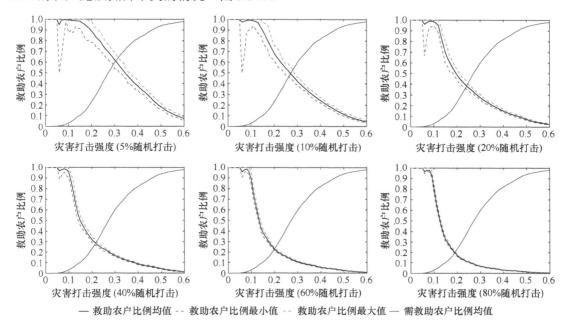

— 救助农户比例均值 -- 救助农户比例最小值 ···· 救助农户比例最大值 — 需救助农户比例均值

图 3.54　兴和赛乌素镇不同旱灾打击范围下政府救助农户比例曲线

救助农户比例的取值范围随着打击范围的增大而逐渐减少。在 5%打击范围的情景下，救助农户比例的不确定性最大。当致灾强度达到 0.06 时，救助农户比例最大值和最小值差异巨大，达到 0.5。当致灾强度小于 0.05 时，赛乌素在"凝聚–救助"模式下，可以通过凝聚其他资源 100%地救助受灾农户。但随着致灾强度进一步增大，农户无法被救助的比例逐渐增大。但相较于其他乡镇，赛乌素镇在旱灾强度达到 0.6 时，依然可以通过"凝聚–救助"帮助 7%以上的受灾群众。

旱灾强度超过 0.02 时民族团结乡的农户即出现了无法抵御旱灾的情况，随着致灾强度的增加，需救助农户比例呈"S"形增长的趋势。旱灾强度达到 0.57 时开始出现遭受旱灾影响的农户 100%无法抵御旱灾的情况。随着旱灾打击范围的扩大，在不同打击范围下需救助农户占受旱灾影响农户比例的变化曲线差异不大（图 3.55）。

得益于民族团结乡农户与政府有较好的凝聚力，虽然致灾强度超过 0.02 后已经开始出现农户损失，但政府在"凝聚–救助"模式下，致灾强度最高达到 0.22 时依然存在 100%救助受灾农户的情况。随着致灾强度进一步增大，开始出现部分农户无法被救助的情况。在 5%打击范围下，救助农户比例最大值和最小值之差在[0, 0.17]范围内波动，在旱灾强度达到 0.09 时，循环模拟下，最大值和最小值差异最大。随着打击范围的增大，整体不确定性趋于减少，旱灾强度达到 0.15 以后，可救助农户比例迅速下降，至旱灾强度达到 0.4，政府通过凝聚资源救助农户的比例已减少至 0.05~0.20。

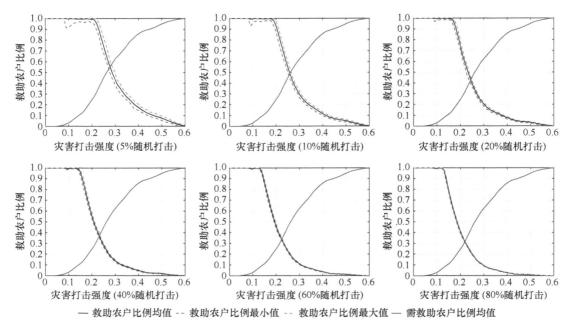

图 3.55　兴和民族团结乡不同旱灾打击范围下政府救助农户比例曲线

随着致灾强度的增加，五股泉乡需救助农户比例呈"S"形增长的趋势（图 3.56）。旱灾打击范围的增大，对需救助农户占受旱灾影响农户比例变化曲线的影响不大。旱灾强度超过 0.15 后，需救助的农户比例迅速上升，至致灾强度达到 0.45，上升幅度开始减缓。在 5%

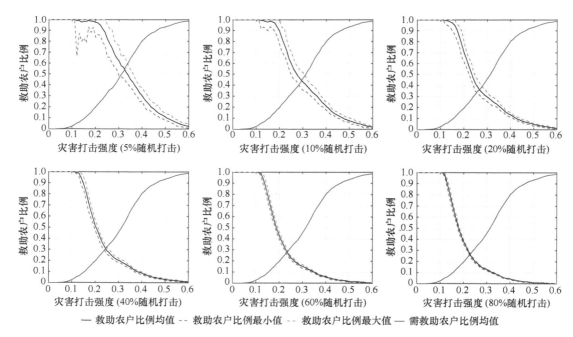

图 3.56　兴和五股泉乡不同旱灾打击范围下政府救助农户比例曲线

旱灾打击范围下，旱灾强度低于 0.11 时，五股泉乡依然可以在"凝聚–救助"模式下，100%救助受灾农户。但随着致灾强度进一步增大，救助农户比例的不确定性开始增加，至致灾强度达到 0.28 时，救助农户比例的最大值最小值差异可达到 0.33，旱灾强度进一步增大，则不确定性开始减少。随着打击范围的增大，救助农户比例曲线逐渐呈"J"形下降的趋势。在 80%打击范围情景下，旱灾其强度超过 0.1 后，救助的农户比例开始迅速下降。至旱灾强度达到 0.4，政府通过凝聚资源救助农户的比例已减少至 5%左右。

张皋镇农户随着旱灾强度的增加，需救助的比例也呈"S"形增长的趋势。旱灾打击范围的扩大，对需救助农户占受旱灾影响农户比例变化曲线的影响不大。至致灾强度超过 0.4 以后，上升幅度相较于之前明显减缓（图 3.57）。虽然张皋镇农户与政府的凝聚力一般，但张皋镇农户本身应对旱灾能力较强，因此在较小强度的旱灾打击下，农户凭借自身可以抵御旱灾，而不需要政府的帮助。在 5%旱灾打击范围下，旱灾强度低于 0.21 时，张皋镇政府依然可以在"凝聚–救助"模式下，100%救助受灾农户。随着致灾强度进一步增大，救助农户比例开始下降。至致灾强度达到 0.27 时，救助农户比例的不确定性达到最大。随着打击范围的增大，救助农户比例曲线逐渐呈"J"形下降的趋势。在 80%打击范围情景下，旱灾强度超过 0.13 后，救助农户比例开始下降。至旱灾强度达到 0.4，政府通过凝聚资源救助农户的比例已减少至 3.9%左右。

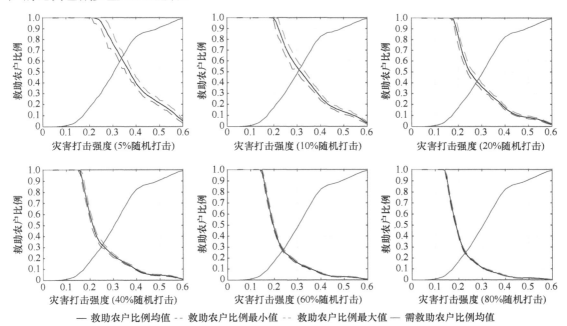

图 3.57　兴和张皋镇不同旱灾打击范围下政府救助农户比例曲线

3.5.5　粮转饲和土地流转情景下的凝聚力变化

兴和属于中国北方农牧交错区，是农业生产类型的过渡地带，相对较少且波动的降水量使得该地区农业种植受制约，但可以满足牧草生长。因此，当地农户除日常进行农业生产外，还发展畜牧业，形成半农半牧的状态。

根据该特点，本书按照农户主要收入来源的不同（该项收入占农户家庭农业总收入 50% 以上），将普通农户分为以种植收入为主的普通农户和以畜牧收入为主的普通农户两类。表 3.13 对比了不同类型的普通农户以及承包大户的凝聚度及其相关要素。

表 3.13　兴和不同类型农户凝聚度各要素差异

农户类型	样本数量	比例/%	抗旱能力	综合抗旱一致性	联系度	平均凝聚度	家庭平均收入/元
以种植收入为主的普通农户	431	67.77	0.27	−0.30	0.38	−0.03	21585.16
以畜牧收入为主的普通农户	120	18.87	0.27	−0.22	0.41	−0.01	35813.46
承包大户	85	13.36	0.47	0.02	0.43	0.01	811503.25

根据本章的调查数据，以种植收入为主的普通农户占样本数量的 67.77%，而以畜牧收入为主的普通农户占样本数量的 18.87%。对比不同农户凝聚力及其相关要素的差异可以看出，承包大户与政府抗旱一致性高于普通农户，联系度也较高，平均凝聚度为 0.01。普通农户中，以畜牧收入为主的普通农户虽然在抗旱能力方面与以种植收入为主的普通农户相等，但在与政府抗旱一致性以及与政府的联系度方面，以畜牧收入为主的普通农户明显高于以种植收入为主的普通农户。两类农户凝聚度均值均小于 0，但以畜牧收入为主的普通农户的平均凝聚度高于以种植收入为主的普通农户。从家庭平均收入水平来看，承包大户的家庭平均收入明显高于普通农户，是其 20～30 倍。以畜牧收入为主的普通农户的家庭平均收入要高于以种植收入为主的普通农户，是其 1.66 倍。

土地流转在当地较为普遍，部分普通农户的土地向承包大户集中，这便于农业的集约化生产与管理，可有效地提升当地农业规模化生产水平。同时，由于农村劳动力老龄化严重，土地流转也有利于缓解部分地区土地无人耕种的状况（Ye，2015；Zhang et al.，2017），使得当地农户可以获得额外的收入，对于区域农业发展具有积极作用。此外，承包大户的总体管理有利于降低农业生产不确定性，提高风险抵御能力。

从提高农户家庭收入上来看，在兴和地区，以畜牧收入为主的普通农户类型显然要优于以种植收入为主的普通农户类型。促进以种植收入为主的普通农户向以畜牧收入为主的普通农户转变（粮转饲），有利于提高当地普通农户的家庭收入水平。

此外，从综合灾害风险防范的角度来说，粮转饲是否有利于农户抵御旱灾，本书做了进一步分析，将农户种植作物转变成种植青贮作物的面积比例与家庭农业旱灾相对损失的关系进行对比（图 3.58），发现随着粮转饲转移面积比例的增大，农户旱灾相对损失呈指数型下降趋势。农户每将 10% 的种植面积改种青贮作物并用于饲养牲畜，其农业旱灾相对损失则下降 23.5%。农牲畜对农户来说不仅是一种收入来源，同时它也可以为农户提供牲畜力、运输能力以及肥料等。对于半干旱地区的农户，饲养小型反刍类动物并适当地整合作物种植和牲畜饲养是一种有效的生计方式。在干旱频繁发生的地区，单一依赖牲畜维持生计和单一依赖作物种植维持生计对农户均较为不利，农户适当地采用农牧业（农作物种植和牲畜养殖相结合的方式）有助于提高其适应能力，使其更好地适应气候变化（Mortimore and Adams，2011；Zougmoré et al.，2016）。可见，鼓励农户将部分土地用于种植青贮作物，并从依赖种植业收入转变为依赖畜牧业收入，可使农户自身对旱灾的抵抗能力有一定提高，旱灾损失得到一定程度的减少。

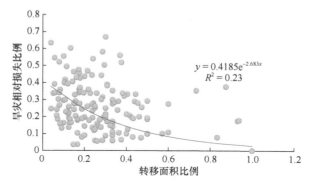

$$y = 0.4185e^{-2.683x}$$
$$R^2 = 0.23$$

图 3.58　兴和粮转饲面积比例与农业旱灾相对损失的关系

本章将粮转饲定义为农户将部分耕地用于种植青贮作物并饲养牲畜。图中每个点代表发生粮转饲农户的青贮作物种植面积比例（也即粮转饲面积比例）和农业旱灾相对损失。随着粮转饲面积比例增大，农业旱灾相对损失呈指数型下降的趋势，$R^2 = 0.23$

综上，我们可知提高承包大户的比例，推动普通农户的土地向承包大户转移（土地流转）可能有利于提高当地对应旱灾能力，同时鼓励以种植为主的农户粮转饲，降低当地农户对种植业的依赖程度，可能有利于降低农户旱灾损失。

在此基础上，本节通过设定土地流转情景（LTB）和粮转饲情景（GTF），对 IRG-AD-C 模型进行模拟，分析 LTB 情景和 GTF 情景以及双情景变化下区域综合旱灾风险防范凝聚力水平的变化，探究各情景对凝聚力及风险防范水平的影响程度。

1. 土地流转情景下凝聚力变化

本章中土地流转是指普通农户将平整的、耕种条件较好的土地转移给承包大户，获取租金收入。不同数量的农户转移一定比例的土地面积（PoT）会对普通农户本身和承包大户的平均凝聚度造成影响。因此，假设其他条件不变，从乡镇普通农户处转移出的土地面积可以平均分配给乡镇的承包大户。计算发生土地流转的农户比例（PoPH）为 0～1，土地流转面积比例（PoT）在 0.1～0.8 情景下承包大户和普通农户的平均凝聚度变化，循环模拟 100 次，得到图 3.59 和图 3.60。随着 PoPH 和 PoT 的增加，承包大户的平均凝聚度呈增加的趋势，但增加的幅度逐渐减小。总体来看，承包大户的平均凝聚度增加幅度在 0～4%，变化幅度相对较小。而随着 PoPH 和 PoT 的增加，普通农户的平均凝聚度则有微弱减少，但减少的幅度也越来越小，总体上在 –0.86%～0 变化。由于普通农户将资源转移出去，因此凝聚力有轻微的下降，但下降幅度很小，远小于承包大户平均凝聚度增加的幅度。

2. 粮转饲情景下凝聚力变化

本章中粮转饲是指普通农户将种植粮食作物的部分耕地用来种植青贮作物，并饲养牲畜而获取收入。随着农户粮转饲的过程，农户收入发生改变，农户的单位面积适宜度和单位面积收入发生变化，因而影响其凝聚度变化，在此情景下普通农户没有与承包大户发生

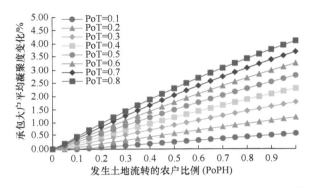

图 3.59　兴和普通农户发生土地流转对承包大户平均凝聚度的影响

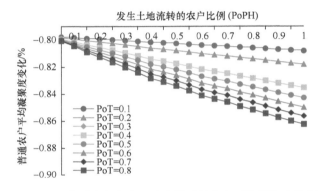

图 3.60　兴和普通农户发生土地流转对其自身平均凝聚度的影响

资源的流动和转移。假设其他条件不变，农户一旦将粮食种植的部分土地改种青贮作物即认为发生的粮转饲过程。计算发生粮转饲的农户比例（PoPL）为 0～1，粮转饲的面积比例（PoC）在 0.1～0.8 情景下普通农户的平均凝聚度变化，循环模拟 100 次，得到图 3.61。

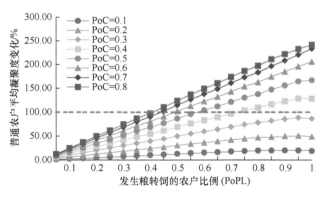

图 3.61　兴和普通农户粮转饲对其平均凝聚度的影响

可以看出，随着 PoPL 和 PoC 的增加普通农户平均凝聚度也呈增加的趋势，但变化的幅度也同样逐渐减小。相较于土地流转情景下的农户平均凝聚度变化，粮转饲情景下农户的平均凝聚度增长巨大，变化范围为 0～241.29%，即平均凝聚度增加了两倍以上。当前兴和普通农户平均凝聚度为−0.024，在情景模拟下的凝聚度最大可以达到 0.08。

当农户平均凝聚度超过 100%时，全乡镇平均凝聚度发生质的变化，由原来的负值变为正值。当前状态下，根据调查数据可以计算出有养殖牲畜的农户占样本总量的 59.71%，即约有六成的农户饲养牲畜，有粮转饲的条件和需求。假设在其他条件均不发生改变的情况下，有养殖牲畜的这部分农户只需将一半的耕地面积用于种植青贮作物以饲养牲畜即可使得整个乡镇农户平均凝聚度达到正值。

3. 土地流转和粮转饲双情景变化下凝聚力变化

在农业实际生产过程中，LTB 情景和 GTF 情景可能是同时发生的。我们进一步探究了在 LTB 和 GTF 双情景变化下兴和的凝聚力的变化。根据调查数据可知，约有 59.71%的普通农户可能存在粮转饲的需求和满足粮转饲的条件，假设这部分农户发生 GTF 情景，而没有饲养牲畜的农户不受 GTF 情景影响，但受 LTB 情景影响。判断不同土地流转的面积比例（PoT）和粮转饲的面积比例（PoC）的变化对乡镇农业旱灾综合风险防范凝聚力的影响（图 3.62）。

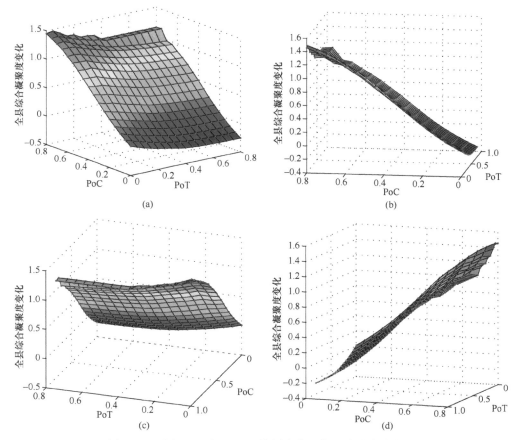

图 3.62　兴和 LTB 和 GTF 双情景变化下凝聚力的变化曲面

（a）、（b）、（c）和（d）分别表示不同视角下的凝聚力变化曲面，红色的点为凝聚力变化小于 0 的模拟点，也即凝聚力处于减小状态；绿色的点表示凝聚力处于增加状态；蓝色的点为凝聚力变化大于 1 的点，即区域凝聚力发生质的变化，可能由原来的负值转变为正值的状态

兴和总凝聚力由普通农户平均凝聚度和普通农户数量以及承包大户平均凝聚度和承包大户数量计算得到。随着 PoT 和 PoC 比例的增加，区域凝聚力呈"S"形上升。在 PoC 不变的情况下，调整 PoT 并不会增加整个区域的凝聚力，范围会微弱减少区域凝聚力。虽然调整 PoT 有助于承包大户的平均凝聚度显著提升，但当地普通农户的平均凝聚度有一定程度的下降，由于普通农户数量较多，可能造成区域凝聚力的微弱减少。在 PoT 不变的情况下，调整 PoC 可显著增加整个区域的凝聚力，当 PoC 达到 0.15 时，无论 PoT 如何变化，区域的凝聚力总是升高的，也即在当前状态下，不改变其他条件，仅促进有粮转饲条件和需求的农户将 15%的土地面积用于耕种青贮作物，则有助于整个区域旱灾凝聚力的提升。在当前状态下，PoC 达到 0.5 时，区域凝聚力可能由负值转变为正值，在该状态下，农户与政府在抗旱上能够更好地协同合作，大部分农户的抗旱资源可以被充分调动。

随着 PoT 和 PoC 的比例增加，区域凝聚力呈 S 形上升。在 PoC 不变的情况下，调整 PoT 并不会增加整个区域的凝聚力，反而会微弱减少区域凝聚力。虽然调整 PoT 有助于承包大户的平均凝聚度显著提升，但当地普通农户的平均凝聚度也有一定程度的下降，由于普通农户数量较多，可能造成区域凝聚力的微弱减少。

参 考 文 献

杜玲, 徐长春, 尹小刚, 等. 2017. 气候变化对河北低平原冬小麦需水量及水分生态适应性的影响. 中国农业大学学报, 22(12): 1~9

国家发展和改革委员会价格司. 2017. 全国农产品成本收益资料汇编 2017. 北京: 中国统计出版社

胡惠杰, 王猛, 尹小刚, 等. 2017. 气候变化下东北农作区大豆需水量时空变化特征分析. 中国农业大学学报, 22(2): 21~31

黄崇福, 刘新立, 周国贤, 等. 1998. 以历史灾情资料为依据的农业自然灾害风险评估方法. 自然灾害学报, (2): 1~9

孔箐锌, 张海林, 陈阜, 等. 2009. 基于 SIMETAW 模型的北京地区主要作物需水量估算. 中国农业大学学报, 14(5): 109~115

苏涛永, 李雪兵, 单志汶, 等. 2016. 外部联结, 知识共享有效性与团队创新绩效——来自汽车产业的实证研究. 科学学与科学技术管理, 37(7): 26~33

王家宝, 陈继祥. 2011. 关系嵌入, 学习能力与服务创新绩效: 基于多案例的探索性研究. 软科学, 1(25): 19~23

王晓娟. 2007. 知识网络与集群企业竞争优势研究. 杭州: 浙江大学博士学位论文

武志伟, 陈莹. 2007. 企业间关系质量的测度与绩效分析-基于近关系理论的研究. 预测, 26(2): 8~13

杨晓琳, 宋振伟, 王宏, 等. 2012. 黄淮海农作区冬小麦需水量时空变化特征及气候影响因素分析. 中国生态农业学报, 20(3): 356~362

张鹏程. 2010. 团队知识整合机制的实证研究. 科学学研究, 28(11): 1705~1716

Abugri S A, Amikuzuno J, Daadi E B. 2017. Looking out for a better mitigation strategy: smallholder farmers' willingness to pay for drought-index crop insurance premium in the Northern Region of Ghana. Agriculture & Food Security, 6(1): 71

Acosta M L, Espaldon V. 2008. Assessing vulnerability of selected farming communities in the Philippines based on a behavioural model of agent's adaptation to global environmental change. Global Environmental Change, 18(4): 554~563

Allen R G, Smith M, Perrier A, et al. 1994. An update for the definition of reference evapotranspiration. Icid Bulletin, 43(2): 1~34

Bhatasara S. 2018. Understanding adaptation to climate variability in smallholder farming systems in eastern Zimbabwe: a sociological perspective. Review of Agricultural Food & Environmental Studies, 99: 149~166

Cavatassi R, Lipper L, Narloch U. 2011. Modern variety adoption and risk management in drought prone areas: insights from the sorghum farmers of eastern Ethiopia. Agricultural Economics, 42(3): 279~292

Chen W, Cutter S L, Emrich C T, et al. 2013. Measuring social vulnerability to natural hazards in the Yangtze River Delta region, China. International Journal of Disaster Risk Science, 4(4): 169~181

Chongfu H. 1997. Principle of information diffusion. Fuzzy Sets and Systems, 91(1): 69~90

Cutter S L, Mitchell J T, Scott M S. 2000. Revealing the vulnerability of people and places: a case study of Georgetown County, South Carolina. Annals of the association of American Geographers, 90(4): 713~737

Deng H, Yeh C, Willis R J. 2000. Inter-company comparison using modified TOPSIS with objective weights. Computers & Operations Research, 27(10): 963~973

Deressa T T, Ringler C, Hassan R M. 2010. Factors Affecting the Choices of Coping Strategies for Climate Extremes: The Case of Farmers in the Nile Basin of Ethiopia. Washington D. C., USA: International Food Policy Research Institute(IFPRI) Discussion Paper, 1032

Fuchs S, Karagiorgos K, Kitikidou K, et al. 2017. Flood risk perception and adaptation capacity: a contribution to the socio-hydrology debate. Hydrology and Earth System Sciences, 21(6): 3183~3198

Huang C. 2002. An application of calculated fuzzy risk. Information Sciences, 142(1-4): 37~56

Johnson J L, Sohi R S, Grewal R. 2004. The role of relational knowledge stores in interfirm partnering. Journal of Marketing, 68(3): 21~36

Krömker D, Eierdanz F, Stolberg A. 2008. Who is susceptible and why? An agent-based approach to assessing vulnerability to drought. Regional Environmental Change, 8(4): 173~185

Leichenko R M, O'Brien K L. 2002. The dynamics of rural vulnerability to global change: the case of southern Africa. Mitigation and Adaptation Strategies for Global Change, 7(1): 1~18

Mortimore M J, Adams W M. 2011. Farmer adaptation, change and 'crisis' in the Sahel. Global Environmental Change, 11(1): 49~57

Pérez Nordtvedt L, Kedia B L, Datta D K, et al. 2008. Effectiveness and efficiency of cross-border knowledge transfer: an empirical examination. Journal of Management Studies, 45(4): 714~744

Saaty T L. 1990. How to make a decision: the analytic hierarchy process. European Journal of Operational Research, 48(1): 9~26

Shemshadi A, Shirazi H, Toreihi M, et al. 2011. A fuzzy VIKOR method for supplier selection based on entropy measure for objective weighting. Expert Systems with Applications, 38(10): 12160~12167

Wang M, Liao C, Yang S, et al. 2012. Are people willing to buy natural disaster insurance in China? Risk awareness, insurance acceptance, and willingness to pay. Risk Analysis: An International Journal, 32(10): 1717~1740

Xu D, Peng L, Liu S, et al. 2018. Influences of risk perception and sense of place on landslide disaster preparedness in southwestern China. International Journal of Disaster Risk Science, 9: 167~180

Ye J. 2015. Land transfer and the pursuit of agricultural modernization in China. Journal of Agrarian Change, 15(3): 314~337

Ye T, Wang M. 2013. Exploring risk attitude by a comparative experimental approach and its implication to disaster insurance practice in China. Journal of Risk Research, 16(7): 861~878

Zhang M, Zhang L, Zhang Y, et al. 2017. Pastureland transfer as a livelihood adaptation strategy for herdsmen: a case study of Xilingol, Inner Mongolia. The Rangeland Journal, 39(2): 179~187

Zougmoré R, Partey S, Ouédraogo M, et al. 2016. Toward climate-smart agriculture in West Africa: a review of climate change impacts, adaptation strategies and policy developments for the livestock, fishery and crop production sectors. Agriculture & Food Security, 5(1): 1~26

第4章　水田农业旱灾风险防范凝聚力研究[*]

综合灾害风险防范凝聚力理论与方法论的应用研究，不仅有助于发展综合灾害风险防范的措施、模式，还有助于完善凝聚力理论与方法论。本章以湖南省常德市鼎城区为例，探讨水田农业旱灾风险防范的凝聚力，并以此完善对综合灾害风险防范的理论和实践。

4.1　水田农业案例研究区概况及数据收集

鼎城区（简称鼎城）位于湖南省常德市中南部、西洞庭湖滨。地处 111°27′E～112°11′E、28°35′N～29°23′N，东西宽 69km，南北长 88.5km，全区土地面积 2 126.4km²，共辖 18 个乡镇，分别为中河口镇、蒿子港镇、十美堂镇、韩公渡镇、牛鼻滩镇、石公桥镇、周家店镇、镇德桥镇、双桥坪镇、蔡家岗镇、石板滩镇、灌溪镇、许家桥乡、草坪镇、尧天坪镇、花岩溪镇、黄土店镇和谢家铺镇（乡镇后的字母为其名字拼音的首字母缩写）。鼎城行政区划上南北两部分彼此分离，如图 4.1 所示：

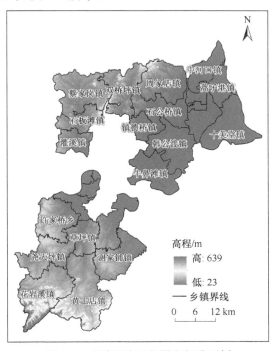

图 4.1　鼎城区地理位置和行政区划

* 本章执笔：吴瑶瑶　王静爱　史培军

4.1.1 鼎城自然条件、社会经济与旱情

气候。鼎城全境以大陆性气候为主，兼有湿润的滨湖气候特点，地处中亚热带向北亚热带过渡的季风湿润气候区内。冬冷夏热，热量充足，雨水集中；春温多变，夏秋多旱。气象资料显示，1960～2014 年，当地年平均降水量为 1300 mm，年内各月降水集中在 4～9 月。历年平均气温为 17℃，极端最高气温为 40.6℃，年平均相对湿度为 78%。在过去的 50 年，鼎城区气候经历了明显的升温和干燥趋势（图 4.2），降水总量呈现出年度波动，在 20 世纪 80 年代和 90 年代略有上升趋势，但近几十年呈现下降趋势。

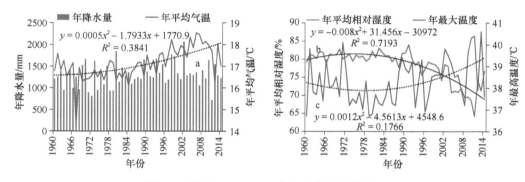

图 4.2　鼎城 1960～2014 年气象指标变化情况

a，平均气温年际变化（红线）；黑圆点曲线为气温拟合曲线：$y = 0.0005x^2 - 1.7933x + 1770.9$（$R^2 = 0.3841$），显示上升趋势。b，相对湿度年际变化（蓝线）；黑色曲线为湿度拟合曲线：$y = -0.008x^2 + 31.456x - 30972$（$R^2 = 0.7193$），显示明显的下降趋势。c，年最高温度（红线）；黑圆点曲线为年最高温度拟合曲线：$y = 0.0012x^2 - 4.5613x + 4548.6$（$R^2 = 0.1766$），呈现轻微的上升趋势

地形。鼎城地势自西南向东北呈阶梯式倾斜，由山地、丘陵、岗地过渡到广阔的滨湖平原（图 4.1）。南有雪峰山余脉的插角、九龙、盘古诸山延伸。西北有武陵山余脉的太阳、白云等山峰绵亘。西、南、北群山起伏，冈峦盘环；东北湖河网结，水陆间错。中部沅水曲形切割，将区境分为南北两部。南部俗称"前河"，枉、沧二水蜿蜒而下，形成若干河间丘陵山地与沿河平地。北部俗称"后河"，澧水绕区东北边境向东流入洞庭湖，中有渐水、冲柳、马家吉诸河流淌其间，主要为平原湖区地貌，地面高程一般在 30～40m。

水系。鼎城境内沅（自西向东）、澧（自北向南）两水穿境而过，区内共有大小河流 68 条，分属沅水、澧水、洞庭湖三个水系，流域面积达 $2500km^2$。沅江是湖南的第二大河流，发源于贵州省的龙头江和重安江，至黔山入湖南省，流经常德等县市，至常德德山注入洞庭湖。沅江干流全长 1033km，流域面积 $89163km^2$，多年平均径流量 393.3 亿 m^3。澧水是湖南省四大河流之一，澧水干流至津市小渡口注入洞庭湖，干流全长 388km，流域面积 $18496km^2$，多年平均径流量 131.2 亿 m^3。

人口。截至 2016 年，鼎城合乡并村后，共有 18 个乡镇，4 个农林场，4 个街道办事处，76 个居委会，226 个村委会，2898 个村民小组。年末总人口 76.65 万人，其中农业人口为 63.24 万人，非农业人口 13.41 万人。

GDP。2016 年，鼎城 GDP 达到 279.9 亿元，其中第一产业增加值为 48.89 亿元，第

二产业增加值为 92.27 亿元，第三产业增加值为 138.75 亿元；其中第一产业增加值比上一年下降 5.6%，第二、第三产业增加值分别上升 9.1%和 9.6%。常住人口年平均 GDP 达到 37656 元。

农业综合生产能力。2016 年，鼎城农作物播种面积达到 302 万亩，其中粮食作物 187 万亩，棉花 15 万亩，油料 62 万亩，蔬菜 30 万亩，已形成优质稻、"双低"油菜、鼎牌油茶、高品质棉、柑橘、蔬菜、葡萄、花卉苗木等一批高效农业示范区。其中，优质稻以石公桥片、蒿子港片为主，基地面积 60 万亩；"双低"油菜以蒿子港片、牛鼻滩片为主，基地面积 40 万亩；高品质棉以牛鼻滩片、蒿子港片为主，基地面积 15 万亩。辖区内有精为天米业、天泽农业等一批大中型农产品加工企业，形成"公司＋基地＋农户"的农业产业化经营模式。

旱灾特征及影响。1949 年以来，当地发生重大旱灾十多次。其干旱特点：一是干旱区域集中。历年干旱区域集中在山丘区，主要分布在双桥坪、周家店、雷灌走廊及前河枉水灌区尾水乡镇，这些区域是干旱死角，易发旱情，灾情也较为严重。二是发生频率高。鼎城旱灾发生的频率都较高，连年灾害多，据记载，1949～1951 年、1955～1957 年、1959～1963 年、1965～1967 年、1969～1974 年、1984～1985 年、1988～1992 年、1995～1997 年、2001～2003 年、2005～2007 年等连续年均发生旱灾。三是危害领域广。在 2001 年、2003 年、2013 年的干旱中，旱灾的危害已从主要影响农作物生长、农村生活用水，发展到直接影响城镇、林业、畜牧业、养殖业等多个领域，成为制约鼎城经济、社会可持续发展的主要灾害之一。

近年来发生的旱灾中，尤以 2013 年最为严重，鼎城共有 38.24 万亩耕地受旱：轻旱 13.34 万亩、重旱 18.67 万亩、干枯失收 6.23 万亩。其中水稻（含一季稻 8.23 万亩）受旱 30.74 万亩：轻旱 11.59 万亩、重旱 14.65 万亩、干枯失收 4.5 万亩。鼎城共有 32820 人出现饮水困难，临时开挖机电井 634 眼，临时打井 269 口，出动抗旱设备 19379 台套，出动抗旱劳动力 107177 人。鼎城财政投入抗旱资金 1548.25 万元，群众自筹资金 2457 万元。其中，旱情以牛鼻滩、蔡家岗、谢家铺、黄土店等乡镇最为突出。

4.1.2 鼎城野外调研及数据库建立

1. 野外调研

本章结合理论和实践开展调研（图 4.3）。理论层面：在凝聚力理论 A、地域分异理论 B、灾害系统理论 C 和灾害综合灾害风险防范理论 D 的综合指导下，推动调研过程中具体的操作。基于 A 理论，研究设计了与"共识""联系效率""硬实力"三个模块相关的题目。实践层面，在 B、C、D 理论指导下，结合雨养农业的致灾因子、孕灾环境和承灾体各自的特点，在研究案例区不同地理环境区域（E）选择调查样本；接触不同身份、不同背景的调查主体（F）；通过开放式访谈和结构式的问卷等不同交流形式（G）；获取"凝心聚力"调查内容（H）。该模式可为深入开展雨养农业旱灾风险防范的实践研究提供借鉴与参考。

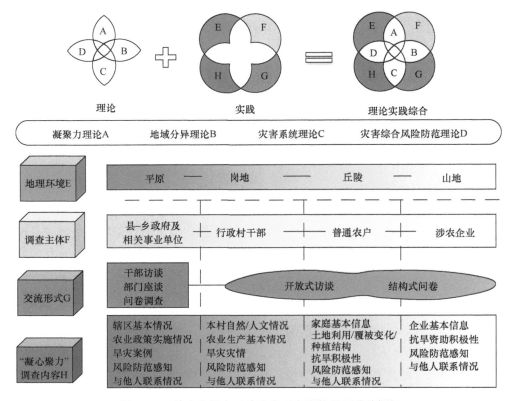

图 4.3 雨养农业旱灾风险防范研究野外调研总体框架

实践部分的"凝心聚力"调查内容 H 是核心，针对每一类主体，除了了解他们的基本信息外，还涉及所有主体共同回答问题的部分：①对当地农业旱灾风险大小的感知，如果他们的 Likert Scale 打分高，则表示他们认为当地农业旱灾风险高。②对不同农业旱灾风险防范措施效果进行判断，包括在备灾、应急和恢复重建过程中的判断以及认知–情感的表达，该类题目的 Likert Scale 打分用以计量两两主体之间的共识。③让每位受访者对其与不同主体之间的联系状态进行 Likert Scale 打分，联系状态包括接触频率、互相依赖程度、交流方便程度等，如果打分越高，则表示主体间的联系状态越紧密。

选定调查对象，主要包括区政府、乡镇政府及各职能部门（区级部门包括水利局、农业局、民政局、气象局，乡镇部门包括水利站、农技站、民政所）、村干部、村民、涉农企业负责人，进行问卷调查填写与交谈。与政府职能部门的交谈，主要从宏观角度了解当地旱灾的发生特点、政府以及各下辖部门、农民的旱灾适应措施及相关农业政策，当地农村水利设计建设、经济发展状况等，同时还要从政府负责人的谈话中捕捉信息，设计相关调研路线（图 4.4）。

调研中除了完成问卷，另外一个重要任务是获取各种具体和详细的资料，为后期数据分析奠定基础。调研中，在政府部门主要获取了社会经济统计数据、自然灾害数据、农业政策发展数据、水利设施建设发展数据等一系列官方的电子和纸质资料；在村干部处主要

图 4.4　鼎城野外调研路线

获取各村农业生产、农业补贴、保险购买、水利建设等经验数据；对农户的调查通常伴随地理景观的调查，既要收集问卷数据，还要观察被调查村的地形、地貌、农田生产、作物种植、农田水利设施建设等地理要素，同时将遥感影像信息与实地地理景观相结合，考察分析当地的农业旱灾地域系统与地理要素的相互关系，并记录相关发现与思考。

2. 数据库建立

本章通过调研等途径，收集到大量的数据，根据数据的属性特征，按照致灾因子、孕灾环境、承灾体、灾情、野外调查、空间属性库等维度进行分类建库（表 4.1）。

表 4.1　鼎城基础数据库列表

数据库	子数据库	数据项	来源
致灾因子	气象气候数据	最低/最高气温、日降水量等数据（1951～2018 年）	鼎城气象局、中国气象数据网
孕灾环境	地形数据	数字高程数据	美国地质调查局
	水文数据	水系图、水系矢量图（2017 年）	鼎城水利局
承灾体	农业数据	农业建设项目	鼎城农业局；各乡镇政府
		区农作物播种面积（2006～2016 年）	
		分乡镇农村经营、农林牧渔统计年报、作物种植报告	
	水利数据	水利规划（2016～2025 年）、小型农田水利报告（2015～2017 年）	鼎城水利局
		水利工程图矢量图（2015 年）	
		节水项目、资金投入、分乡镇水利统计等	

数据库	子数据库	数据项	来源
承灾体	社会经济数据	统计年鉴（2010～2017年），包含区、乡镇人口，人均收入，工农业产值，耕地面积，粮食产量和播种面积，农业生产条件等 分乡镇经济年报	鼎城统计局
	土地利用数据	鼎城2000年、2010年、2016年遥感影像和土地利用解译数据（30m）	地理空间数据云网站
灾情	旱灾情况	灾情数据（1980～2017年）、分乡镇灾情数据（2013年）	鼎城民政局
	灾害案例	灾害报告（2013年）	
野外调查	问卷与访谈	调查问卷、影像资料等（2017～2018年） 区政府、乡镇政府、村委访谈录音（2017～2018年） 所有乡镇调研景观照片（2017～2018年） 政策文件、旱灾应急预案、乡镇大事记	区、镇政府各职能部门；村委会、农户、企业等
空间属性	行政区划	区、乡镇、村矢量图（2017年）	鼎城民政局

致灾因子库主要包括气象气候数据，来源于鼎城气象局和中国气象信息共享网，记录了1951～2018年降水、气温、相对湿度、风速等气象日值数据。孕灾环境库主要包括数字高程数据、水系图等。承灾体库包含的数据类别较多，主要有农业、水利、社会经济和遥感影像数据，其中农业建设项目区、农作物播种面积、分乡镇农村经营、农林牧渔统计年报、作物种植报告等用以分析农业生产及其变化情况；水利规划、小型农田水利报告、水利工程图矢量图等用以了解当地抗旱基础设施的建设情况；统计年鉴（2010～2017年）中的各项数据用以了解当地社会经济发展程度以及动态变化，土地利用数据的建设主要基于地理空间数据云上下载的遥感影像，经过人工解译和分类得到，可作为实地调查的底图使用，同时可用于对比多年土地利用变化情况；旱灾情况和灾害案例主要包括1980～2017年的灾情数据、2013年的分乡镇灾情数据和灾害报告。空间属性库主要包括区、乡镇、村的行政边界矢量图。

基础数据库中的野外调查数据库是旱灾风险防范研究的重要数据来源。我们通过实地调查获取到第一手资料，访谈对象以及样本数量见表4.2。通过访谈与问卷调查，了解不同主体对旱灾风险的感知、联系等"软实力"因素，同时了解最为基础的农业生产情况，另外还重点调查研究区主要农作物如水稻、棉花、油茶等的各项种植成本（包括化肥、农药、种子、灌溉、机械等）和产出情况（亩产和经济效益），农村各项惠农政策实施情况（耕地地力补贴、精准扶贫补贴等）。通过和村委、有代表性农户的重点交谈，了解各村农户家庭基本情况、农村人口及其就业情况、农户收入和支出、农业生产和技术应用情况、当地发展特色等内容。以上建立的各项数据库，为区域农业旱灾风险防范凝聚力研究奠定了基础。

表4.2　面向对象的野外调研情况与数据收集

时间	调研路线	访谈单位与人次	数量*
2.12～2.18	1.区政府→民政局→水利局→统计局→农业局→国土资源局； 2.镇德桥镇→许家桥回族维吾尔族乡	1.区政府、民政局、农业局、供销社主要负责人； 2.镇德桥镇政府与周家岗村、许家桥回族维吾尔族乡民政所与中堰村负责人； 牛牛米公司、鼎盛粮食公司负责人；共10人次访谈	21

续表

时间	调研路线	访谈单位与人次	数量*
9.8～9.14	1.区政府→民政局→水利局→农业局→发改局→气象局→财政局； 2.周家店镇政府→民政所→水利站→农技站→周家店镇 7 个村	1.民政局、农业局、水利局、气象局主要负责人； 2.周家店镇民政所、农技站和水利站负责人； 3.周家店镇 7 个村委会主要负责人；共 14 人次访谈	72
11.26～12.2	1.水利局→区防汛抗旱分指挥部； 2.周家店镇政府→民政所→水利站→农技站→周家店镇 12 个村	1.周家店镇 12 个村村委会主要负责人； 2.许家桥回族维吾尔族乡民政所、水利站主要负责人； 3.涉农企业负责人；共 41 人次访谈	218
9.16～9.23	1.镇德桥镇→石公桥镇→周家店镇→双桥坪镇→蔡家岗镇→石板滩镇→灌溪镇	1.各乡镇政府领导、民政所、农技站和水利站负责人； 2.抽样村村委会主要负责人；共 46 人次访谈	73
9.24～9.30	1.许家桥乡→草坪镇→尧天坪镇→牛鼻滩镇→韩公渡镇→十美堂镇	1.各乡镇政府领导、民政所、农技站和水利站负责人； 2.抽样村村委会主要负责人；共 30 人次访谈	344
10.01～10.09	1.花岩溪镇→黄土店镇→蒿子港镇→中河口镇→谢家铺镇； 2.区政府→民政局→水利局→农业局→气象局→发改局→财政局	1.各乡镇政府领导、民政所、农技站和水利站负责人； 2.抽样村村委会主要负责人； 3.部分涉农企业主要负责人；共 37 人次访谈	415
总计 45 天	10 条路线	178 人次	1143

*问卷数量为原始样本数量，未经过筛选。

通过四次调研，随机抽样调查农户，收集有效问卷 1009 份问卷（附录 1）。其中，农户样本主要特征统计情况见表 4.3，其中男女比例接近 7∶3，男性仍是农村的主要劳动力。60 岁以上的人口比例高达 46%，农业劳动力呈现老龄化趋势。83% 的农户受教育水平在初中及以下水平。农业收入比例、务工收入比例小于 20 的最大。家庭年均收入小于 10 万的比例也最大。

表 4.3　鼎城农户样本统计特征

主体	性别/%		年龄/%		教育水平*/%		农业收入比例/%		务工收入比例/%		家庭年均收入/%	
农户	男	69	<40 岁	2	Ⅰ	7	<20%	45	<20%	41	<10 万	77
			40～50 岁	14	Ⅱ	38	20%～40%	15	20%～40%	5	10 万～20 万	17
			50～60 岁	38	Ⅲ	38	40%～60%	10	40%～60%	9	20 万～40 万	3
	女	31	60～70 岁	30	Ⅳ	14	60%～80%	9	60%～80%	16	>40 万	2
			>70 岁	16	Ⅴ	2	>80%	21	>80%	29		

* 教育水平代码含义：Ⅰ 代表不识字、Ⅱ 代表小学、Ⅲ 代表初中、Ⅳ 代表高中、Ⅴ 代表大专及以上。

同时，我们走访区政府办公室、民政局、农业局、水利局、防汛抗旱分指挥部、气象局、财政局、发改局等区级部门，共收集 19 份有效问卷；走访所有乡镇政府、农技站、水利站、民政所等部门，共收集 71 份有效问卷，其中与抗旱最为密切的水利局和乡镇水利站单位总共收集 26 份问卷（受访者主要为单位的负责人）；另外，走访 56 个村委会（支书、会计等），共收集 168 份有效问卷，以及鼎城主要涉农企业（全区仅有 10 多家相关企业），共收集 8 份有效问卷。样本主要统计特征见表 4.4，乡镇政府样本的男女比例差距最大，达到 9∶1。

表 4.4　鼎城村委、乡镇政府、区政府和涉农企业样本统计特征

主体	性别/%		年龄/%			工作年限/%				教育*/%				
	男	女	<40岁	40~50岁	>50岁	<5年	5~10年	10~15年	>15年	I	II	III	IV	V
村委	77	23	18	20	62	22	15	8	55	1	0	11	56	33
乡镇政府*	90	10	12	54	35	21	7	7	65	0	0	10	11	79
区政府	83	17	28	39	33	17	17	0	67	0	0	11	0	89
涉农企业	86	14	14	0	86	14	29	14	43	0	0	14	43	43

*教育水平代码含义：I代表不识字、II代表小学、III代表初中、IV代表高中、V代表大专及以上；乡镇政府：此处的统计数据包括乡镇的农技站、水利站、民政所。

村委和涉农企业管理者中年龄大于50岁的比例分别占到62%和86%；大多数受访者在相应岗位上的工作年限超过15年，且多数受访者受教育水平在高中及以上。

4.2　水田农业区旱灾风险防范多主体共识评价

从不同孕灾环境、风险水平和经济水平的分区分类角度，统计分析多主体共识、多主体联系效率、主体抗旱硬实力和旱灾综合灾害风险防范凝聚力的区域差异。①孕灾环境类型区依据当地的数字高程数据，将图上有明显海拔差异的相邻点进行连线作为界线，形成平原、丘陵和低山三类地形区。每个村所属类型区以它所在的地形区为准，若有跨界的村庄，则以辖区内大部分面积所在的地形区为准[图4.5（a）]。②风险类型则根据本章中风险评价的结果，通过统计每个村内风险图斑的平均值，划分为低风险区、较低风险区和中高风险区，由于3、4、5风险等级的村庄个数比较少，故合并到一起，统一称为中高风险区[图4.5（b）]。③经济类型区则根据统计年鉴上各乡镇农村人均收入排序，按照等间隔分类，分为较低收入区、中等收入区和较高收入区[图4.5（c）]，其中较低收入区乡镇分别为双桥坪、

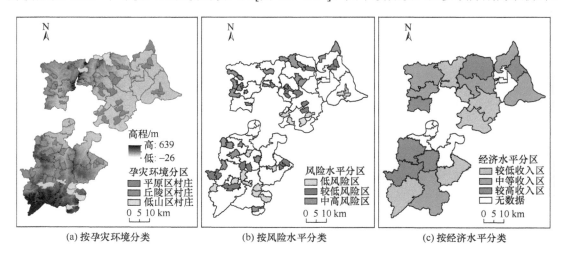

(a) 按孕灾环境分类　　(b) 按风险水平分类　　(c) 按经济水平分类

图4.5　鼎城各行政村分类（按不同指标）

花岩溪、谢家铺、镇德桥、牛鼻滩、韩公渡；中等收入区乡镇分别为石公桥、十美堂、中河口、蔡家岗、石板滩、黄土店，较高收入区乡镇分别为灌溪、周家店、蒿子港、草坪、尧天坪、许家桥。由于数据限制，本章仅对各行政村按孕灾环境和风险水平分类，对各乡镇进行经济水平分类。

4.2.1　水田农业旱灾风险防范多主体共识计算框架及方法

1. 分析框架与研究内容

1）分析框架

受不同职能属性、个人经历等因素的影响，不同主体对于农业旱灾风险防范措施各有侧重（Bankoff and Hilhorst，2009）。在国家尺度上，农业旱灾风险防范主体注重完善减轻灾害风险的各项制度；在地区尺度上，农业旱灾风险防范主体注重灾害设防能力的投入；而个人则强调通过各种教育与培训等手段，掌握基本的农业旱灾防御常识和技能，以维护自身的利益（史培军，2012）。尽管不同主体背景各异，但是当同时面对外来打击时，如遭遇旱灾打击，大家一起抵御打击的目标是一致的，如果各类主体间的想法越一致，就越有可能凝聚共识，积极抗旱。研究共识问题应尽量考虑不同尺度的主体，另外还应考虑各主体对旱灾灾前、灾中、灾后防范措施的理解，从而全面表达主体间的共识。基于上述内容，本书构建"多尺度–多过程–多指标"的主体共识评价分析框架（图 4.6），包括个人、行政村、乡镇和县区 4 个尺度，旱灾灾前、灾中和灾后 3 个过程，以及认知、情感 2 类意识形态指标。其中，认知类指标主要是对相关措施的理解程度，情感类指标包括公平感知、协同宽容、协同约束和归属感 4 个感知指标。通过"尺度综合–灾害过程分析–认知情感" 3 个维度，研究农户（HO）、村委（VC）、乡镇政府（GT）、区政府（GD）和涉农企业（AE）5 类主体在农业旱灾风险防范问题上的共识水平（注：主体的缩写为其英文名字的首字母）。

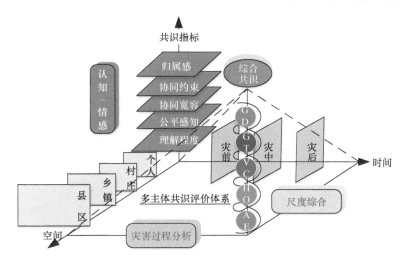

图 4.6　水田农业旱灾风险防范多主体共识的"多尺度–多过程–多指标"三维分析框架

2）多主体共识研究内容

多主体共识研究内容主要包括以下 3 个部分，即①共识指标体系构建：从认知和情感角度构建 5 个一级指标的农业旱灾风险防范感知指标体系。②构建共识模型：通过定量主体之间的感知一致性程度来表达共识。每个指标均对应 Likert Scale 量表题目，主体在量表题目上的分数差距与量表等级的比值（比值结果为一致性程度）则为他们在对应指标上的共识。情感类指标的共识则为一致性程度与主体量表分数平均值的乘积。③共识表达：以鼎城为例，对村→乡镇→区尺度"自下而上"进行综合，定量分析农户、村委和乡镇政府农业管理部门负责人、区政府农业管理部门负责人等主体之间在不同指标、不同灾害过程中的共识，最后从孕灾环境、风险水平和经济水平 3 个维度统计主体共识的区域规律（图 4.7）。

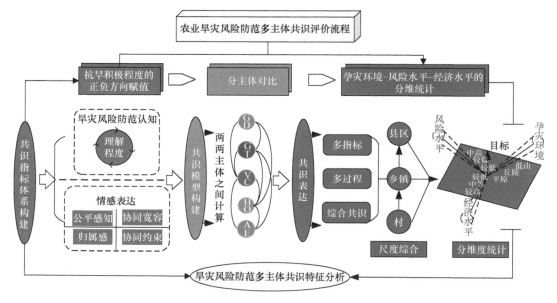

图 4.7　水田农业旱灾风险防范多主体共识评价研究内容

2. 共识指标体系构建

多主体共识指标选取原则以及筛选过程如下。指标选取原则主要包括：①系统性，多主体之间的共识包含众多方面，选取指标时应全面、广泛地考虑不同层面的因素，形成一个完整的系统。②直观性，选择典型、直观的指标，减少指标深层含义的引申。③可靠性，在数据收集和处理过程中，通过对可获取数据质量的评价，剔除不合格数据，选取最适宜指标（表 4.5）。

指标筛选过程主要包括：①确定评价目标。从旱灾风险防范的不同维度、不同过程定量化多主体共识。②指标的逻辑分析。梳理指标的概念、内涵，使得指标最大限度地反映实际问题。③实践检验。通过多次野外预调研，对不合理、不合格的指标进行删除或优化。通过以上步骤，构建本章多主体农业旱灾风险防范共识指标体系，总共包括 5 个一级指标，20 个二级指标。

表 4.5　水田农业旱灾风险防范多主体共识指标体系

一级指标	二级指标	问题	认知-情感	过程
理解程度（A）	致灾因素理解程度（A1）	水库、塘坝、机埠等年久失修多大程度会造成旱灾？	认知	灾前
	管理方式理解程度（A2）	政府出钱、村民管理小型水利设施有利于抗旱吗？	认知	
	水稻耐旱理解程度（A3）	水稻耐旱程度如何？	认知	
	油茶耐旱理解程度（A4）	油茶耐旱程度如何？	认知	
	棉花耐旱理解程度（A5）	棉花耐旱程度如何？	认知	
	应急方式理解程度（A6）	塘坝扩容、水渠清淤抗旱效果如何？	认知	灾中
	生活恢复方式理解程度（A7）	外出务工多大程度上减轻农民旱灾损失？	认知	
	生产恢复方式理解程度（A8）	改种补种多大程度上减轻农民旱灾损失？	认知	灾后
	土地流转抗旱效果理解程度（A9）	土地使用权转让/出租多大程度上避免农民受旱灾影响？	认知	
	农业保险抗旱效果理解程度（A10）	农业保险多大程度上避免农民受旱灾影响？	认知	
公平感知（B）	获取信息公平性（B1）	当地所有人获取咨询作物销售、务工等信息公平吗？	情感	灾后
	水利设施使用公平性（B2）	您认为所有人使用水库、塘坝、机埠取水公平吗？	情感	灾中
	救灾款物分配公平性（B3）	您认为当地受灾群众抗旱时获得救灾粮食公平吗？	情感	灾中
	农业补贴公平性（B4）	您认为当地种粮农户收到的农业补贴公平吗？	情感	灾后
协同宽容（C）	政府抗旱困难体谅度（C1）	您理解政府在抗旱中遇到的困难吗？	情感	灾中
	群众抗旱困难体谅度（C2）	您理解农户在抗旱中遇到的困难吗？	情感	
协同约束（D）	资源优先体谅度（D1）	您认为抗旱资源应先考虑受旱严重的地区吗？	情感	灾中
	社会力量体谅度（D2）	您认为有能力企业等应在抗旱中多提供救灾资源吗？	情感	
归属感（E）	防灾减灾责任感（E1）	您认为防灾减灾有您的一份责任吗？	情感	灾前
	防灾减灾工作认同感（E2）	您认可当地为防灾减灾所做的工作吗？	情感	

3. 基于"距离"的共识模型构建

在共识模型构建之前，本书对各主体在共识指标题目上的量表分数进行预处理。①认知类指标（A1～A10）：主体在该类指标上的量表打分高低不反映其主观积极程度，故对分数不做处理；②情感类指标（B1～E2）：主体在该类指标上的量表分数高低反映其主观积极程度，打分越高，表示主体在对应问题上态度越积极，越有利于凝心聚力，而打分越低，表示主体在对应问题上态度越消极，越不利于凝心聚力。为了区分主体积极程度对凝聚力的贡献程度（分数越高，贡献越大），本书将主体在该类指标上打分的阈值范围[1, 7]映射到[-1, 1]，映射区间的-1 对应原区间的 1，反映主体在某问题上的态度极为消极，映射区间的 1 对应原区间的 7，反映主体在相应问题上的态度极为积极。

对指标进行预处理后，本书基于"距离"思想，构建共识模型，通过计算主体之间量表分数的一致性程度，表达主体共识水平。

（1）每一个主体 i 的 Likert Scale 量表用两类矩阵表达，认知类指标 $p(i)_{nE}$ 表达对某事物的理解，不反映主观积极程度；情感类指标 $p(i)_E$ 反映主体的积极程度（分值映射到[-1, 1]）。如式（4.1）所示，其中 x 对应每个二级指标：

$$p(i)_{nE} = \begin{bmatrix} p(i)_{x1} \\ \vdots \\ p(i)_{x10} \end{bmatrix} \quad p(i)_E = \begin{bmatrix} p(i)_{x11} \\ \vdots \\ p(i)_{x20} \end{bmatrix} \tag{4.1}$$

（2）计算两两主体（i, j）在每个二级指标上的基础共识。认知类基础共识 $C(i, j)_{nE}$：

计算两人量表分数的"距离",分数越接近,一致性程度越高,如式(4.2)所示;情感类基础共识 $C(i, j)_E$:计算两人量表分数距离与两人量表分数平均值的乘积(平均值相当于积极程度对凝聚力的贡献系数),如式(4.3)所示,其中 g 和 h 表示阈值极差,在本章中 g 为 6,h 为 2。

$$C(i, j)_{nE} = \begin{bmatrix} c(i, j)_{x1} \\ \vdots \\ c(i, j)_{x10} \end{bmatrix} = \begin{bmatrix} 1 - \left| p(i)_{x1} - p(j)_{x1} \right| / g \\ \vdots \\ 1 - \left| p(i)_{x10} - p(j)_{x10} \right| / g \end{bmatrix} \tag{4.2}$$

$$C(i, j)_E = \begin{bmatrix} c(i, j)_{x11} \\ \vdots \\ c(i, j)_{x20} \end{bmatrix} = \begin{bmatrix} \frac{1}{2} \times \left[p(i)_{x11} + p(j)_{x11} \right] \times \left[1 - \left| p(i)_{x11} - p(j)_{x11} \right| / h \right] \\ \vdots \\ \frac{1}{2} \times \left[p(i)_{x20} + p(j)_{x20} \right] \times \left[1 - \left| p(i)_{x20} - p(j)_{x20} \right| / h \right] \end{bmatrix} \tag{4.3}$$

(3)在步骤(2)的基础上,计算不同类主体 A、B 之间在二级指标上的基础共识和综合共识。个体 $i \in B$,个体 $j \in B$。A 群体调查 k 人,B 群体调查 m 人,按步骤(2)计算两个体之间的共识,对个体之间所有共识结果求取算术平均值并将其作为两个主体在二级指标上的基础共识 $C_{nE\text{-he}}$,和 $C_{E\text{-he}}$,如式(4.4)所示。将所有基础共识的平均值作为两类主体的综合共识 $C_{in\text{-he}}$,如式(4.5)所示,其中 $C(i, j)_{x1} \sim C(i, j)_{x10}$ 为 10 个认知类指标,$C(i, j)_{x11} \sim C(i, j)_{x20}$ 为 10 个情感类指标:

$$C_{nE\text{-he}} = \begin{bmatrix} \left[\sum\limits_{i=1}^{k} \sum\limits_{j=1}^{m} C(i,j)_{x1} \right] / (k \times m) \\ \vdots \\ \left[\sum\limits_{i=1}^{k} \sum\limits_{j=1}^{m} C(i,j)_{x10} \right] / (k \times m) \end{bmatrix} \quad C_{E\text{-he}} = \begin{bmatrix} \left[\sum\limits_{i=1}^{k} \sum\limits_{j=1}^{m} C(i,j)_{x11} \right] / (k \times m) \\ \vdots \\ \left[\sum\limits_{i=1}^{k} \sum\limits_{j=1}^{m} C(i,j)_{x20} \right] / (k \times m) \end{bmatrix} \tag{4.4}$$

$$C_{in\text{-he}} = \frac{1}{2} \times \left(C_{nE\text{-he}} + C_{E\text{-he}} \right) \tag{4.5}$$

(4)"自下而上"共识综合。高尺度认知类共识 $C_{up\text{-}nE}$ 和情感类共识 $C_{up\text{-}E}$ 由低级尺度对应结果求取算术平均值得到,高尺度综合共识 $C_{up\text{-}in}$ 则为认知类共识和情感类共识的平均值。如式(4.6)所示,其中 m 为低尺度调查的群体数量,ϕ 表示平均值算法:

$$C_{up\text{-}nE} = \phi \left(C_{nE}^1, C_{nE}^2, \cdots, C_{nE}^m \right)_{\text{down}}$$
$$C_{up\text{-}E} = \phi \left(C_E^1, C_E^2, \cdots, C_E^m \right)_{\text{down}} \tag{4.6}$$
$$C_{up\text{-}in} = \frac{1}{2} \times \left(C_{up\text{-}nE} + C_{up\text{-}E} \right)$$

4.2.2 鼎城水田农业旱灾风险防范多主体共识分析

1. 鼎城区多指标共识

1)村尺度多指标共识

从不同孕灾环境(平原、丘陵、低山)和风险水平(低风险、较低风险和中高风险)

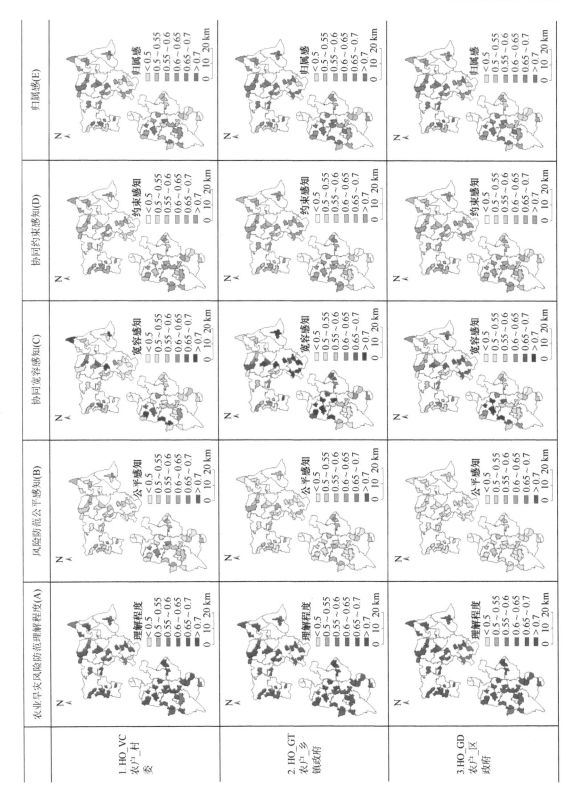

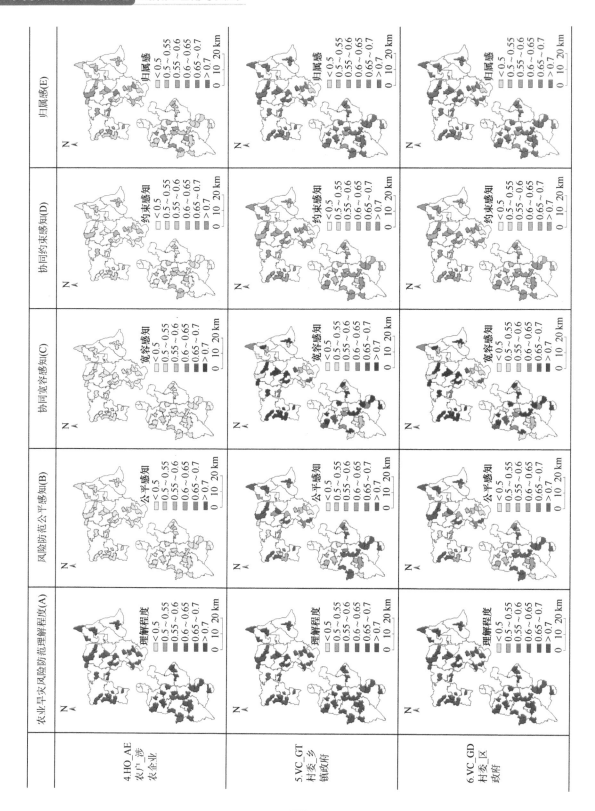

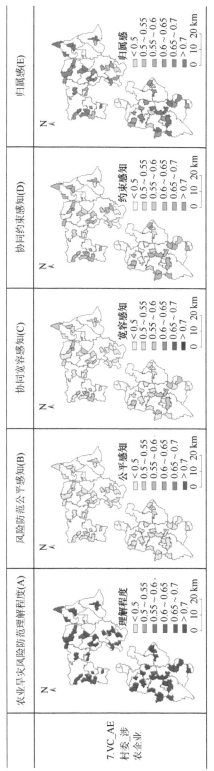

图 4.8　鼎城农业旱灾风险防范村尺度不同主体之间多指标共识

角度分析 7 组主体（村尺度没有乡镇政府_区政府，乡镇政府_企业两组组合）在农业旱灾风险防范理解程度 A、风险防范公平感知 B、协同宽容感知 C、协同约束感知 D 和归属感 E 5 个指标上的共识，其空间分布如图 4.8 所示，区域内主体共识的平均值越高，表明他们的感知越一致；共识的极差和标准差越大，表明各村之间主体感知的差异性越大（注：下文中 5 类指标分别简称为理解度、公平性、宽容度、约束度和归属感）。

理解度共识是主体在农作物耐旱程度、水利设施管理方式等问题上的认知一致性。平原区所有村各组主体共识的平均值分布在[0.59，0.68]，其中 HO_VC 的共识平均值最小，VC_GD 的共识平均值最大。丘陵区所有村各组主体共识的平均值均大于 0.65。低山区所有村各组主体共识的平均值在[0.63，0.70]，其中 HO_VC 的共识平均值最小，VC_GD 的共识平均值最大。三个区域内村委和乡镇政府、区政府的共识比较大，农户和所有主体的共识均比较小。丘陵区主体的共识总体稍高于其他两个区域对应主体的共识。

公平性共识是主体在减灾资源、救灾款物分配公平性等问题上的评价一致性程度，共识越高，反映各主体的态度越积极正向。平原区所有村各组主体共识的平均值在[0.35，0.62]，其中 HO_VC、VC_GD 共识的极差比较大。丘陵区中 VC_GT 的共识平均值最大，达到 0.66，HO_AE 的共识平均值最小，仅为 0.24。极差较大的前两组主体为 VC_GT 和 HO_VC。低山区 VC_GT 的共识平均值最大，为 0.7，HO_AE 的共识平均值最小，仅为 0.2。

三个区域内农户、涉农企业和其他主体的共识均比较低，可见这两类主体在公平问题上与其他主体有较大的感知差异。

宽容度共识是主体理解政府和农户抗旱困难的一致性程度，共识越高，反映各主体越包容和理解他人。平原区所有村各组主体共识平均值中，VC_GT 的共识平均值最高（0.63），其共识的极差最大，而 HO_GD 的共识平均值最低（0.35），HO_AE 的共识极差最小。丘陵区所有村各组主体的共识平均值在[0.41，0.69]，农户和其他主体的共识极差均比较大。低山区所有村各组主体的共识平均值在[0.35，0.75]，村委和其他主体的共识平均值高，同时极差也比较大。丘陵区内农户和其他主体的共识稍高于其他两个区域对应主体的共识，同时丘陵区内各组主体共识差异较为明显。

约束度共识是主体接受资源优先分配原则（如有限资源应先分配给受旱严重地区，有能力的企业应多提供资源等）的一致性程度，共识越高，反映主体有越强的资源优化配置意识。平原区所有村各组主体的共识平均值分布在[0.5，0.73]。丘陵区所有村各组主体的共识平均值分布在[0.52，0.75]，平原区、丘陵区中村委和他人共识的极差均超过 0.35。低山区所有村各组主体的共识平均值分布在[0.48，0.76]，极差多小于 0.3。总体而言，三个区域内各主体共识的平均状态比较接近，不过平原区、丘陵区内各村村委和其他主体的共识具有较大的差异，低山区内各村 7 组主体的共识差异均比较小。

归属感共识是主体在责任感、认同感等问题上的一致性程度，共识越高，反映主体越依恋家乡、越关心家乡发展。平原区所有村各组主体的共识平均值分布在[0.49，0.79]，其中 HO_AE 的共识平均值最低，且极差最大（0.71）。丘陵区所有村各组主体的共识平均值分布在[0.51，0.78]。低山区所有村各组主体的共识平均值分布在[0.47，0.87]。总体看来，三个区域 HO_VC、HO_AE 的共识偏低，平原区内各村 7 组主体的共识差异最大。

理解度共识中，低风险区所有村各组主体共识的平均值分布在[0.63，0.71]，极差均在0.3 以下。较低风险区所有村各组主体共识的平均值分布在[0.64，0.71]，极差均小于 0.2。中高风险区所有村各组主体的共识平均值均大于 0.65，各组主体共识的极差最大为 0.16（HO_VC）。三个风险区内（VG_GT）的共识比较大，中高风险区各组主体的共识较高，同时各村之间主体的感知差异性较小。

公平性共识中，低风险区所有村各组主体共识的平均值分布在[0.33，0.68]，其中 HO_VC、VC_GT 的极差分别达到 0.63、0.72。较低风险区所有村各组主体共识的平均值分布在[0.24，0.68]。中高风险区所有村各组主体的共识平均值分布在[0.25，0.64]。三个风险区内各组主体的共识普遍偏低，且各组主体共识极差也比较大。不过每个区域中 HO_VC、VC_GT 的共识平均值均较大，呈现出"主体行政等级相距越近，共识越高"的倾向。

宽容度共识中，低风险区所有村各组主体共识的平均值分布在[0.41, 0.64]，其中 VC_GT 共识的平均值最大。较低风险区所有村各组主体共识的平均值分布在[0.4, 0.66]。中高风险区所有村各组主体共识的平均值分布在[0.41，0.73]，三个风险区内 VC_GT 的共识极差均超过 0.5。中高风险区内村委和其他主体的共识高于其他两个区域对应组主体的共识。三个风险区内各组主体共识的极差均比较大，其中各村村委和其他主体共识的极差最大。

约束共识中，低风险区所有村各组主体共识的平均值分布在[0.51，0.70]。较低风险区所有村各组主体共识的平均值分布在[0.52，0.80]。中高风险区所有村各组主体共识的平均值分布在[0.51，0.74]，三个风险区内均是 VC_GT 的共识平均值最大，HO_AE 的共识平均值最小。总体而言，村委和政府的共识均比较高，企业和不同主体的共识均比较低。中高风险区各组主体共识的极差较小，各村主体对资源优化配置的意识较强。

归属感共识中，低风险区所有村各组主体共识的平均值分布在[0.46，0.82]，极差均超过 0.3。较低风险区所有村各组主体共识的平均值分布在[0.51，0.83]，极差均小于 0.45。中高风险区所有村各组主体共识的平均值分布在[0.53，0.80]，极差均小于 0.45。中高风险区内农户和不同主体的共识高于其他两个区域对应主体的共识；低风险区内各村主体共识的极差最大，反映低风险区内村与村之间各组主体归属感的差异最大。

2）乡镇尺度多指标共识

进一步从经济水平角度分析乡镇尺度上 9 组主体[增加乡镇政府_区政府（GT_GD），乡镇政府_涉农企业（GT_AE）两组主体]在 5 个指标上的共识，其评价结果空间分布如图 4.9 所示。

理解度共识中，较高收入区所有乡镇各组主体共识的平均值在[0.65, 0.74]，其中 VC_GT 的共识平均值最大，HO_AE 的共识平均值最小。中等收入区所有乡镇各组主体共识的平均值分布在[0.64，0.71]，其中 VC_GT 的共识平均值最大，HO_VC 的共识平均值最小。较低收入区所有乡镇各组主体共识的平均值分布在[0.63, 0.71]，其中 VC_GT 的共识平均值最大，HO_VC 的共识平均值最小。三个区域内各组主体的共识程度接近，认知较为一致。

公平性共识中，中等收入区所有乡镇各组主体共识的平均值分布在[0.3, 0.69]，其中，VC_GT 的共识平均值最大，HO_AE 的共识平均值最小；各组主体共识的极差分布在[0.19, 0.35]，VC_GT 的共识极差最大，GT_GD 的共识极差最小。中等收入区所有乡镇各组主体共识的平均值分布在[0.22, 0.71]，VC_GT 的共识平均值最大，HO_AE 的共识平均值最小；

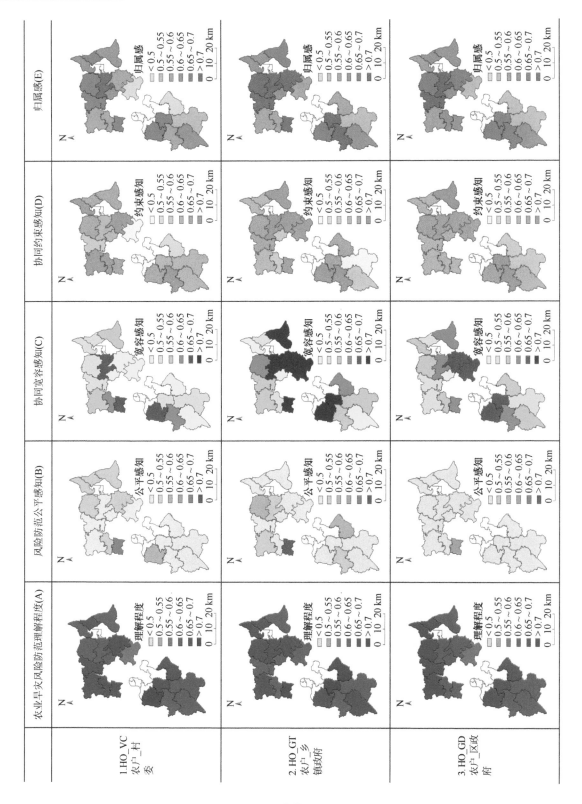

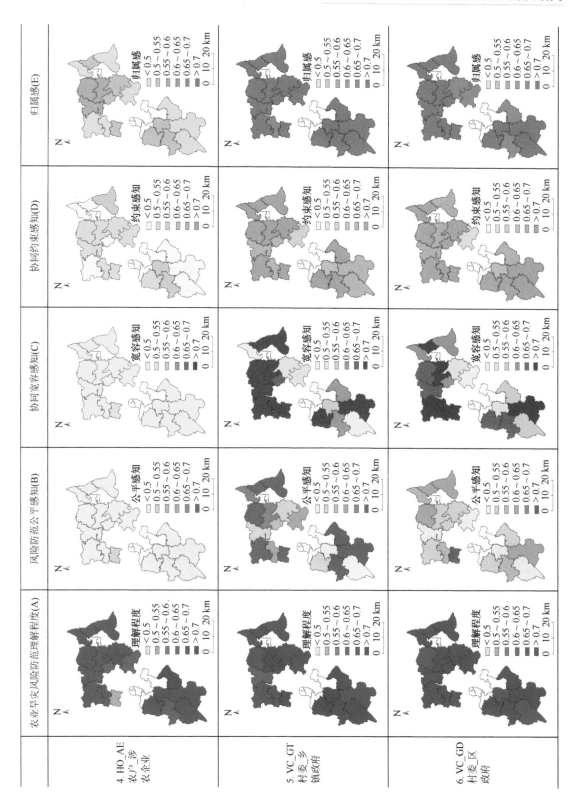

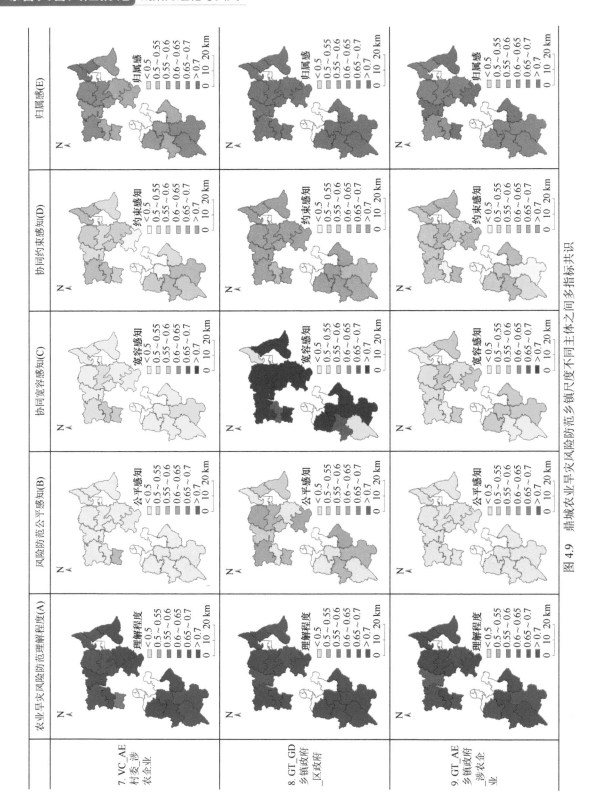

图 4.9　鼎城农业旱灾风险防范乡镇尺度不同主体之间多指标共识

各组主体共识的极差均小于 0.2。较低收入区所有乡镇各组主体共识的平均值分布在[0.22，0.58]，VC_GT 的共识平均值最大，HO_AE 的共识平均值最小；各组主体共识极差中，VC_GT 的共识极差最大（0.33）。较高收入区和中等收入区各组主体的共识呈现出"主体行政等级相距越远，共识越小"的倾向，同时，较高收入区农户和其他主体的共识稍高于其他区域对应组别主体的共识。

宽容度共识中，较高收入区所有乡镇各组主体共识的平均值分布在[0.45，0.77]，其中 GT_GD 的共识平均值最大，HO_AE 的共识最小；各组主体共识极差均小于 0.3。中等收入区所有乡镇各组主体共识的平均值分布在[0.4，0.75]，其中 VC_GT、GT_GD 的共识平均值最大，HO_AE 的共识平均值最小。较低收入区所有乡镇各组主体共识的平均值分布在[0.39，0.74]，其中 GT_GD 最大，VC_AE 最小；各组主体共识极差中，GT_GD 最大（0.34）。较高收入区中的农户和其他主体的共识比较高，反映出该区域内主体更为理解他人的抗旱困难。较低收入区每组主体的共识均小于其他两个区域对应组别主体的共识。

约束度共识中，较高收入区里所有乡镇各组主体的共识平均值在[0.53，0.79]，其中 VC_GT 的共识平均值最大，HO_AE 的共识平均值最小。中等收入区所有乡镇各组主体的共识平均值在[0.51，0.77]，其中 VC_GT、VC_GD 的共识平均值最大，HO_AE 的共识平均值最小。较低收入区所有乡镇各组主体的共识平均值在[0.51，0.76]，其中 GT_GD 的共识平均值最大，HO_AE 的共识平均值最小。三个区域内企业和所有主体的共识均比较低。较高收入区农户和其他主体的共识稍高于其他两个区域对应组别主体的共识。

归属感共识中，较高收入区所有乡镇各组主体的共识平均值在[0.53，0.84]，其中 GT_GD 的共识平均值最大，HO_AE 的共识平均值最小。中等收入区所有镇各组主体的共识平均值在[0.49，0.84]，其中 VC_GT 的共识平均值最大，HO_AE 的共识平均值最小。较低收入区所有镇各组主体的共识平均值在[0.5，0.87]，其中 GT_GD 的共识平均值最大，HO_AE 的共识平均值最小。三个区域内企业和所有主体的共识均比较低。较高收入区农户和其他主体的共识略高于其他两个区域对应组别主体。

3）区尺度多指标共识

进一步从全区尺度分析各组主体在 5 类指标上的共识（图 4.10）：理解度共识中，各组主体共识的平均值均在 0.6 以上，组内各村主体共识的离散程度较小（共识的极差和标准差均比较小）。总体而言，农户和政府的共识水平不高。具体体现在对水利设施管理方式的理解上，农户与政府有较大的认知差异：农户认为个人经济能力有限，无法很好地管理水利设施，政府应该多出资管理，而政府倾向于双方共同出资管理水利设施。农户和政府在出资管理方面的意愿还有待协商，这对将来高效地开展水利管理工作有重要作用。

公平性共识中，各组主体共识的平均值、极差和方差具有明显的差异。农户和其他主体的共识平均值呈现 HO_VC>HO_GT>HO_GD 的特征，反映出"主体行政等级距离越近，共识越高"的倾向。另外，各村 HO_VC 和 VC_GT 共识的极差比较大，分别达到 0.63 和 0.72，表明 HO_VC、村委和政府之间公平性感知差异大。总体而言，与政府、村委相比，农户、涉农企业在公平性问题上的态度较为消极，如评价救灾款物分配的公平性时，多数政府领导、村委认为比较公平，而多数农户、涉农企业管理者认为政府的信息不透明、分配结果不够公平。可见，政府的信息公开透明度有待提升，这对增强农户对政府的信任有极大的裨益。

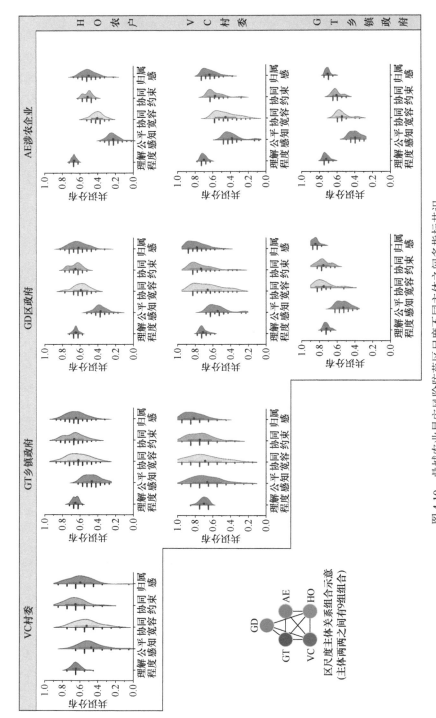

图 4.10 鼎城农业旱灾风险防范区尺度不同主体之间多指标共识

本图每个方格对应一组主体组合的共识，如第 1 行第 1 列对应 HO 和 VC 的共识，核心部分为小提琴图，表达全区所有村各组主体共识的分布曲线

宽容度共识中，各组主体的共识平均值分布在[0.41，0.75]，其中 GT_GD 的共识平均值最大，HO_AE 的共识平均值最小，各组主体共识的极差分布在[0.23，0.77]，其中 VC_GT 共识的极差最大，GT_AE 共识的极差最小。涉农企业和其他主体的共识均比较低，他们对政府和农户抗旱困难的理解程度一般，难以感同身受，这可能是造成涉农企业在抗旱过程中积极性不高的原因之一。

约束度共识中，VC_GT 和 GT_GD 共识的平均值较高，分别达到 0.75 和 0.76，而涉农企业和其他主体的共识平均值较低，均小于 0.6。VC_GT 和 HO_VC 的共识极差分别达到 0.64 和 0.56，反映出以上两组主体在资源分配认识上有较大差异。总体而言，农户、村委、政府人员期待社会力量多提供资源，而涉农企业负责人较多地考虑利益问题，对提供救灾资源等不是非常积极，这也是造成他们在该问题上共识较低的原因之一。

归属感共识中，VC_GT 和 GT_GD 共识的平均值较高，分别达到 0.81 和 0.85，其他组主体的共识平均值比较接近。农户和所有主体共识的极差分布在[0.42，0.72]，其中 HO_VC 的共识极差最大，HO_AE 的共识极差最小。总体而言，全区各村农户和其他主体在归属感上的评价具有较大差异，相比而言，行政人员在归属感上的评价比较一致。不同的工作、经历等可能是造成各主体在归属感评价上有较大差异的原因之一。

2. 鼎城区旱灾过程共识分析

1）村尺度灾害过程共识

本节从不同孕灾环境区和风险区角度分析 7 组主体在农业旱灾备灾、应急和恢复 3 个阶段的共识，其空间分布如图 4.11 所示，区域内主体共识的平均值越高，表明他们的感知越一致；共识的极差和标准差越大，表明各村之间主体感知的差异性越大。

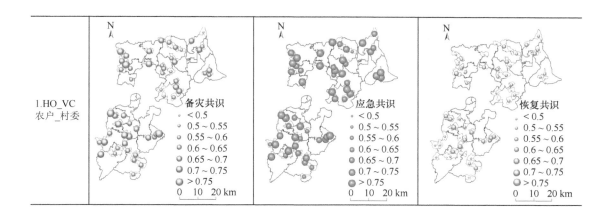

	备灾(A)	应急(B)	恢复(C)
2.HO_GT 农户_乡镇 政府			
3.HO_GD 农户_区政 府			
4.HO_AE 农户_涉农 企业			
5.VC_GT 村委_乡镇 政府			

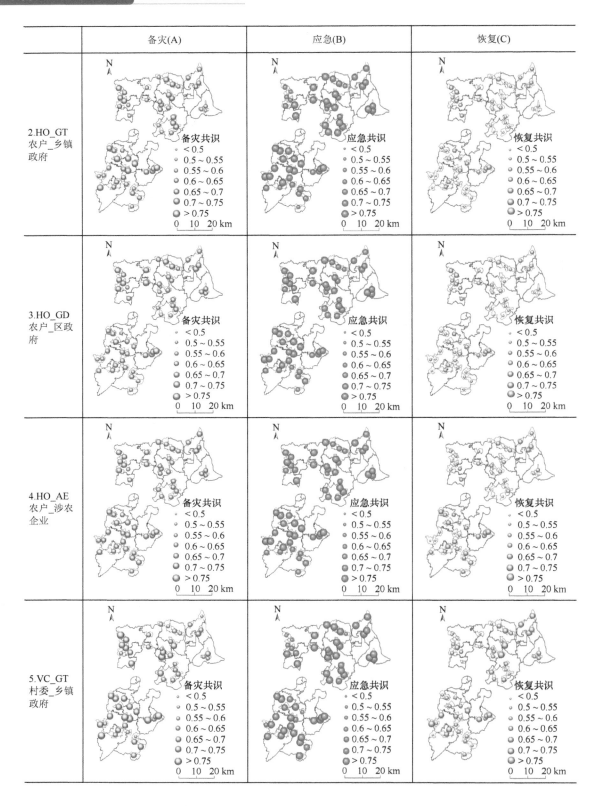

备灾(A)	应急(B)	恢复(C)
6. VC_GD 村委_区政 府		
7. VC_AE 村委_涉 农企业		

图 4.11 鼎城农业旱灾风险防范村尺度不同主体之间旱灾过程共识

备灾共识是主体对农业旱灾相关防范措施认知的一致性程度。平原区所有村各组主体共识的平均值均超过 0.6,其中 VC_GD 的共识平均值最大,为 0.71,HO_VC 的共识平均值最小,为 0.62。丘陵区所有村各组主体共识的平均值分布在[0.69,0.75]。低山区所有村各组主体共识的平均值分布在[0.67,0.71]。三个区域内各组主体共识的极差均小于 0.3。丘陵区各组主体共识均高于其他两个区域内对应组别主体的共识,平原区主体共识最低。三个区域内各村之间主体在备灾上的认知差异性比较小。

应急共识是主体对农业旱灾相关应急措施认知的一致性程度。平原区所有村各组主体共识的平均值均超过 0.7,其中 VC_GT 的共识平均值最大,为 0.81,HO_GD 的共识平均值最小,为 0.73。丘陵区所有村各组主体共识的平均值均超过 0.75,其中 VC_GT 的共识平均值最大,达到 0.84。低山区所有村各组主体共识的平均值均超过 0.7。三个区域内各组主体的共识均处于较高水平,且多数主体共识的极差小于 0.3,表明各村之间主体认知的差异较小。丘陵区农户和其他主体的共识略高于其他两个区域对应组别主体的共识。

恢复共识是主体对农业旱灾灾后恢复措施认知的一致性程度。平原区 VC_GD 的共识平均值最大,达到 0.65,HO_VC 的共识平均值最小,仅为 0.52,各组主体共识的极差均在 0.35以下。丘陵区 VC_AE 的共识平均值最大,达到 0.67,HO_VC 的共识平均值最小,达到 0.58,各组主体共识的极差均在 0.3 以下。低山区所有村各组主体共识的平均值分布在[0.52,0.62],其中 VC_AE 的共识平均值最大,HO_VC 的共识平均值最小,各组主体共识的极差均在 0.2

以下。相比备灾和应急共识，各组主体的恢复共识处于较低水平，三个区域内各村主体在恢复措施认知上的差异不明显，农户与其他主体的共识处于较低水平。

备灾共识中，低风险区 HO_GT、VC_GT 的共识平均值最大，为 0.79，HO_GD 的共识平均值最小，为 0.54，各组主体的共识极差均在 0.4 以下。较低风险区 VC_GT 的共识平均值最大，为 0.8，HO_GD 的共识平均值最小，为 0.56，各组主体的共识极差均在 0.35 以下。中高风险区所有村各组主体的共识平均值分布在[0.57，0.78]，其中 HO_GT 和 VC_GT 的共识平均值最大，HO_GD 的共识平均值最小，各组主体的共识极差均在 0.3 以下。三个风险内各组主体共识的极差比较小，中高风险区内农户和村委的共识稍高于其他两个区域对应主体的共识。

应急共识中，低风险区中 VC_AE 的共识平均值最大，为 0.89，HO_GT 的共识平均值最小，为 0.58，各组主体的共识极差均不超过 0.3。较低风险区 VC_AE 的共识平均值最大，达到 0.85，HO_GT 的共识平均值最小，为 0.59，各组主体的共识极差均小于 0.4。中高风险区所有村各组主体的共识平均值分布在[0.59，0.84]，其中 VC_AE 的共识平均值最大，HO_GT 的共识平均值最小，各组主体的共识极差均小于 0.4。三个风险区内各组主体共识均处于较高水平，各村不同主体关于应急措施的认知比较相似，其中 HO_AE、VC_AE 的共识比较高。

恢复共识中，低风险区 VC_GD 的共识平均值最大，达到 0.83，HO_VC 的共识平均值最小，为 0.64，各组主体的共识极差均在 0.3 以下。较低风险区 VC_GD 的共识平均值最大，达到 0.8，HO_AE 的共识平均值最小，为 0.64，各组主体的共识极差均在 0.3 以下。中高风险区所有村各组主体的共识平均值分布在[0.64，0.82]，其中 VC_GD 的共识平均值最大，HO_AE 的共识平均值最小，各组主体的共识极差均在 0.3 以下。三个风险区内政府和农户、政府和村委的共识均比较高；各村不同主体在恢复措施上的认知比较一致。

2）乡镇尺度灾害过程共识

从经济水平角度分析各组主体在旱灾备灾、应急和恢复 3 个阶段的共识，其空间分布如图 4.12 所示。备灾共识，较高收入区所有乡镇各组主体共识的平均值均超过 0.65，其中 GT_GD 的共识平均值最大，达到 0.77，HO_GD 的共识平均值最小，为 0.68，各组主体的共识极差均在 0.2 以下。中等收入区 GT_GD 共识平均值最大，达到 0.75，HO_VC、HO_GT 的共识平均值最小，为 0.67，各组主体的共识极差也均在 0.2 以下。较低收入区所有乡镇各组主体共识的平均值分布在[0.68，0.75]，其极差均不超过 0.2。三个区域内各组主体共识水平接近，各村之间主体对备灾措施的认知较为一致。

应急共识中，较高收入区所有乡镇各组主体共识的平均值均大于 0.75，其中 GT_AE 的共识平均值高达 0.84，各组主体共识的极差均小于 0.15。中等收入区 VC_GT 的共识平均值最大，也达到 0.84，各组主体的共识极差均不超过 0.3。较低收入区所有乡镇各组主体共识的平均值分布在[0.77，0.89]，各组主体共识极差的均小于 0.15。三个区域各组主体共识均处于较高水平，同时区域内各村之间对应组别主体在应急措施认知上的差异比较小。

恢复共识中，较高收入区所有村各组主体共识的平均值分布在[0.6，0.68]，各组主体共识的极差均小于 0.2。中等收入区所有村各组主体共识的平均值分布在[0.57，0.69]，其中 VC_AE 的共识平均值最大，各组主体共识的极差均不超过 0.2。较低收入区 VC_AE 的共识

	备灾(A)	应急(B)	恢复(C)
1. HO_VC 农户_村 委			
2.HO_GT 农户_乡 镇政府			
3.HO_GD 农户_区 政府			
4.HO_AE 农户_涉 农企业			

	备灾(A)	应急(B)	恢复(C)
5.VC_GT 村委_乡镇政府	备灾共识 · <0.6 · 0.6~0.65 · 0.65~0.7 · 0.7~0.75 · 0.75~0.8 · >0.8 0 10 20 km	应急共识 · <0.6 · 0.6~0.65 · 0.65~0.7 · 0.7~0.75 · 0.75~0.8 · >0.8 0 10 20 km	恢复共识 · <0.6 · 0.6~0.65 · 0.65~0.7 · 0.7~0.75 · 0.75~0.8 · >0.8 0 10 20 km
6.VC_GD 村委_区政府	备灾共识 · <0.6 · 0.6~0.65 · 0.65~0.7 · 0.7~0.75 · 0.75~0.8 · >0.8 0 10 20 km	应急共识 · <0.6 · 0.6~0.65 · 0.65~0.7 · 0.7~0.75 · 0.75~0.8 · >0.8 0 10 20 km	恢复共识 · <0.6 · 0.6~0.65 · 0.65~0.7 · 0.7~0.75 · 0.75~0.8 · >0.8 0 10 20 km
7.VC_AE 村委_涉农企业	备灾共识 · <0.6 · 0.6~0.65 · 0.65~0.7 · 0.7~0.75 · 0.75~0.8 · >0.8 0 10 20 km	应急共识 · <0.6 · 0.6~0.65 · 0.65~0.7 · 0.7~0.75 · 0.75~0.8 · >0.8 0 10 20 km	恢复共识 · <0.6 · 0.6~0.65 · 0.65~0.7 · 0.7~0.75 · 0.75~0.8 · >0.8 0 10 20 km
8.GT_GD 乡府_区政府	备灾共识 · <0.6 · 0.6~0.65 · 0.65~0.7 · 0.7~0.75 · 0.75~0.8 · >0.8 0 10 20 km	应急共识 · <0.6 · 0.6~0.65 · 0.65~0.7 · 0.7~0.75 · 0.75~0.8 · >0.8 0 10 20 km	恢复共识 · <0.6 · 0.6~0.65 · 0.65~0.7 · 0.7~0.75 · 0.75~0.8 · >0.8 0 10 20 km

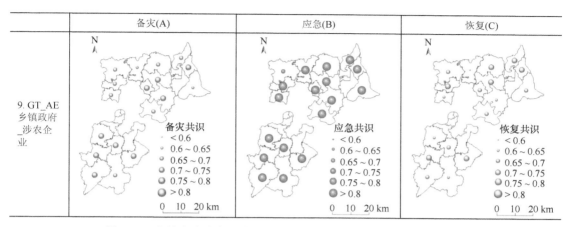

图 4.12　鼎城农业旱灾风险防范乡镇尺度不同主体之间旱灾过程共识

平均值最大，达到 0.69，HO_VC 的共识平均值最小，为 0.54，各组主体共识的极差均不超过 0.2。较高收入区农户和其他主体的共识略高于其他两个区域对应组别主体的共识，而较低收入区农户和其他主体的共识最低。三个区域各村主体在恢复措施上的认知较为一致。

3）区尺度灾害过程共识

进一步从全区尺度分析各组主体在旱灾风险防范过程的共识（图 4.13）。

备灾共识中，各组主体共识的平均值均在 0.6 以上，组内各村之间主体共识的离散程度较大（共识的极差比较大）。除 VC_GT 的共识有双峰分布外，其他主体的共识均为单峰分布。各组主体的共识平均值分布在[0.68, 0.75]，其中 GT_GD 的共识平均值最大，HO_GD 的共识平均值最小，各组主体共识的极差均在 0.2 以下，各组主体共识的标准差均比较小。调查问卷中相关问题主要涉及受访者对预防措施的认知，各村农户、村委、政府两两之间在防范措施上的认知差异较为明显。

应急共识中，各组主体共识均处在较高水平，其平均值都在 0.75 以上，组内各村之间主体共识离散程度较大（共识的极差比较大）。VC_GT 共识的平均值高达 0.86，各组主体共识的极差小于 0.4。总体而言，各组主体的应急共识高于对应主体的备灾共识和恢复共识。调查问卷中相关问题主要涉及受访者对旱灾应急措施的认知，以上问题不涉及利益，主体之间容易达成较高水平的共识。

恢复共识中，各组主体的共识水平低于对应主体的备灾共识水平和应急共识水平。所有组别主体恢复共识的平均值均小于 0.7，各组主体共识的极差小于 0.4，组内各村之间主体共识的离散程度较小。HO_VC、VC_GT 的共识平均值较小，且这两组主体共识的极差均比较大，反映出 HO_VC、VC_GT 在旱灾恢复措施认知上的差异比较大。各组主体中，GT_AE 共识的平均值最大，也只有 0.68，说明各主体感知的差异比较大。调查问卷中相关问题主要涉及受访者对改种补种、外出务工、土地流转以及农业保险等措施的恢复效果进行评价。农户、村委、乡镇政府负责人、涉农企业负责人的不同立场、不同思维方式等影响他们对以上问题的评价，从而形成多样化的认知，这也是造成各组主体共识偏低的原因之一。

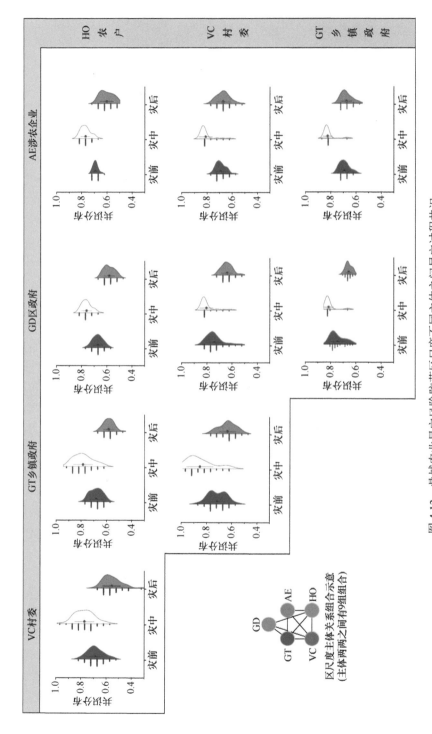

图 4.13　鼎城农业旱灾风险防范区尺度不同主体之间旱灾过程共识

（1）三种颜色小提琴图分别表达各组主体在灾前-灾中-灾后措施上的共识分布曲线；（2）本图每个方格里的图片对应一组主体组合的共识，如第 1 行第 1 列对应 HO 和 VC 的共识

3. 鼎城综合共识分析

求取主体理解度、公平性、宽容度、约束度和归属感 5 类共识的平均值，得到综合共识，用以全面表达主体在意识形态上的一致性程度。针对评价结果，从不同孕灾环境、风险水平和经济水平角度分析主体综合共识的区域规律。区域内主体共识的平均值越高，表明他们的感知越一致；共识的极差和标准差越大，表明各村、各乡镇主体感知的差异性越大。

1）村尺度综合共识

各孕灾环境区 7 组主体之间综合共识的统计结果如图 4.14 所示。平原区 VC_GT 综合共识的平均值最大，达到 0.67，HO_GD 综合共识的平均值为 0.55。各村 HO_VC、VC_GT 综合共识的差异比较明显，其极差分别达到 0.3 和 0.25。丘陵区所有村各组主体综合共识的平均值分布在[0.53，0.71]，其中 VC_GT 综合共识最大，HO_AE 综合共识的平均值最小。HO_VC、VC_GT 综合共识的极差比较大，分别为 0.2 和 0.24。低山区所有村各组主体综合共识的平均值分布在[0.51，0.69]，其中 VC_GT 综合共识的平均值最大，HO_AE 综合共识的平均值最小。各组主体共识的极差分布在[0.08，0.15]，其中 VC_GD 综合共识的极差最大，HO_VC、HO_AE 综合共识的极差最小。

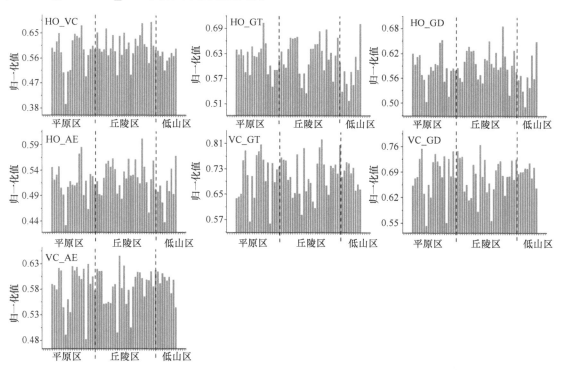

图 4.14　鼎城农业旱灾风险防范村尺度不同孕灾环境区主体之间综合共识

各风险区 7 组主体之间综合共识的统计结果如图 4.15 所示。低风险区中 VC_GT 综合共识的平均值最大，达到 0.7，HO_AE 综合共识的平均值最小，为 0.51，各组主体综合共识的极差均在 0.3 以下，其中 HO_VC、VC_GT 综合共识的极差较大，均达到 0.26。较低风险区 VC_GT 综合共识的平均值最大，达到 0.72，HO_AE 综合共识的平均值最小，为 0.52，所有村各组主体综合共识的极差均小于 0.3。中高风险区所有村各组主体综合共识的平均值分布在[0.53，0.7]，各组主体综合共识的极差均小于 0.2。

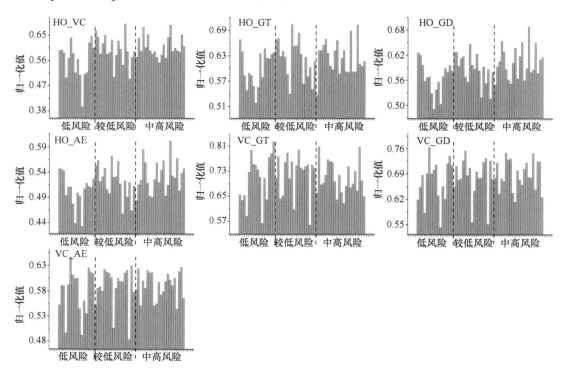

图 4.15　鼎城农业旱灾风险防范村尺度不同风险水平区主体之间综合共识

2）乡镇尺度综合共识

各经济水平区 9 组主体之间综合共识的统计结果如图 4.16 所示。较高收入区所有乡镇各组主体综合共识的平均值均超过 0.6，其中 VC_GT、VC_GD 和 GT_GD 综合共识的平均值最大，达到 0.71，GT_AE 综合共识的平均值最小，仅为 0.61，各组主体综合共识的极差均小于 0.1。中等收入区 VC_GD 综合共识的平均值最大，达到 0.71，GT_AE 综合共识的平均值最小，为 0.6，各组主体综合共识的极差均不超过 0.15。较低收入区所有乡镇各组主体综合共识的平均值分布在[0.6，0.71]，VC_GD、VC_AE 综合共识的平均值最大，GT_AE 综合共识的平均值最小，各组主体综合共识的极差均小于 0.15。总体而言，较高收入区各乡镇之间主体感知差异性比较小。

3）区尺度综合共识

从区尺度分析各组主体的综合共识（图 4.17）。各组主体的综合共识均为单峰分布，其中 GT_GD 综合共识的平均值最大，达到 0.7，HO_AE 综合共识的平均值最小，为 0.52，各组主体综合共识的极差分布在[0.08，0.31]，其中 HO_VC、VC_GT 综合共识的极差较大，分别为 0.31 和 0.27。另外，HO_AE，VC_AE、GT_AE 综合共识的平均值比较低，分别为

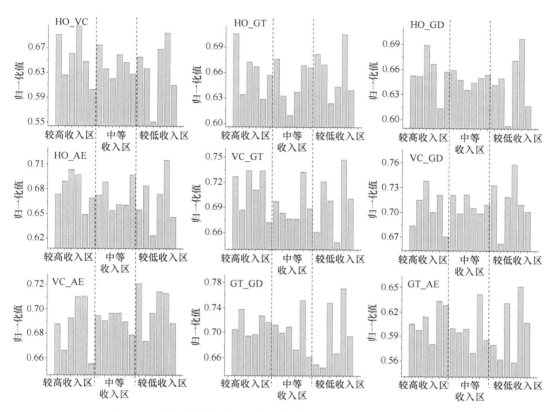

图 4.16　鼎城农业旱灾风险防范乡镇尺度不同主体之间综合共识

0.52、0.59 和 0.6，表明涉农企业和其他主体在旱灾风险防范感知上的差异比较大。VC_GT、VC_GD 以及 GT_GD 综合共识的平均值比较高，分别为 0.71、0.68 和 0.7，表明村委、乡镇政府、区政府之间在旱灾风险防范感知上的差异比较小。

　　总体而言，农户、村委、政府、涉农企业之间在农业旱灾风险防范感知有较大的差异。由于自然条件、区域发展等因素的影响，各主体对待相关措施的态度和行为也不尽相同。例如，实施推广土地流转政策：各乡镇主体的态度差异明显。在平原区的蒿子港镇，各类主体都十分支持该项政策的开展实施，这是因为该镇土地肥沃，水源充沛，土地流转的效益明显，利润比较丰厚，农户愿意出租土地，政府积极招商引资，涉农企业乐于投资。土地流转满足了个人与集体的利益需求，所以该镇各类主体在此类问题上的感知一致性较高。而同样位于平原区的牛鼻滩镇、韩公渡镇，当地存在重金属污染等问题，土地流转遇到比较大的问题，土地流转不能满足各类主体的需求，所以在推广该政策过程中很难达成共识。再如，推广农业保险政策：经济富裕村庄，其村委会直接给全村农户购买保险，农户群体很积极配合政策的推广，而对于一些贫困村的农户而言是一种负担，农户配合推广的态度就比较消极，在这些问题上，很难达成共识。

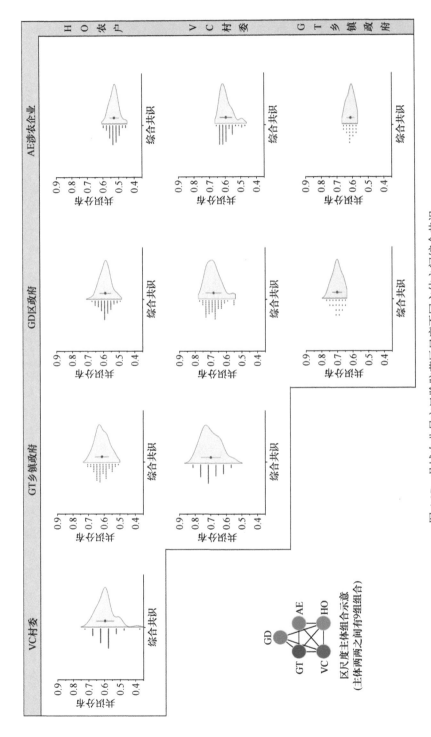

图 4.17 鼎城农业旱灾风险防范区尺度不同主体之间综合共识

(1) 小提琴图表达各组主体综合共识分布曲线; (2) 本图每个方格里的图片对应一组主体组合的共识, 如第 1 行第 1 列对应 HO 和 VC 的共识

4.3　水田农业区旱灾风险防范多主体联系效率评价

4.3.1　多主体联系效率计算框架及方法

1. 分析框架与研究内容

社会网络可以用来表达人与人之间的关系以及他们之间在信息、物质上的交流情况（Daher et al.，2019；Levy and Lubell，2018）。社会网络组成成分通常包括以下部分：结点和连线。结点的活动可以是相互独立的，但是它们对整个网络的性质有所影响，同时结点的时空相似性会影响到连线强度和方向等（Rand et al.，2014；Robins，2015）。社会网络是人们共享规则，进而促进群体发展的合作形式，人们可以通过这种联系寻求更多的支持和帮助（Abid et al.，2017；Azhoni and Goyal，2018）。

基于社会网络研究，采用"点边"结合的思路分析风险防范主体的社会关系以及联系效率（图 4.18），"点"表示主体，分别为农户（HO）、村委（VC）、乡镇政府（GT）、区政府（GD）和涉农企业（AE），"边"表示以上 5 类主体之间的联系状态。首先，建立 5 类主体在旱灾灾前、灾中和灾后的社会网络；其次，定量主体间接触概率；最后，通过尺度综合、多指标综合和多维统计角度分析主体之间的联系效率。基于上述"点-边"结合的思想，本书构建一套社会网络联系效率评价体系，其主要研究内容如下（图 4.19）。

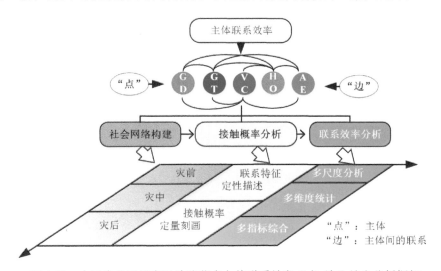

图 4.18　水田农业区旱灾风险防范多主体联系效率"点-边"结合分析框架

（1）通过文献阅读与野外调研，确定旱灾风险防范的主要主体，将有关联的主体进行连线，从而构建多主体社会网络。分析社会网络中的农户、村委、乡镇政府、区政府以及涉农企业在旱灾灾前、灾中、灾后的联系情况，了解他们在旱灾风险防范中进行信息、物质、技术交流的过程。

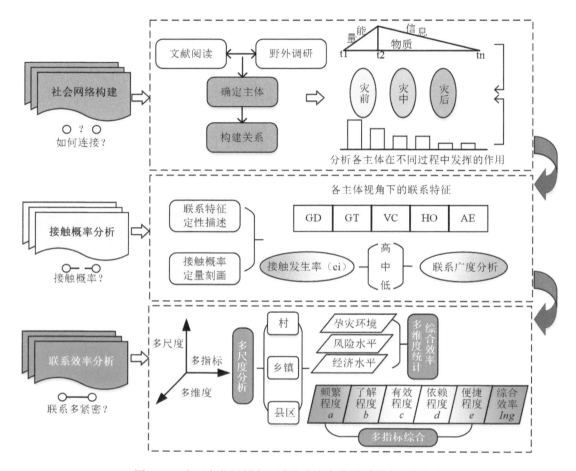

图 4.19　水田农业区旱灾风险防范多主体联系效率研究内容

（2）分别从农户、村委、乡镇政府、区政府和涉农企业主体视角出发，计算各类主体与他人的接触概率（ci），从而分析各主体联系的广泛程度（接触概率越高，主体之间联系越广）。

（3）在村、镇尺度上，从孕灾环境、风险水平和经济水平三个维度统计分析主体之间的综合联系效率（Ing），在区尺度上，分别定量主体之间在a、b、c、d、e 5 个方面的联系效率以及各主体之间的综合联系效率。

2. 联系效率指标构建

主体之间联系的内涵十分广泛，他们之间的沟通频率、交流便利程度、彼此依赖程度等都是其关系质量的体现，综合考虑各项联系内涵，构建了表4.6 的指标体系，主要包括接触概率（ci）、交流频繁程度（a）、工作了解程度（b）、协助有效程度（c）、相互依赖程度（d）和沟通便捷程度（e）。接触概率用以辅助了解主体间联系的特征，不参与评价主体间的联系效率。

表 4.6 水田农业区旱灾风险防范各部门、单位联系指标体系

指标	问题	Liker Scale	联系主体*
接触概率（ci）	您是否与以下人员接触过？	1.是 2. 否	
交流频繁程度（a）	您是否与以下人员经常协商或讨论？	1.完全没有 2. 偶尔有 3.经常有	
工作了解程度（b）	您有多清楚以下人员工作职能？	1.完全不清楚2.不太清楚3.一般 4.比较清楚5.非常清楚	GD，AD，WD，
协助有效程度（c）	您认为以下人员对您有多大的帮助？	1.完全没帮助2.不太有帮助3.一般 4.比较有帮助5.非常有帮助	CD，MD，FD， DD，GT，AT， WT，CT，VC，
相互依赖程度（d）	您有多依赖以下人员提供的信息？	1.不依赖2.不大依赖3.一般 4.比较依赖5.非常依赖	HO，AE，IC
沟通便捷程度（e）	您和以下人员沟通的方便程度如何？	1.未得过帮助2.非常不便3.比较不便 4.一般5.比较方便6.非常方便	

*联系主体代码含义：GD（区政府负责人）、AD（区农业局负责人）、WD（区水利局负责人）、CD（区民政局负责人）、MD（区气象局负责人）、FD（区财政局负责人）、DD（区发改局负责人）；GT（乡镇政府负责人）、AT（乡镇农技站负责人）、WT（乡镇水利站负责人）、CT（乡镇民政所负责人）、VC（村委）、HO（农户）、AE（涉农企业负责人）、IC（保险公司负责人）。

3. 基于多指标的联系效率评价方法

本书通过以下两个步骤开展主体联系效率的评价：

（1）接触概率计算。表 4.6 中的第一题用以计算接触概率，具体如式（4.7）所示：

$$\text{CI}_{SA} = \frac{N_{SA}}{S_{\text{sum}}} \tag{4.7}$$

式中，CI_{SA} 为 S 群体视角下与 A 群体的接触概率；N_{SA} 为 S 群体中与 A 群体有过接触的人数；S_{sum} 为 S 群体被调查的总数。

（2）单项指标联系效率和综合联系效率计算。表 4.6 中指标 a，b，c，d，e 均对应一道题目。对于每道题目，将某类群体内每个人的打分结果进行标准化后求取平均值，得到主体在对应 a，b，c，d，e 指标上的联系效率 In_{S-A}^{x}[式（4.8）]，然后求取 5 个单项指标联系效率的平均值，得到综合联系效率 Ing_{S-A}[式（4.9）]，每个指标视为同等重要，所以此处权重相同：

$$\text{In}_{S-A}^{x} = \frac{1}{S_{\text{sum}}} \sum_{i=1}^{S_{\text{sum}}} \left(\frac{x_i - x_{\min}}{x_{\max} - x_{\min}} \right) \tag{4.8}$$

$$\text{Ing}_{S-A} = \frac{1}{5} \left(\text{In}_{S-A}^{a} + \text{In}_{S-A}^{b} + \cdots + \text{In}_{S-A}^{e} \right) \tag{4.9}$$

式中，In_{S-A}^{x} 为在 S 主体视角下，S 群体和 A 群体在 x 指标的单一联系效率；S_{sum} 为 S 群体被调查的总数；x_i 为 S 群体第 i 个受访者在指标 x 上的量表打分；x 指标分别为 a，b，c，d，e 指标。Ing_{S-A} 为在 S 主体视角，S 群体和 A 群体的综合联系效率。

4.3.2 鼎城多主体联系效率分析

综合灾害风险防范领域中多主体合作及其社会网络研究越来越受到关注。剖析社会网络

及其联系效率有助于各主体在抗灾中协调关系、传递信息、共享资源等，从而有效提高防灾减灾效率。基于问卷调查和多指标分析方法，建立政府、村委、农户、涉农企业等多主体在旱灾灾前-灾中-灾后的风险防范社会网络，分析不同主体视角下的接触概率以及主体之间的联系效率，旨在为提高各主体抗旱合作联系效率提供借鉴与参考，为凝聚力评价奠定基础。

1. 动态过程的社会网络构建

基于调查和文献分析，构建了动态过程的社会网络，展示了 3 个尺度下（区→乡镇→村）、4 类主体（农户、村委、政府及相关部门、涉农企业）在 3 个不同抗旱阶段（灾前、灾中、灾后）进行物质、信息和技术交流的过程，为下文主体之间联系效率评价奠定基础（图 4.20）。

灾前阶段的社会网络由政府部门主导，呈现"自上而下，各主体无交叉"的特点。政府部门提前制定抗旱规划，协调每个部门的工作。区尺度上，民政局一般会提前和大型超市签订救灾物资协议，储备饮用水、粮食等，气象局进行干旱监测和预报，水利局进行常规检查和维修已损坏的水利设施，农业局进行优质种植品种推广，发改局起草、拟定一些重大的水利工程、民生工程项目，财政局负责各项目的审批和拨款等。乡镇尺度上，农技站负责种子的销售与种植技术指导，水利站负责各村主要水利设施（水库、大坝、山塘）的检查与维修。村尺度上，村委会全权负责村集体的农业、水利、民政等各项民生工程，将上级通知的农业政策、规定等与村民沟通。此外，保险公司通过各级政府以及村委会，将农业政策性保险推荐给广大农户，农户则在村委会的组织下自愿购买农业保险。

灾中阶段的社会网络由抗旱指挥中心主导，呈现"上下同步，多主体联动"的特点。政府部门会迅速响应，成立抗旱指挥中心调度各个部门，在其领导下，全区抗旱应急队伍会根据需求进行实时调整。区尺度上，水利局工作量倍增，和各乡镇联系，开展抽水调水工作，情况严重时还组织建设应急水源工程等，农业局则会下乡进行田间生产指导，民政局则运送和发放灾前储备的救灾物资，气象局会定时传送气象资料给区里相关部门，必要时，在上级的批示下，气象局会在受旱严重区域实施人工降雨，粮食、电力等部门则都处在应急状态，时刻准备配合救灾工作。乡镇尺度上，政府临时成立乡镇抗旱指挥中心（可调动非农业部门的工作人员进行应急抗旱），其中，农技站负责进行抗旱保苗指导，水利站指挥各村有序调水，以及民政所负责救灾物资发放到户等，各乡镇部门实时交流旱灾灾情，同时乡镇工作人员下乡频率大幅度增加。村尺度上，应急小分队启动，村委与农户几乎每天下田视察苗情，寻找水源，反馈墒情。应急阶段各主体在信息、物质、技术方面的交流最为频繁。

灾后阶段的社会网络由市场主导，呈现"自下而上，各主体少交流"的特点。区尺度上，政府组织就业招聘工作，农业局进行损失评估，指导种植结构调整。乡镇和村尺度上，保险公司、涉农企业发挥了更大的作用，如保险公司和农业局一起进行勘灾，从而提供理赔，企业则通过粮食收购、市场价格调节等经济手段缓冲受灾损失。农户根据灾损情况进行补种、改种其他农作物或者外出务工。鼎城农户对受旱后改、补种其他农作物的响应较弱，拓展非农收入的意识也较为薄弱，其中很大的原因在于改、补种的作物缺乏销售渠道，拓展非农收入缺少相关就业渠道。虽说政府有组织招聘会等，但提供的信息有时比较滞后，同时政府很少提供针对性的培训，所以农户的就业需求经常得不到满足。

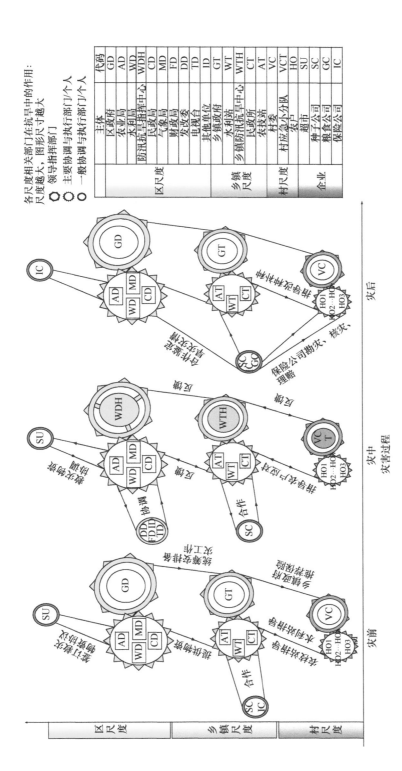

代码	主体		
GD	区政府	区尺度	
AD	农业局		
WD	水利局		
WDH	防汛抗旱指挥中心		
CD	民政局		
MD	气象局		
FD	财政局		
DD	发改委		
TD	电视台		
ID	其他单位		
GT	乡镇政府	乡镇尺度	
WT	水利站		
WTH	乡镇防汛抗旱中心		
CT	民政所		
AT	农技站		
VC	村委	村尺度	
VCT	村应急小分队		
HO	农户		
SU	超市	企业	
SC	种子公司		
GC	粮食公司		
IC	保险公司		

各尺度相关部门在抗旱中的作用：
尺度越大，图形尺寸越大
⊚ 领导指挥部门
◎ 主要协调与执行部门/个人
◯ 一般协调与执行部门/个人

图 4.20　鼎城农业区旱灾灾前-灾中-灾后社会网络体系

图中右边的符号和表格为图例，符号（不同齿轮）表示抗旱过程中发挥不同功能的主体；表格分为区、乡镇、村、企业 4 个维度，每个维度有不同主体以及名字缩写。坐标内为本书构建的旱灾风险防范社会网络体系，横坐标为灾害过程，纵坐标为不同维度，齿轮间的直线为相应主体之间的联系，直线上是主体之间的说明，物质交流情况的说明

总体而言，农业旱灾风险防范过程的社会网络呈现出阶段性和尺度性差异。农户、涉农企业等不重视备灾，乡镇政府和区政府在恢复阶段未能提供足够的帮助。在凝聚各主体合作抗旱过程中，农户、社会力量的备灾积极性，政府在旱灾恢复中的引导力度还有待提升（如通过更多渠道进行宣传，组织针对性指导等）。

2. 独立主体视角下的社会网络接触概率分析

在已构建的社会网络的基础上，确定农户、村委、乡镇政府及相关部门、涉农企业是旱灾风险防范系统中的重要主体，然后从每类主体视角出发（即分别固定每类主体），计算其与不同主体的接触概率（表 4.6），接触概率越高，反映主体之间互相联系的人数越多，联系范围就越广泛。每类主体视角下自身与其他主体的接触概率用雷达图进行表示（图 4.21）。

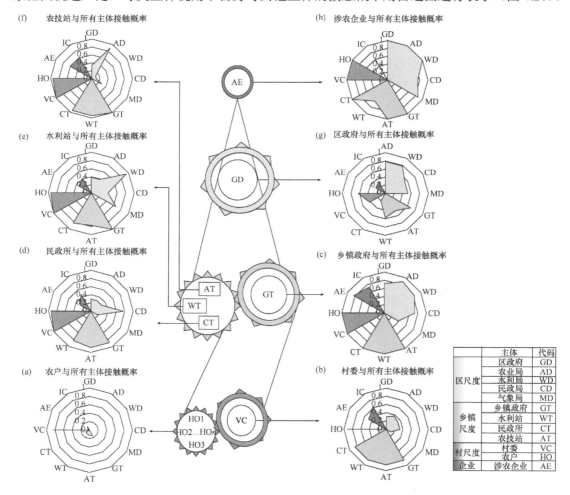

图 4.21　鼎城不同主体视角下的社会网络接触概率

A 主体与 B 主体的接触概率：A 主体内部与 B 主体有过接触的人数/A 主体被调查的总人数；图中固定农户视角，则农户和村委的接触概率为 844（844 位农户与村委有过接触）/1009（一共调查 1009 名农户）=0.84，农户与其他主体的计算依此类推；图中（a）、（b）、（c）、（d）、（e）、（f）、（g）、（h）分别对应 HO、VC、GT、CT、WT、AT、GD、AE 视角计算的接触概率；图中代码为各主体英文名字的缩写

1）农户与村委视角下的接触概率

农户视角下，农户与所有主体接触概率的平均值为 0.12，极差达到 0.84[图 4.21（a）]。农户和村委的接触概率达到 0.85，而与乡镇政府领导的接触概率最高仅为 0.15，与区政府以及区事业单位领导的接触概率在 0.1 以下，另外，农户与涉农企业和保险公司的接触概率仅为 0.05 和 0.09。可见，村委成为农户联系的主要对象[图 4.21（a）]。造成以上现象的原因主要是随着中国城市化的发展，大量年轻劳动力到城镇务工，而老年人则成为农村的主要劳动力，他们很少和政府、涉农企业联系，显得比较"孤立"。通过调查了解到，目前农户与其他主体在沟通联系过程中存在的主要问题体现在：①误解造成的问题。很多农户因为受教育水平低，对于新事物的接受能力比较差，很难理解村委传达的相关信息，容易造成误解，从而与村委产生隔阂，造成关系疏远。②潜意识忽视造成的问题。有较多农户潜意识中认为找人商量无法减轻农业旱灾影响，所以几乎不和他人联系探讨问题。③交流渠道受限造成的问题。农村中有一些农户思维活跃，对农业发展有很多新想法（如如何改进种植技术，如何提高土地生产力等），但是很难找到渠道和上级相关部门进行交流反馈。

村委视角下，村委和所有主体接触概率的平均值为 0.58，极差达到 0.79[图 4.21（b）]。村委与农户的接触概率达到 0.92，与乡镇政府、农技站、水利站和民政所的接触概率达到 0.86，与区政府以及相关部门的接触概率则比较小，最高只有 0.37（农业局），最低为 0.13（气象局）。以上结果体现村委"上传下达、串珠引线"的特点：把乡镇政府的信息传递给农户，同时将农户的信息反馈给乡镇政府，所以其和以上两类主体的接触概率比较高。另外，由于村委和区政府、企业一般不直接接触，因此相应的接触概率均比较低。通过调查了解到，目前村委与其他主体在沟通过程中存在的主要问题体现在：①与不同部门协调困难。上级政府各部门对村委下发的任务存在矛盾时，仅依靠村委协调各部门的矛盾存在一定难度。②与农户协调困难。在处理村集体利益与农户个人利益之间的矛盾时，当农户坚持个人利益时，村委和他们的沟通往往不能取得预期效果。③与企业协调困难。多数村委希望企业对当地进行投资，但企业一般看重经济回报，当农村自身条件不满足企业要求时，村委与企业在合作问题上的协商存在很大难度。

2）政府及相关部门视角下的接触概率

乡镇政府视角下，乡镇政府与所有主体接触概率的平均值高达 0.84，极差为 0.61[图 4.21（c）]，与农业局的接触概率最高，达到 0.89，与气象局的接触概率最低，仅为 0.39，与农户和村委的接触概率均高达 1。乡镇相关部门视角下，水利站、农技站和民政所与同级单位、村委、农户以及直属单位的接触最多[图 4.21（d）～图 4.21（f）]，其中，水利站、农技站和民政所与水利局、农业局和民政局的接触概率分别高达 0.94、0.89 和 0.76。乡镇政府和上下级的联系也具有"上传下达"的特点：乡镇干部要把区政府及各部门的信息向村委和农户传达，同时要将村里各项政策的落实情况向区政府反馈，所以乡镇政府和区政府、农户的接触概率比较高。另外，乡镇政府还有许多招商引资项目需要和企业协商，所以和企业的接触概率也比较高。以上结果可以看出，乡镇政府和各主体的联系很多、范围很广。乡镇政府和其他主体在广泛频繁的交流过程中也产生一些问题，主要体现在：①认知差异影响合作。乡镇政府各部门工作人员由于工作性质、实践经验的差异，对旱灾风险的认知有所不同，如民政所所长认为当地无须防范旱灾，而农技站站长认为当地防范旱灾十分必要，不同的认知对民政所配合农技站的抗旱工作造成一定影响。②关键人物信息反馈不到位影响交流。例如，某些乡镇的人大主席不重视下级单位的意见，很少将下级单位的提议向上级单位反馈，故下级单位许多建议无法和上级单位交流。

区政府视角下，区政府和所有主体接触概率的平均值为 0.52，极差达到 0.58[图 4.21（g）]。区政府和乡镇政府的接触概率最高，达到 0.68，与农户、水利站和农技站的接触比例分别为达到 0.63、0.58 和 0.47。区政府和不同主体的物质、信息、技术的沟通影响鼎城整个网络的运行效率。从图 4.21（g）可以看出，区政府和所有主体的接触概率均不高，反映出区政府和他人之间的交流比较少。通过调查了解到，区政府和不同主体在联系过程中存在的问题比较明显，主要体现在：①同级部门沟通不充分。鼎城相关部门之间交流不充分，影响相关资料的精确性。例如，针对乡镇农田灌溉面积资料，水利局和农业局的收集处理途径有所不同，得到的结果也不大一样，而他们对相关结果的交流有所欠缺，造成资料不一致的问题。②与农户交流少。区政府各部门一般不直接和农户进行沟通，这会给农户造成"政府不亲民"的印象，潜移默化地影响农户和政府的关系。

3）企业视角下的接触概率

企业视角下，企业和所有主体接触概率的平均值接近 1[图 4.21（h）]。由于发展需求，企业通常要与不同级别、不同部门的人员打交道，争取有利的政策，同时要和村委、农户等接触，拓宽业务，所以企业和不同主体的接触概率均比较高。以上结果反映出企业和各主体的联系范围很广。企业和其他主体在广泛的交流过程中也产生一些问题，主要体现在：①和他人关系的牢固性存在不确定性。企业与他人之间的联系多数受利益驱动，通常情况下，如果企业和他人有合作项目等，彼此之间的接触和交流会比较频繁，反之亦然，所以彼此之间的关系存在不确定性。②配合政府开展公益事业的力度有限。受企业的财力、物力、人力等因素限制，很多企业在自身利益和公益事业之间的平衡存在困难，所以多数情况下企业不能响应和配合政府的号召，这对企业和政府间的关系造成一定的影响。

3. 社会网络综合联系效率分析

1）村尺度联系效率

为了探究各主体联系效率的区域规律，本节从不同孕灾环境（平原、丘陵、低山）（图 4.22）和风险水平（低风险、较低风险和中高风险）（图 4.23）分析 7 组主体的综合联系效率。

（1）在不同孕灾环境区中（图 4.22），平原区 VC_GT 联系效率的平均值最大，达到 0.84，HO_GD 联系效率的平均值最小，仅为 0.37；所有村各组主体联系效率的极差中，VC_AE 的极差最大，达到 0.5，HO_VC 的极差最小，为 0.29。丘陵区所有村各组主体联系效率的平均值分布在[0.37，0.84]，其中 VC_GT 的平均值最大，HO_GD 的平均值最小；各组主体的极差分布在[0.23，0.5]，其中 VC_AE 的极差最大，VC_GT 的极差最小。低山区所有村各组主体联系效率的平均值分布在[0.37，0.84]，其中 VC_GT 的平均值最大，HO_GD 的平均值最小；各组主体联系效率的极差分布在[0.14，0.45]。总体而言，三个区域各组主体的联

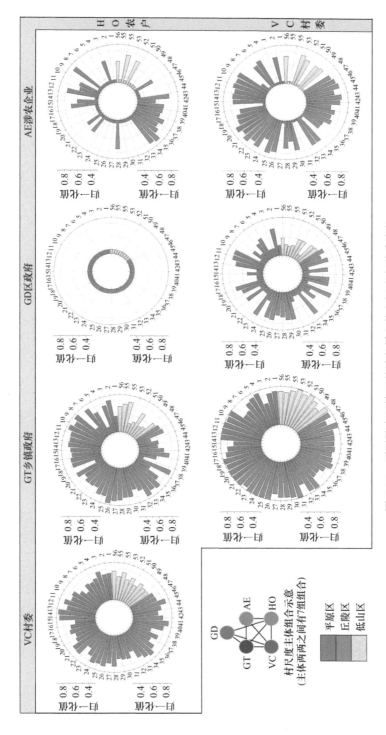

图 4.22　不同孕灾环境下归城各村主体之间综合联系效率

本图每个方格对应一组主体组合的综合联系效率，如第 1 行第 1 列对应 HO 和 VC 的综合联系效率；核心部分为玫瑰图，玫瑰图中的序号对应行政村

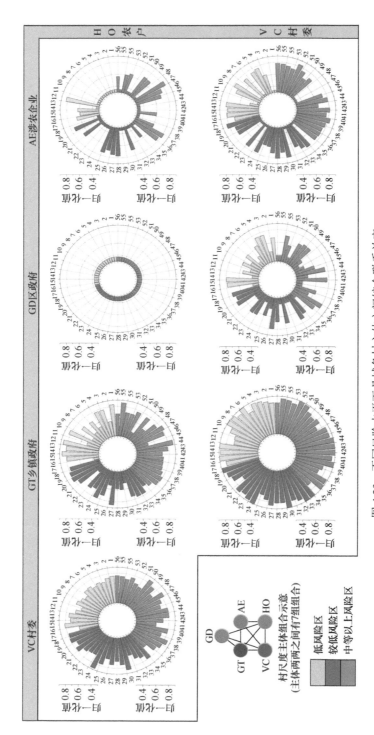

图 4.23 不同风险水平下鼎城各村主体之间综合联系效率

本图每个方格对应一组主体组合的综合联系效率，如第 1 行第 1 列对应 HO 和 VC 的综合联系效率；核心部分为玫瑰图，玫瑰图中的序号对应行政村

系状态较为接近，其中 HO_VC、VC_GT 联系效率较高，可以看出农户和村委、村委和乡镇政府两组主体之间关系非常密切。各村 HO_GD、VC_GD 的联系效率最低，可以看出农户和区政府、村委和区政府的关系较为疏远。平原区和丘陵区中，各村农户和乡镇政府、农户和涉农企业联系效率的差异比较大；各村村委和其他主体联系效率的差异也较为明显。

（2）在不同风险区中（图 4.23），低风险区所有村各组主体联系效率的平均值分布在[0.37，0.83]，其中 VC_GT 的平均值最大，HO_GD 的平均值最小；各组主体联系效率的极差分布在[0.24，0.48]。较低风险区 VC_GT 联系效率的平均值最大，达到 0.83，HO_GD 联系效率的平均值最小，为 0.37；各组主体联系效率的极差分布在[0.26，0.5]，其中 VC_AE 的极差最大，HO_VC 的极差最小。中高风险区所有村各组主体联系效率的平均值分布在[0.37，0.84]，其中 VC_GT 的平均值最大，HO_GD 的平均值最小；各组主体联系效率的极差分布在[0.24，0.5]。总体而言，农户和其他主体的联系效率呈现中高风险区>较低风险区>低风险区的区域规律。各风险区内，各村农户和区政府、农户和涉农企业联系效率的差异比较大；各村村委和区政府、村委和涉农企业联系效率的区域差异也较为明显。

2）乡镇尺度联系效率

进一步从经济水平角度分析各组主体的综合联系效率：从空间分布看（图 4.24），较低收入区谢家铺镇和花岩溪镇的镇政府和区政府的联系效率超过 0.7，而农户和其他主体的联系效率多在 0.5 以下。韩公渡镇和牛鼻滩镇主体之间的联系效率均小于 0.8。中等收入区十美堂镇和中河口镇主体之间的联系效率比较高，其中十美堂镇政府和农户、村委、区政府、涉农企业的联系效率均超过 0.7，中河口镇乡镇政府和村委、区政府的联系效率也超过 0.8；较高收入区灌溪镇、周家店镇和草坪镇主体之间的联系效率比较高，以上三个乡镇内部多数主体之间的联系效率都超过 0.6（农户和区政府的联系效率除外）。

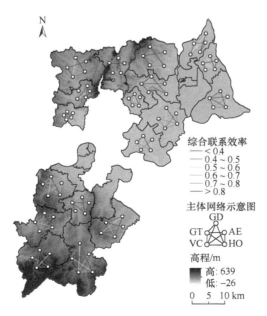

图 4.24　各乡镇不同主体综合联系效率空间分布

从统计结果看（图 4.25），较低收入区 VC_GT 联系效率的平均值最大，达到 0.8，HO_GD 联系效率的平均值最小，仅为 0.37；所有镇各组主体联系效率的极差均在 0.2 以下。中等收入区 VC_GT 联系效率的平均值最大，达到 0.88，HO_GD 联系效率的平均值最小，仅为 0.37；其极差均不超过 0.3。较高收入区所有村各组主体联系效率的平均值分布在[0.37，0.83]，其中 VC_GT 的平均值最大，HO_GD 的平均值最小；各组主体联系效率的极差均在 0.3 以下。

总体而言，行政等级相距近的主体，如农户和村委、村委和乡镇政府之间的联系效率比较高。另外，农户、村委和不同主体联系效率的区域差异较小，而涉农企业和不同主体联系效率的区域差异则比较明显。

3）区尺度联系效率

从"数量"和"质量"的角度，进一步分析各组主体的单项联系效率以及综合联系效率。交流频繁程度（a）反映主体之间交流的频率（主体对彼此之间联系状态的"数量"评价）（图 4.26）。总体而言，农户评价自身与他人的联系频率比较低；农户、村委的评价和他人互评的差异较为明显。

（1）农户视角下，评价值分布在[0，0.54]，农户认为与区级政府部门的联系频率几乎为 0。村委视角下，村委与农户、乡镇政府、涉农企业的联系十分频繁，其中与农户的联系频率最大，达到 0.93；乡镇政府视角下，乡镇政府与农户、村委的联系频率均在 0.8 以上。涉农企业视角下，涉农企业和所有主体的联系频率分布在[0.63，0.75]。

（2）农户评价自身和其他主体的联系频率多数低于其他主体评价他们与农户的联系频率，其中农户和区政府互评差异十分显著，达到 0.71；村委和区政府、村委和农户的互评差异也比较显著，分别达到 0.56 和 0.39；乡镇政府和区政府、企业的互评差异则比较小。农户评价自身和他人联系状态时，量表打分偏低，而其他主体评价自身和农户的联系状态时，量表打分较高，反映农户和其他人对彼此之间的关系存在认知上的差异。

工作了解程度（b）、协助有效程度（c）、相互依赖程度（d）、和沟通便捷程度（e）是主体相互了解程度以及交流效果的反映（主体对彼此之间联系状态的"质量"评价）（图 4.27）。总体而言，所有主体在相互依赖度上的评价比较低，农户在各项指标上的评价比较低，以及农户和他人互评的差异比较大（图 4.26）。

（1）农户视角下，农户评价自身和不同主体在 b、c、d、e 四种联系状态上的平均值分别为 0.31、0.36、0.29 和 0.42；村委视角下，村委评价自身和不同主体在四种联系状态上的平均值分别为 0.72、0.69、0.53 和 0.70；乡镇政府视角下，乡镇政府评价自身和不同主体在四种联系状态上的平均值分别为 0.86、0.86、0.68 和 0.78。

（2）农户在 b、c、d、e 上的量表分数均低于其他主体的互评，涉农企业与其他主体的互评差异也比较大，其余主体与他人的互评差异比较小（图 4.28）。总体而言，农户在四种联系状态上的评价均比较低，所有主体在相互依赖程度（d）上的评价均比较低，反映主体之间的信任度还有待提升。

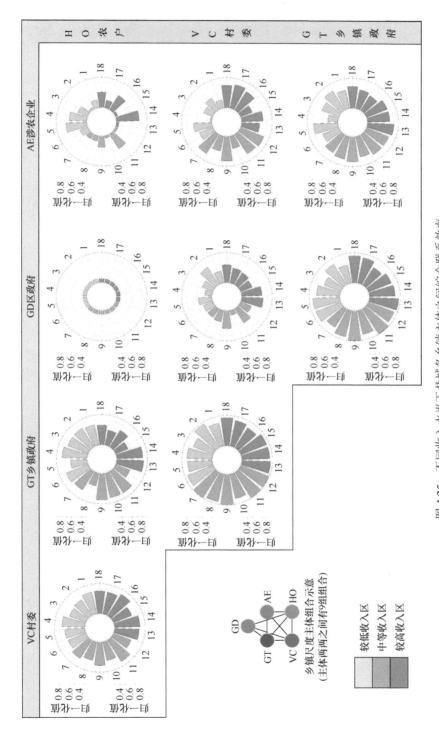

图 4.25　不同收入水平下鼎城各乡镇主体之间综合联合联系效率

每个方格对应一组主体的联系效率；如第 1 行第 1 列对应 HO 和 VC 的联系效率，玫瑰图的序号对应行政村

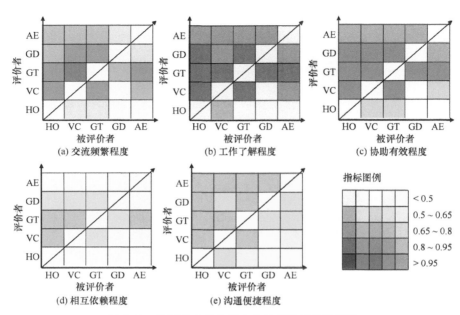

图 4.26　鼎城多主体之间 5 个单项联系效率评价

纵坐标代表主体视角，横坐标则为被评价主体，以对角线为轴的对称数值正好是主体之间的双向评价，以图（a）为例，假设坐标原点为（0，0），则图（a）中（1，2）方块表示 VC 视角下 VC_HO 的联系频率，（2，1）方块表示 HO 视角下 VC_HO 的联系频率

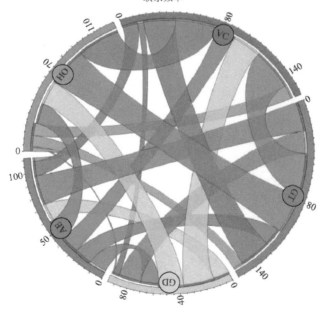

图 4.27　鼎城多主体之间综合联系效率可视化

为了直观地表达综合联系效率，本图将联系效率用指数函数 $w=3^{10*lng}$ 进行放大，其放大结果为图中的条带宽度。图中圆周被分为 5 个部分，分别表示 5 类主体，从圆周发出的条带（与圆周无空隙）代表评价主体视角下的联系效率，终止于圆周的条带（与圆周之间有白色空隙）代表被评价主体视角小的联系效率，该图可以表达主体之间联系效率的互评结果。以涉农企业为例，红颜色条带为涉农企业视角下涉农企业与不同主体的联系效率，而终止于红色圆周的其他条带，则为其他主体与涉农企业的联系效率

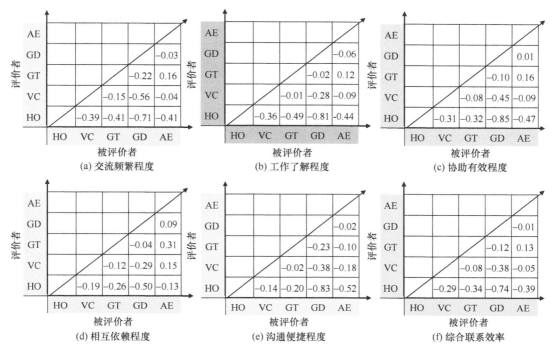

图 4.28　多主体在各个联系指标上的互评差异

差异值=右下方方块值−轴对称左上方方块值；图中字母详见附录 2

综合联系效率（Ing）结合"数量+质量"的评价，更全面地反映主体之间的联系状态。图 4.27 表达每组主体综合联系效率的互评结果，即每类主体视角下自身和其他主体之间综合联系效率的自评和他评。以涉农企业为例，图中红色条带为涉农企业视角下涉农企业与不同主体的综合联系效率，而终止于红色圆周的其他条带，则为其他主体与涉农企业的综合联系效率。

（1）农户视角下，农户和其他主体综合联系效率的平均值比较低，仅为 0.35，而村委、乡镇政府、涉农企业视角下，它们自身和其他主体综合联系效率的平均值较高，分别达到 0.67、0.81 和 0.66。

（2）农户和其他主体的综合联系效率互评差异大，与村委、乡镇政府、区政府和涉农企业的互评差异分别达到 0.29、0.34、0.74 和 0.39（图 4.28）。可以看出，农户视角下自身和其他主体的综合联系效率比较低，同时农户、涉农企业与其他主体互评的差异比较大。

总体而言，在单项联系效率中，"数量"评价结果反映农户与其他主体的交流频率比较低；"质量"评价结果显示各主体的相互依赖程度比较低，他们之间的互信程度有待加强。在综合联系效率中，各主体视角下自身和其他主体的综合联系效率呈现农户≈涉农企业<村委<乡镇政府主体的倾向，反映出农户和涉农企业两类主体在社会网络中的参与度仍有待提升。

4. 多主体联系效率的影响因子分析与验证

1）影响因子分析

农户与村委之间的关系是旱灾风险防范过程中最重要的关系之一。为了进一步理解影响他们联系效率的因素，将硬实力（hard power）、软实力（soft power）要素与各项联系效率指标进行相关性分析，结果见表 4.7。

表 4.7　农户和村委联系效率与硬实力影响因子相关性分析

	生产资料投入/元	家庭人均收入/元	农业收入比例/%	家庭抚养比/%	耕地总面积/亩	作物保险购买频率	教育水平
交流频繁程度	0.106**	0.132**	0.044	−0.034	0.107**	0.021	**0.207****
协助有效程度	0.087**	0.072*	0.049	−0.041	0.073*	−0.013	**0.219****
相互依赖程度	0.093**	0.071*	0.048	−0.026	0.083**	−0.012	0.147**
工作了解程度	0.111**	0.124**	0.077*	−0.047	0.110**	−0.046	**0.248****
沟通便捷程度	0.043	0.043	0.031	−0.034	0.034	−0.037	0.148**
农户和村委联系效率	0.104**	0.113**	0.067*	−0.043	0.099**	−0.014	**0.227****

**表示相关分析通过 0.01 显著性检验；*表示相关分析通过 0.05 显著性检验。

在硬实力影响因子中，农户生产资料投入、家庭人均收入、农业收入比例、耕地总面积、教育水平与农户和村委之间的单项联系效率和综合联系效率呈现正相关关系，其中教育水平与所有联系效率结果的相关系数分别为 0.207、0.219、0.147、0.248、0.148 和 0.227，均通过 0.01 显著性检验（表 4.7）。教育一直以来都被认为是影响行为的重要因素（Nakamura et al.，2017；Shiwaku et al.，2007），受教育程度高的农户倾向于采取更多种渠道获取农业信息、政策等，在此过程中，促进农户和他人的交流与合作（Dudzińska et al.，2017），可能是农户受教育水平和联系效率呈现正相关的原因之一。

在软实力影响因子中，农户抗旱积极性（p）、风险感知（s）、风险防范理解度（u）、风险防范宽容度（t）与农户和村委之间的单项联系效率和综合联系效率均呈现正相关关系，且均通过 0.01 显著性检验（沟通便捷程度与风险感知的相关性除外）。其中农户抗旱积极性与工作了解程度、综合联系效率的相关系数分别为 0.342 和 0.321，风险防范宽容度与协助有效程度、综合联系效率的相关性比较大，相关系数分别为 0.340、0.347（表 4.8）。研究表明，积极性越高的人，越可能敞开心扉与他人交流（Xu et al.，2017）。对事物持有宽容、理解态度的人更善于处理人际关系（Sattler and Nagel，2010）。这可能是农户抗旱积极性和风险防范宽容度与联系效率呈现正相关的原因之一。

表 4.8　农户和村委联系效率与软实力影响因子相关性分析

	抗旱积极性	风险感知	风险防范理解度	风险防范宽容度
交流频繁程度	0.298**	0.120**	0.226**	0.294**
协助有效程度	0.297**	0.123**	0.234**	**0.340****
相互依赖程度	0.242**	0.124**	0.179**	0.276**
工作了解程度	**0.342****	0.162**	0.299**	**0.318****
沟通便捷程度	0.184**	0.018	0.138**	0.262**
农户和村委联系效率	**0.321****	0.131**	0.248**	**0.347****

**表示相关分析通过 0.01 显著性检验。

2）联系效率验证

为了验证基于多指标计算的综合联系效率的可信度，本书探索了一种基于网络数据挖掘的方法，通过散点图表达，比较两种方法计算得到的联系效率。

在鼎城区政府网站上分别检索"抗旱、旱灾、干旱、农业、水利"等关键词，利用八爪鱼软件在网站上爬取 2010～2016 年相关的 4839 个网页，检索每篇网页中是否存在相关的涉农部门，如果同时存在某两个部门，则认为他们存在一次联系。计算两两部门的联系频率作为部门之间的联系效率，利用 Gephi 软件对主体之间的联系效率进行可视化表达，生成部门联系网络图（图 4.29）。其中，边的粗细代表两个部门之间的联系效率，结点大小代表该部门在社会网络中的重要性。从图 4.29 中可以看出区政府、乡镇政府和村委是社会网络的核心部门（该结果与图 4.20 构建的社会网络十分相近）。本节将基于两种方法计算得到的主体联系效率做成散点图进行分析（图 4.30），以两种方法得到的联系效率的中位数（0.08，0.86）为中点，分为 4 个区域。区尺度主体（包括区政府、水利局、农业局等）和其他主体的联系效率在每个区分布较为均匀；乡镇主体（镇政府、水利站等）和其他主体的联系效率位于 I、IV 区的偏多一些；村主体（村委、农户）与他人的联系效率多分布在中心点附近；涉农企业与他人的联系效率多分布在 II 区；保险公司与他人的联系效率主要位于 III 区。

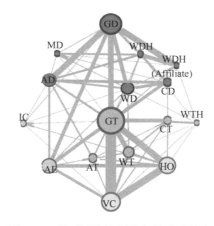

图 4.29 基于网络挖掘的主体联系效率

其中边的粗细反映两个主体之间的联系次数；结点大小反映其与网络中所有结点联系的总次数

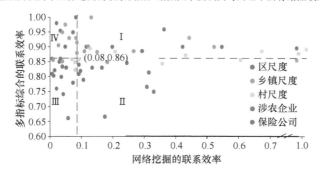

图 4.30 基于网络挖掘的联系效率与多指标综合的联系效率的主体联系效率对比

中点（0.08，0.86）将平面分成 I、II、III、IV 四个区。纵坐标是各组主体综合联系效率的平均值，散点用以对比两种方法计算得到的联系效率，如散点位于 I 区，则表明两种方法计算的结果均比较高，位于 III 区则表明两种方法计算的结果均比较低总体而言，①多数散点与中位数的距离都比较小，表明两种方法得到的联系效率的变化方向基本是一致的（即针对同一组主体而言，未出现一种算法得到的联系效率大，另一种算法得到的联系效率小的情况）；②Ⅰ区上主要是区、乡镇、村尺度的主体，表明两种方法下，区、乡镇、村尺度主体之间的联系效率都很高，体现出相关主体在抗旱联系网络中的重要作用，该结果在一定程度上验证了综合联系效率的可信程度。

4.4 水田农业旱灾风险防范凝聚力模拟与应用

4.4.1 水田农业旱灾风险防范凝聚力分析与计算方法

1. 分析框架与研究内容

（1）分析框架。基于凝聚力理论与方法，在上文多主体共识 f、联系效率 w 研究的基础上，结合抗旱硬实力 a（抗旱资源）的评价，构建了"f-w-a"分析框架：水田农业旱灾风险防范多主体的共识和联系效率分别在本书 4.2 节和 4.3 节中进行了分析，多主体的抗旱硬实力在本节中展开研究，首先建立人力、物力、财力的指标体系，然后通过指标综合评价硬实力。完成以上三个关键参数计算后，通过凝聚力模型，计算每类主体的凝聚度（图 4.31）以及整个系统的平均凝聚度（凝聚度是凝聚力的度量单位）。

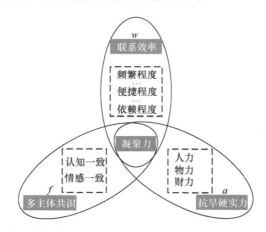

图 4.31　水田农业旱灾风险防范多主体凝聚力评价"f-w-a"分析框架

（2）研究内容。凝聚力模型由结点功能相位函数 $f_{d\theta}(\theta_i, \theta_j)$、结点功能强度 a 和结点间的联结效率 w 三部分组成，为"凝心"和"聚力"的定量化提供了具体途径。每个结点都有各自的功能相位（如感知、价值观、合作意愿等），可以通过功能相位函数 $f_{d\theta}(\theta_i, \theta_j)$ 计算结点互补或干扰的程度，用以反映"凝心"情况。结点功能强度 a 通过计算结点的减灾资源拥有量、减灾能力等，反映"聚力"情况。结点间的联结效率 w 则反映所有结点之间的联系状态（图 4.32）。本章中多主体共识对应凝聚力模型中的结点功能相位函数 $f_{d\theta}(\theta_i, \theta_j)$，联系效率对应联结效率 $w_{i,j}$，硬实力对应结点功能强度 a。

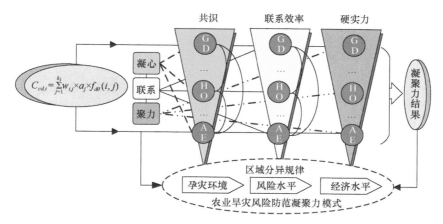

图 4.32　水田农业旱灾风险防范多主体凝聚力评价研究内容

通过以上三个参数，可以计算结点的凝聚度。以结点 i 的凝聚度为例，首先要分别计算 i 从某类主体身上凝聚到的资源量，然后将从所有主体身上凝聚到的资源量进行累加，得到结点 i 的凝聚度。例如，在计算农户 i 的凝聚度时，先分别计算农户从每类主体（村委、乡镇政府、区政府和涉农企业）身上凝聚到的资源量[即 $f_{d\theta}(\theta_i, \theta_j) \times w_{i,j} \times a_j$，其中 $f_{d\theta}(\theta_i, \theta_j)$ 为农户 i 和某类主体 j 的共识，$w_{i,j}$ 为农户 i 和某类主体 j 的联系效率，a_j 为 j 的抗旱硬实力]；然后将从以上四类主体身上凝聚到的资源量进行累加，得到农户的凝聚度。以此类推，可以分别计算村委、乡镇政府、区政府和涉农企业的凝聚度。系统的凝聚度则为所有结点凝聚度的平均值。在以上凝聚力评价结果的基础上，从孕灾环境、风险水平和经济水平三个维度分析凝聚力区域分异规律，然后结合当地农业生产、政策环境等特点，提出农业旱灾风险防范凝聚力模式。

2. 硬实力指标体系构建

本章构建的抗旱硬实力评价指标体系，包括经济因子、人力因子和物力因子 3 类一级指标，以及人均收入、农业劳动人口比例、有效灌溉率等 12 类二级指标（表 4.9）。

（1）经济因子：经济水平和减灾投入直接相关，有足够的经济能力，才有可能去购买抗旱设备、投入生产等。经济水平的高低直接影响主体的减灾能力。结合以上考虑，本书将经济因子具体细分为人均收入、地均生产资料资金投入、农业收入比例等。

（2）人力因子：劳动力资源也影响主体的抗旱能力。首先，劳动力充足，在面对灾害时才能避免心有余而力不足的情况；其次，劳动力受教育水平较高，通常更具有科技兴农意识，对新事物接受能力更强，更愿意尝试采用不同方法降低旱灾影响；再次，如果家庭人口负担比较轻，相对而言，抗旱能力也会较强。结合以上考虑，本书将人力因子具体细分为教育水平、农业劳动人口比例、家庭抚养比等。

（3）物力因子：物质资源拥有量是抗旱能力的具体表现。例如，灌溉资源直接决定抗旱能力，当降水无法满足作物生产需求时，干旱是否会造成灾害，与灌溉资源密切相关，灌溉能力越强，越能减轻旱灾造成的损失；另外，当拥有更多物质资源时，人们也更倾向

表 4.9 风险防范主体硬实力评价指标体系

一级指标	权重	二级指标	指标解释	权重	对象
经济因子	0.33	人均收入	农业收入、政策补贴收入、务工收入等总收入与家庭总人口比值	0.19	
		地均生产资料资金投入	单位耕地面积种子、化肥、农药等资金投入	0.09	
		农业收入比例（一）	种植业收入与家庭总收入比值	0.05	
人力因子	0.35	教育水平	大专及以上，赋值 5；高中，赋值 4；初中，赋值 3；小学，赋值 2；不识字，赋值 1	0.17	农户
		农业劳动人口比例	家庭中从事农业生产的人口占家庭总人口的比例	0.13	
		家庭抚养比（一）	家庭中 14 岁以下和 70 岁以上人口占家庭总人口的比例	0.05	
物力因子	0.32	人均耕地	家庭中耕地总面积与家庭总人口比值	0.3	
		有效灌溉率	家庭中有效灌溉面积与耕地总面积比值	0.02	
经济因子	0.33	人均收入	村内调查样本家庭中收入总和与样本家庭人数总和的比值	0.18	
		地均生产资料资金投入	村内调查样本家庭中生产资料投入总和与样本所拥有的耕地面积总和的比值	0.09	
		农业收入比例	村内调查样本家庭中农业收入总和与样本家庭收入总和的比值	0.05	
人力因子	0.35	农业劳动人口比例	村内调查样本家庭中从事农业生产人数总和与样本家庭人数总和的比值	0.10	行政村
		家庭抚养比（一）	村内调查样本家庭中 14 岁以下和 70 岁以上人口总和与样本家庭人数总和的比值	0.25	
物力因子	0.32	人均耕地	村内调查样本家庭中耕地面积总和与样本家庭人数总和的比值	0.29	
		有效灌溉率	村内调查样本家庭中有效灌溉面积总和与样本家庭耕地面积总和的比值	0.03	
经济因子	0.33	人均收入	乡镇经济收入与乡镇总人口的比值	0.17	
		种植业产值占比	乡镇种植业产值与农业总产值的比值	0.17	
人力因子	0.35	单位耕地面积劳动力资源	乡镇劳动力人口与耕地面积的比值	0.17	乡镇*
		农业劳动人口比例	乡镇劳动力人口与乡镇总人口的比值	0.17	
物力因子	0.32	地均生产资料投入量	乡镇农药、化肥等投入量与耕地面积的比值	0.15	
		地均灌溉渠长度	乡镇主、干渠长度与耕地面积的比值	0.15	

*因考虑到乡镇样本量问题，乡镇抗旱硬实力一、二级指标未采用熵权法，而是进行等权重处理。

注：（一）代表负向指标，该值越大，抗旱硬实力越小。

于关注防灾减灾等。基于以上考虑，本书将物力因子具体细分为人均耕地、有效灌溉率、地均灌渠长度等。

3. 凝聚力评价方法

凝聚力的关键参数：抗旱硬实力，主要通过多指标综合法进行评价，其中各个指标的权重结合专家打分法和熵权法进行确定。最终凝聚力评价则是多主体共识、多主体联系效率和抗旱硬实力综合的结果。详细步骤如下：

（1）抗旱硬实力指标权重确定。一级指标通过专家打分法确定权重；我们请求 45 位灾害研究领域的专家对一级指标两两之间的重要性进行打分，然后根据打分的矩阵，本书采用层次分析法（AHP）确定权重（Xie et al.，2012）。二级指标结合熵权法和专家打分法确定权重。其中，熵权法根据指标的信息熵确定权重，如果某指标信息熵越大，该指标提供的信息量越大，在综合评价中所起的作用理应越大，权重就应该越高，熵权法依赖于数据本身的离散程度，通过熵值的大小获知评价因素信息量的重要性（刘大海等，2015）。使用熵权法确定权重的具体步骤请参阅 3.4.1 节。

（2）凝聚力评价。凝聚力评价主要依据史培军等提出的凝聚力模型，具体如式（4.10）和式（4.11）所示：

$$C_{cd,i} = \sum_{j=1}^{k_i} w_{i,j} \times a_j \times f_{d\theta}\left(\theta_i, \theta_j\right) \tag{4.10}$$

$$C_{\text{system}} = \phi\left(C_{cd,i}^1, C_{cd,i}^2, \cdots, C_{cd,i}^m\right)_{\text{down}} \tag{4.11}$$

式中，$C_{cd,i}$ 为结点 i 的凝聚度，即结点 i 从所有主体身上凝聚到的资源总和；$w_{i,j}$ 为结点 i 和 j 之间的联系效率；a_j 为结点 j 的抗旱硬实力；$f_{d\theta}\left(\theta_i, \theta_j\right)$ 为结点 i 和 j 在风险防范问题上的共识；k_i 为与结点 i 有链接的主体数量；m 为系统中结点的数量；ϕ 为平均值算法；C_{system} 为系统凝聚度，通过求取系统中所有结点凝聚度的平均值得到。

4.4.2　鼎城多主体凝聚力评价

1. 各主体硬实力评价与分析

1）各主体硬实力分布总体情况

将鼎城 1009 位农户在各个单项指标上的抗旱硬实力进行归一化，得到其分布情况，如图 4.33 所示。

（1）经济因子中：鼎城多数农户的人均收入在 0.024 以下，所有农户人均收入的平均值为 0.022，极差为 0.047（极差指的是箱型图最上端盒须线表示的值与最下端盒须线表示的值的数值差）；多数农户的地均生产资料资金投入分布在[0.019，0.048]，其平均值为 0.04，极差为 0.09；大部分农户的农业收入比例处于中上水平，主要分布在[0.27，0.92]，其平均值达到 0.61。

（2）人力因子中：鼎城多数农户的教育水平分布在[0.25，0.50]，其平均值为 0.41，极

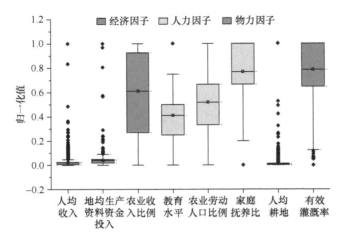

图 4.33　鼎城农户各项抗旱硬实力指标分布

差达到 0.75；大部分农户的农业劳动人口比例分布在[0.33，0.66]，其平均值为 0.52；农户的家庭抚养比主要分布在[0.67，1.0]，其平均值高达 0.77，极差达到 0.8。

（3）物力因子中，绝大多数鼎城农户的人均耕地在 0.01 以下，其中有众多异常值（这些异常值多为种植大户样本）。

总体而言，从经济角度看，鼎城大部分农户的人均收入、地均生产资料资金投入处于较低水平，农业收入比例处于较高水平。从人力资源角度看，多数农户的教育水平和农业劳动人口比例均处于较低水平，而家庭抚养比处于较高水平。从物力资源角度看，农户之间耕地资源拥有量的差异比较悬殊（由于近年来鼎城推行土地流转政策，有许多大户承包了土地进行规模化种植，造成大户和散户在人均耕地拥有量的差异比较突出），相较而言，农户之间耕地有效灌溉率的差异较小，他们的耕地有效灌溉率多处于中上水平。

将鼎城 56 个行政村在各个单项指标上的抗旱硬实力进行归一化，得到其分布情况，如图 4.34 所示。

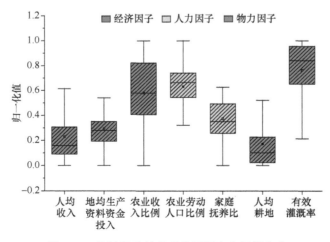

图 4.34　鼎城行政村各项抗旱硬实力指标分布

（1）经济因子中，鼎城各村人均收入多分布在[0.09，0.31]，所有行政村人均收入的平均值为 0.23，极差为 0.61；多数行政村地均生产资料资金投入分布在[0.19，0.35]，其平均值为 0.29，极差达到 0.54；大部分行政村的农业收入比例集中在[0.41，0.82]，其平均值为 0.58，极差达到 1。

（2）人力因子中，鼎城各村农业劳动人口比例多集中在[0.55，0.74]，其平均值为 0.63，极差达到 0.68；大部分行政村的家庭抚养比分布在[0.26，0.49]，其平均值为 0.37，极差为 0.63。

（3）物力因子中，鼎城各村人均耕地多处在[0.02，0.23]，其平均值为 0.17，极差为 0.52；行政村的有效灌溉率集中在[0.65，0.95]，其平均值为 0.76，极差达到 0.79。

总体而言，从经济角度看，鼎城多数行政村的人均收入和地均生产资料资金投入处于较低水平，且各村之间差异较小，而农业收入比例均比较大，且各村之间的差异较为明显。从人力资源角度看，各村农业劳动人口比例处于较高水平，而家庭抚养比处于较低水平，同时各村之间在这两个指标上的差异比较明显。从物力资源角度看，各村人均耕地比较少，有效灌溉率总体比较高，但村和村之间的差异比较大，如位于平原区的福美、咸庆村等，排灌沟渠统一规划建设为 500m 一个格子的"田"形结构，农田周围河湖环绕，灌溉率基本上达到 100%；而位于西北岗地的大银岗、蔡家岗村等，由于水利设施建设不够完备，水库上游的农田基本无法灌溉，从以上例子可以看出各村灌溉条件的差异。

将鼎城 18 个乡镇在各个单项指标上的抗旱硬实力进行归一化，得到其分布情况，如图 4.35 所示。

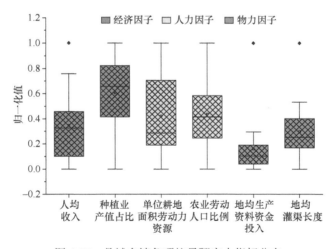

图 4.35　鼎城乡镇各项抗旱硬实力指标分布

（1）经济因子中，鼎城各乡镇人均收入多分布在[0.10，0.46]，所有乡镇人均收入的平均值为 0.35，极差达到 0.76；多数乡镇的种植业产值比例集中在[0.42，0.82]，其平均值为 0.60，极差为 1。

（2）人力因子中，鼎城大部分乡镇的单位耕地面积劳动力资源集中在[0.19，0.70]，其平均值为 0.42，极差高达 1；各乡镇的农业劳动人口比例多集中在[0.25，0.58]，其平均值为 0.44，极差为 1。

（3）物力因子中，鼎城多数乡镇的地均生产资料资金投入量分布在[0.04，0.19]，其平均值为 0.16，极差为 0.30。

总体而言，从经济角度看，鼎城各乡镇的人均收入水平不高，农业产值比例处于较高水平，且各乡镇在以上两个指标上的差异比较大。从人力资源角度看，其区域规律比较明显，平原区乡镇的土地比较肥沃，目前仍有较多劳动力留在家乡从事农业生产，相比而言，丘陵区乡镇的土地比较贫瘠，许多劳动力都选择外出务工，所以乡镇之间劳动力资源的差异比较大。从物力资料角度看，各乡镇地均生产资料资金投入的区域差异较小；而地均灌渠长度的区域差异较为明显，有的乡镇，如丘陵区谢家铺镇每亩耕地的灌渠长度高达 6.6m，而丘陵区蔡家岗镇每亩耕地的灌渠长度仅为 0.87m。各乡镇水利设施建设的均衡性还有待提高。

2）村尺度各主体硬实力评价

（1）农户硬实力。从不同孕灾环境（平原、丘陵、低山）和风险水平（低风险、较低风险和中高风险）角度分析农户、行政村在各单项指标上的抗旱硬实力和综合抗旱硬实力的区域分异规律。

在不同孕灾环境区中（表 4.10，图 4.36），①从经济角度看：三个区域内农户的人均收入差异均十分显著，其中丘陵区尤为明显，各区域中承包大户的收入往往要高于普通散户的收入，这是造成收入差异的原因之一；平原区（Ⅰ）、丘陵区（Ⅱ）和低山区（Ⅲ）内农户的地均生产资料资金投入平均值分别为 444 元、441 元和 383 元；三个区域内所有农户农业收入比例的平均值和极差均呈现平原区>丘陵区>低山区的趋势，可以看出平原区各农户在农业收入比例上的个体差异较为明显。②从人力资源角度看：平原区农户教育水平稍高于其他两个区域农户的教育水平，其中，低山区农户的教育水平最低；低山区农户的农业劳动人口比例和家庭抚养比的平均值为三个区域中的最高值。③从物力资源角度看：平原区、丘陵区内农户的人均耕地和有效灌溉率的极差均比较大，反映出平原区、丘陵区内个人物质资源拥有量的差异比较明显。④从综合抗旱硬实力角度看：三个区域内各村农户综合抗旱硬实力的平均值分别为 0.23、0.24 和 0.22，区域之间的差异比较小。

表 4.10　鼎城不同孕灾环境区农户抗旱硬实力指标统计

孕灾环境区	统计值	人均收入/元	地均生产资料资金投入/元	农业收入比例/%	教育水平	农业劳动人口比例/%	家庭抚养比/%	人均耕地/亩	有效灌溉率/%
平原区（Ⅰ）	最大值	55987	838	72.29	3.20	72.16	37.07	47.98	100.00
	最小值	7453	264	7.33	2.32	34.51	9.23	1.28	62.15
	平均值	18414	444	43.54	2.73	50.65	22.55	9.57	80.65
	极差	48534	574	64.96	0.88	37.66	27.84	46.70	37.85
丘陵区（Ⅱ）	最大值	111089	1018	69.95	3.42	70.09	36.78	57.86	100.00
	最小值	4526	131	17.31	2.10	32.24	12.40	1.28	35.48
	平均值	24436	441	36.73	2.66	51.93	22.41	10.60	73.89
	极差	106563	887	52.64	1.33	37.85	24.38	56.58	64.52

续表

孕灾环境区	统计值	人均收入/元	地均生产资料资金投入/元	农业收入比例/%	教育水平	农业劳动人口比例/%	家庭抚养比/%	人均耕地/亩	有效灌溉率/%
低山区（Ⅲ）	最大值	40676	584	56.21	3.00	67.06	37.98	8.35	97.32
	最小值	7730	214	12.73	2.11	40.09	15.58	1.62	70.57
	平均值	22004	383	32.49	2.47	53.87	26.56	3.85	87.48
	极差	32946	370	43.48	0.89	26.98	22.40	6.73	26.75

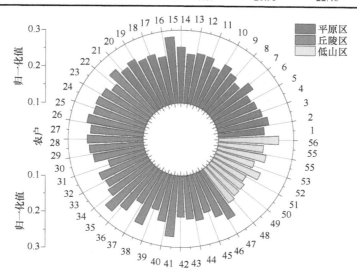

图 4.36　不同孕灾环境区各村农户综合抗旱硬实力

　　在不同风险区中（表 4.11，图 4.37），①从经济角度看：三个区域内农户的人均收入差异十分明显，其中低风险区尤为明显；低风险区（Di）、较低风险区（JDi）和中高风险区（ZG）内农户的地均生产资料资金投入的平均值分别为 394.58 元、425.56 元和 467.11 元，呈现出风险越高区域，农户的地均生产资料资金投入和各农户之间的差异也越高的趋势；三个区域内所有农户农业收入比例的平均值比较接近，风险高的地区内各农户农业收入比例的极差比较大。②从人力资源角度看：中高风险区农户的教育水平稍高于其他两个区域农户的教育水平；三个区域农户的家庭农业劳动人口比例和家庭抚养比均较为接近。③从物力资源角度看：三个区域内各农户的人均耕地的极差均比较大；低风险区内农户有效灌溉率的平均值最大，同时各农户间有效灌溉率的极差最小。④从综合抗旱硬实力角度看：三个区域内各农户综合抗旱硬实力的平均值分布在 0.2～0.3，三个区域的总体水平比较接近。

表 4.11　鼎城不同风险区农户抗旱硬实力指标统计

风险区	统计值	人均收入/元	地均生产资料资金投入/元	农业收入比例/%	教育水平	农业劳动人口比例/%	家庭抚养比/%	人均耕地/亩	有效灌溉率/%
低风险（Di）	最大值	111089	837.88	72.29	2.94	63.33	37.07	50.03	93.75
	最小值	7136	130.70	15.77	2.10	40.09	13.35	1.28	49.99
	平均值	23961	394.58	40.19	2.45	50.87	24.29	9.63	80.53
	极差	103952	707.18	56.52	0.84	23.25	23.72	48.75	43.76

风险区	统计值	人均收入/元	地均生产资料资金投入/元	农业收入比例/%	教育水平	农业劳动人口比例/%	家庭抚养比/%	人均耕地/亩	有效灌溉率/%
较低风险（JDi）	最大值	55987	993.20	63.19	3.16	67.06	36.78	47.98	100.00
	最小值	7453	185.34	7.33	2.30	34.51	9.23	1.28	35.48
	平均值	19069	425.56	38.42	2.70	51.92	22.85	8.36	78.71
	极差	48534	807.85	55.86	0.85	32.56	27.54	46.70	64.52
中高风险（ZG）	最大值	95161	1017.62	69.95	3.42	72.16	37.98	57.86	100.00
	最小值	4526	155.79	12.73	2.36	32.24	12.40	1.85	36.18
	平均值	22704	467.11	37.29	2.76	52.34	22.50	9.43	76.82
	极差	90635	861.83	57.22	1.06	39.93	25.58	56.01	63.82

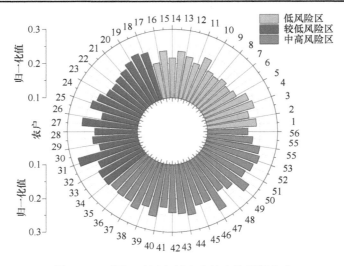

图 4.37　不同风险区各村农户综合抗旱硬实力

　　（2）行政村硬实力。在不同孕灾环境区中（表 4.12，图 4.38），①从经济角度看：三个区域内各村人均收入的平均值比较接近，但是平原区、丘陵区内各村人均收入的极差较大。平原区（Ⅰ）、丘陵区（Ⅱ）和低山区（Ⅲ）内各村地均生产资料资金投入的平均值分别为500 元、369 元和 296 元。三个区域中，平原区各村农业收入比例的平均值最高，达到 0.48，同时极差也最大。②从人力资源角度看：三个区域内各村农业劳动人口比例和家庭抚养比的平均值十分接近，低山区内各村农业劳动人口比例和家庭抚养比的波动最小。③从物力资源角度看：平原区、丘陵区内各村人均耕地的平均值和极差均大于低山区对应的统计指标；平原区各村有效灌溉率的平均值和极差均大于其他两个区域对应的统计指标。④从综合抗旱硬实力角度看，三个区域内各村综合抗旱硬实力的平均值分布在 0.2～0.6，呈现平原区＞丘陵区＞低山区的倾向。

表4.12　鼎城不同孕灾环境区各行政村抗旱指标统计

孕灾环境区	统计值	人均收入/元	地均生产资料资金投入/元	农业收入比例/%	农业劳动人口比例/%	家庭抚养比/%	人均耕地/亩	有效灌溉率/%
平原区（Ⅰ）	最大值	71011	892	0.96	0.63	0.36	42.33	1.00
	最小值	7217	165	0.10	0.15	0.06	1.19	0.16
	平均值	20784	500	0.48	0.46	0.22	8.90	0.87
	极差	63794	726	0.86	0.48	0.30	41.13	0.84
丘陵区（Ⅱ）	最大值	68177	1153	0.84	0.60	0.35	43.24	1.00
	最小值	6000	169	0.05	0.19	0.03	1.31	0.42
	平均值	20736	369	0.39	0.46	0.24	8.61	0.80
	极差	62177	985	0.79	0.41	0.31	41.93	0.58
低山区（Ⅲ）	最大值	45890	428	0.72	0.57	0.35	23.15	0.96
	最小值	11094	91	0.07	0.34	0.18	1.46	0.23
	平均值	21548	296	0.44	0.44	0.26	6.98	0.66
	极差	34796	337	0.65	0.23	0.17	21.69	0.74

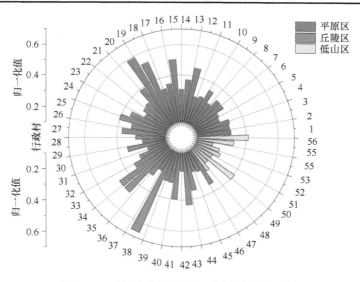

图4.38　不同孕灾环境区各行政村抗旱硬实力

在不同风险区中（表4.13，图4.39），①从经济角度看：三个区域内各村人均收入的平均值比较接近，但是较低风险区（JDi）、中高风险区（ZG）内各村人均收入的极差比较大。较低风险区内各村地均生产资料资金投入的平均值和极差都高于其他两个区域对应的统计指标；三个区域内各村农业收入比例差异较小，其平均值分别为0.42、0.47和0.41，不过中高风险区内各村农业收入比例的极差最大。②从人力资源角度看：三个区域内各村农业劳动人口比例和家庭抚养比的平均值较为接近，但中高风险区内以上两项指标的极差均为最大。风险越高的地区，各村在人力资源方面的差异越明显。③从物力资源角度看：三个区域内各村人均耕地的极差均比较大，反映出区内资源分配的不均衡；低风险区各村有效灌溉率的极差最大，反映出低风险区内各村在有效灌溉率上的差异较为明显。④从综合抗旱硬实力角度看，三个区域内各村的综合硬实力分布在0.25～0.4，风险较高区各村硬实力的平均值较大。

表 4.13 鼎城不同风险区各行政村抗旱指标统计

风险区	统计值	人均收入/元	地均生产资料资金投入/元	农业收入比例/%	农业劳动人口比例/%	家庭抚养比/%	人均耕地/亩	有效灌溉率/%
低风险区（Di）	最大值	45890	666	0.67	0.52	0.34	23.15	99.47
	最小值	11490	91	0.10	0.34	0.19	1.79	15.63
	平均值	19241	384	0.42	0.45	0.26	6.37	72.10
	极差	34400	575	0.57	0.18	0.15	21.36	83.84
较低风险区（JDi）	最大值	68177	1153	0.84	0.63	0.35	43.24	100.00
	最小值	7217	169	0.07	0.31	0.16	1.46	61.87
	平均值	22652	487	0.47	0.46	0.24	9.11	86.70
	极差	60960	985	0.77	0.33	0.19	41.79	38.13
中高风险区（ZG）	最大值	71011	804	0.96	0.60	0.36	42.33	100.00
	最小值	6000	104	0.05	0.15	0.03	1.19	33.61
	平均值	20630	351	0.41	0.46	0.22	9.42	80.63
	极差	65011	700	0.91	0.45	0.33	41.13	66.39

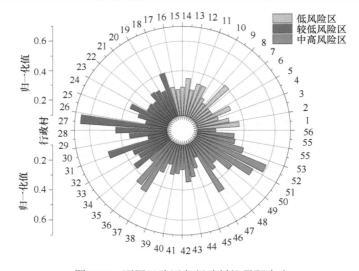

图 4.39 不同风险区各行政村抗旱硬实力

3）乡镇尺度各主体硬实力评价

从乡镇尺度分析农户、行政村和乡镇的抗旱硬实力（图 4.40）。从空间分布上看

（1）农户抗旱硬实力的区域差异较为明显[图 4.40（a）]。平原区的牛鼻滩镇、韩公渡镇、蒿子港镇和南部丘陵区的尧天坪镇、黄土店镇和谢家铺镇的农户抗旱硬实力均小于 0.25；平原到丘陵过渡区的镇德桥镇和周家店镇的农户抗旱硬实力比较大，达到 0.25。

（2）行政村抗旱硬实力的区域差异也比较明显[图 4.40（b）]，蒿子港镇和黄土店镇各行政村抗旱硬实力较小，仅为 0.26；而中河口镇、石公桥镇各行政村抗旱硬实力较大，分别达到 0.56 和 0.43。

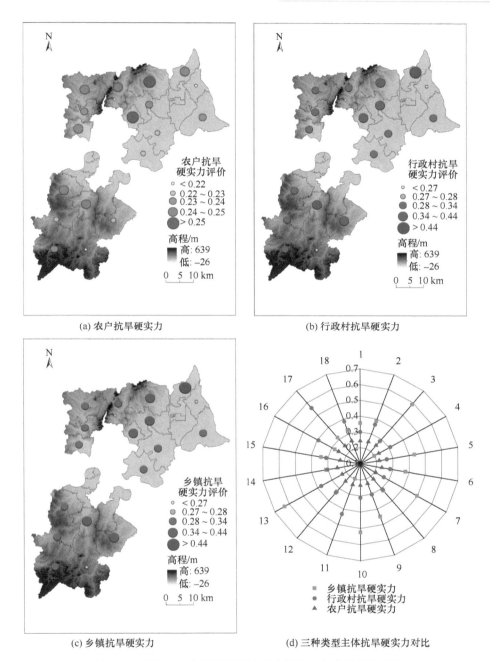

(a) 农户抗旱硬实力

(b) 行政村抗旱硬实力

(c) 乡镇抗旱硬实力

(d) 三种类型主体抗旱硬实力对比

图 4.40　鼎城不同主体抗旱硬实力空间分布与统计结果对比

（3）各乡镇抗旱硬实力也具有较明显的区域分异规律[图 4.40（c）]。平原区的石公桥镇、韩公渡镇和镇德桥镇的抗旱硬实力最小，仅为 0.20、0.20 和 0.28，西北丘陵区的石板滩镇、灌溪镇和南部丘陵区的谢家铺镇的硬实力最大，分别达到 0.52、0.59 和 0.63，其他乡镇的硬实力则多集中在[0.3，0.5]。

从统计结果上看，农户抗旱硬实力的平均值、极差和标准差分别为 0.23、0.04 和 0.01，可以看出农户抗旱硬实力总体偏小，且各乡镇之间农户抗旱硬实力的差异比较小；行政村抗旱硬实力的平均值、极差和标准差分别为 0.34、0.30 和 0.07，各乡镇不同村的抗旱硬实力差异稍大于农户之间的差异；乡镇抗旱硬实力的平均值、极差和标准差 0.38、0.43 和 0.12，各乡镇之间抗旱硬实力的差异较为明显。从图 4.40（d）中可以看出，序号为 3（灌溪镇）、5（蒿子港镇）、7（黄土店镇）、10（石板滩镇）、13 和 17（中河口镇）等乡镇的硬实力较大。总体而言，以上这些乡镇的水利设施建设相对较为完善，经济较为发达，所以乡镇总体的抗旱硬实力较大；不过以上乡镇内部三类主体的抗旱硬实力差距比较大（即图中同一条线上三个点之间的距离比较大），很有可能是资源内部的分配不太均衡，造成整体乡镇抗旱硬实力较大，但局部行政村抗旱硬实力较小的结果。

2. 凝聚力评价与分析

1）各村凝聚力评价与分析

基于凝聚力模型，综合"多主体共识""多主体联系效率"和"主体抗旱硬实力"评价结果，计算村尺度上不同主体的凝聚度（即从与之有联系的所有主体身上得到的资源总和）。然后，从不同孕灾环境（平原、丘陵、低山）和风险（低风险、较低风险和中高风险）角度分析各村农户、村委的凝聚度（图 4.41）。

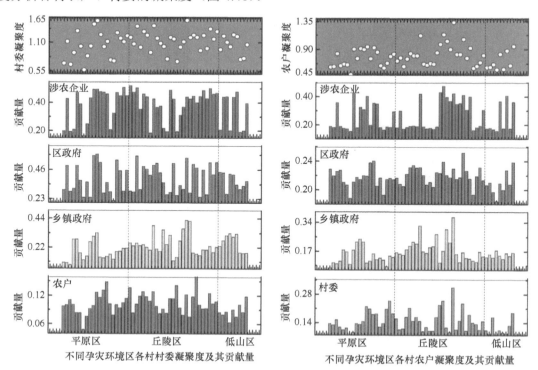

图 4.41　鼎城不同孕灾环境区农户、村委的凝聚度及其贡献量组成

每幅图从上至下第 1 层散点图为主体的凝聚度，随后的彩色条形图分别为该主体从另外一类主体身上凝聚到的资源量（贡献量）；以左图为例，第 1 层为村委凝聚度，第 2 层条形图对应位置为各村村委从涉农企业身上凝聚到的资源量，第 3～5 层条形图则以此类推

（1）在不同孕灾环境区中，各村农户凝聚度的平均值呈现丘陵区（Ⅱ）>平原区（Ⅰ）>低山区（Ⅲ）的趋势，其中丘陵区各村农户凝聚度的平均值最大，达到 0.83，低山区各村农户凝聚度的平均值最小，为 0.71；丘陵区各村农户凝聚度的极差也最大，达到 0.73；三个区域内各村农户凝聚度的标准差均小于 0.2。在农户凝聚度的贡献量组成中[①]，①村委的贡献量：平原区、丘陵区各村村委的贡献量的平均值最大，达到 0.15；丘陵区各村村委的贡献量的极差最大，达到 0.22；三个区域内各村村委的贡献量的标准差则均小于 0.1。②乡镇政府的贡献量：丘陵区各乡镇政府的贡献量的平均值最大，达到 0.18，同时丘陵区内各乡镇政府的贡献量的极差也最大，达到 0.27，而标准差均不超过 0.1。③区政府的贡献量：三个区域内区政府的贡献量的平均值、极差和标准差均十分接近。④企业的贡献量：丘陵区企业的贡献量的平均值和极差均为最大，分别达到 0.28 和 0.31。

平原区、丘陵区和低山区各村村委凝聚度的平均值分别为 1.0、1.2 和 1.0；平原区、丘陵区各村村委凝聚度的极差较大，分别为 0.96 和 0.8；平原区各村村委凝聚度的标准差最大，达到 0.26。在村委凝聚度的贡献量组成中（图 4.41），①农户的贡献量：三个区域各村农户的贡献量的平均值比较接近。②乡镇政府的贡献量：丘陵区乡镇政府的贡献量的平均值和极差都比较大，分别为 0.25 和 0.31。③区政府的贡献量：三个区域内区政府的贡献量的平均值分别为 0.38、0.40 和 0.37；平原区、丘陵区内区政府的贡献量的极差比较大，分别为 0.37 和 0.3；平原区内区政府的贡献量的标准差略高于其他两个区域。④涉农企业的贡献量：丘陵区内涉农企业的贡献量的平均值和极差都稍高一些，分别为 0.4 和 0.34；三个区域内其贡献量的标准差均小于 0.15。

（2）在不同风险区中（图 4.42），低风险区（Di）、较低风险区（JDi）、中高风险区（ZG）内各村农户凝聚度的平均值分别为 0.71、0.80 和 0.82；较低风险区三个区域内各村农户凝聚度的极差最大，达到 0.72，其次为中高风险区，达到 0.5；所有区域内各村农户凝聚度的标准差均小于 0.15。在农户凝聚度的贡献量组成中，①村委的贡献量：低风险区、较低风险区、中高风险区各村村委的贡献量的平均值分别为 0.11、0.15 和 0.16；较低风险区、中高风险区内各村村委的贡献量的极差超过 0.15；所有区域内各村村委的贡献量的标准差均小于 0.1。②乡镇政府的贡献量：低风险区、较低风险区、中高风险区内乡镇政府的贡献量的平均值分别为 0.17、0.17 和 0.15，其极差均大于 0.15，其标准差均小于 0.1。③区政府的贡献量：所有区域内区政府的贡献量的平均值均不超过 0.25，其极差为 0.05，其标准差均为 0.01。④涉农企业的贡献量：所有区域涉农企业的贡献量的平均值均小于 0.3，其极差均大于 0.25，其标准差都未超过 0.15。

在不同风险区中（图 4.42），三个区域内各村村委凝聚度的平均值均为 1.1；其极差分别为 0.96、0.86 和 0.69；标准差均不超过 0.25。在村委凝聚度的贡献量组成中，①农户的贡献量：所有区域内各村农户的贡献量的平均值均不超过 0.15，极差均小于 0.1，标准差均为 0.02。②乡镇政府的贡献量：低风险区、较低风险区、中高风险区乡镇政府的贡献量的平均值分别为 0.25、0.23 和 0.20；较低风险区中乡镇政府的贡献量的极差最大，达到 0.34。

---

① 某结点凝聚度贡献量组成为该结点分别从 A，B，C，……不同主体身上获得的资源量，如该结点从 A 处获取的资源量，则称为该结点凝聚度中 A 的贡献量。

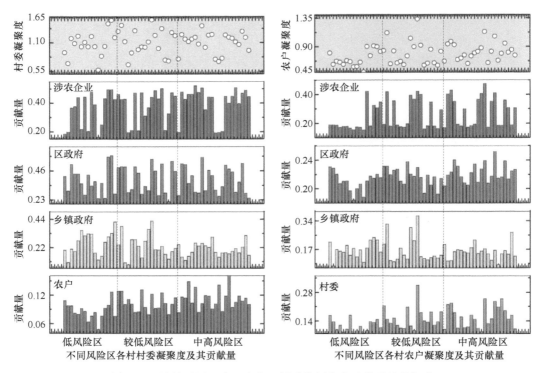

图 4.42　鼎城不同风险区农户、村委的凝聚度及其贡献量组成

每幅图从上至下第 1 层散点图为主体的凝聚度,随后的彩色条形图分别为该主体从另外一类主体身上凝聚到的资源量(贡献量);
以左图为例,第 1 层为村委凝聚度,第 2 层条形图对应位置为各村村委从涉农企业身上凝聚到的资源量,第 3～5 层条形图则
以此类推

③区政府的贡献量:区政府的贡献量的平均值都在 0.4 以下;低风险区、较低风险区内区政府的贡献量极差较大,达到 0.34;区政府的贡献量的标准差均小于 0.15。④涉农企业的贡献量:所有区域内涉农企业的贡献量的平均值均小于 0.45,其极差均小于 0.35,其标准差均在 0.15 以下。

2)各乡镇凝聚力评价与分析

(1)总体情况。各乡镇五类主体凝聚度的可视化结果如图 4.43 所示。所有乡镇农户凝聚度的平均值、极差和方差分别为 0.91、0.44 和 0.13,其中谢家铺镇农户的凝聚度最大,达到 1.22,蒿子港镇农户的凝聚度最小,为 0.78;所有乡镇村委凝聚度的平均值、极差和方差分别为 1.19、0.59 和 0.16,灌溪镇村委的凝聚度最大,达到 1.45,双桥坪镇村委的凝聚度最小,为 0.86;所有乡镇政府凝聚度的平均值、极差和方差分别为 1.30、0.50 和 0.13,石公桥镇政府的凝聚度最大,达到 1.58,双桥坪镇政府的凝聚度最小,为 1.08;区政府在所有乡镇的凝聚度的平均值、极差和方差分别为 0.41、0.35 和 0.08,其中区政府在谢家铺镇的凝聚度最大,达到 0.61,在韩公渡镇的凝聚度最小,仅为 0.26;涉农企业在所有乡镇的凝聚度的平均值、极差和方差分别为 0.40、0.36 和 0.09,其中涉农企业在谢家铺镇的凝聚度最大,达到 0.61,在韩公渡镇的凝聚度最小,仅为 0.25。

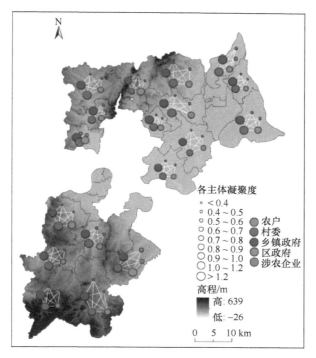

图 4.43　鼎城各乡镇主体凝聚度评价

将各乡镇五类主体的凝聚度求取平均，得到各乡镇的旱灾风险防范凝聚力（即乡镇系统凝聚度）。所有乡镇凝聚力的平均值和极差分别为 0.84 和 0.38。可以看出，乡镇之间凝聚力的差异较为明显。各乡镇中，丘陵区谢家铺镇的系统凝聚度、农户凝聚度、区政府和涉农企业在该镇的凝聚度均处于较高水平。该乡镇是鼎城经济发展的"两个牵引龙头之一"，目前正大力发展新型油茶种植产业，当地经济发展迅速，整个乡镇发展目标十分清晰，各类主体齐心协力的程度较高。相比而言，双桥坪镇的系统凝聚度、镇政府凝聚度和村委凝聚度均处于较低水平，该镇位于西北岗地的贫困区，由于经济条件限制，村委和乡镇政府开展工作时受到很多阻力，各类主体在许多问题上无法达成共识，这是造成其凝聚力较低的原因之一。另外，韩公渡镇的系统凝聚度比较低，该镇处于平原区，先天自然条件不错，但是近年来土壤污染等问题引起当地农业生产力下降以及出现一些社会问题，各类主体齐心协力的程度不高，这可能是造成韩公渡镇凝聚力较低的重要原因之一。

（2）不同经济水平区的凝聚力。在不同经济水平区中，较低收入区、中等收入区、较高收入区各乡镇农户凝聚度的平均值均超过 0.85，其中较高收入区各乡镇农户凝聚度的平均值最大，达到 0.94；较低收入区各乡镇农户凝聚度的极差和标准差均为最大，分别达到 0.44 和 0.16[图 4.44（a）]。在农户凝聚度的贡献量组成中，①村委的贡献量：中等收入区、较高收入区各乡镇村委的贡献量的平均值略高于较低收入区对应的统计指标；中等收入区各乡镇村委的贡献量的极差和标准差最大，分别为 0.12 和 0.05。②乡镇政府的贡献量：较高收入区各乡镇政府的贡献量的平均值最大，达到 0.19；三个区域内各乡镇政府的贡献量的极差和标准差均小于 0.2。③区政府的贡献量：三个区域内区政府的贡献量的平均值均为 0.24，其极差和标准差均小于 0.05。④涉农企业的贡献量：较低收入区、较高收入区涉农企业贡献量的平均值较大，达到 0.35；所有区域内涉农企业贡献量的极差均小于 0.3，其标准差均不超过 0.1。

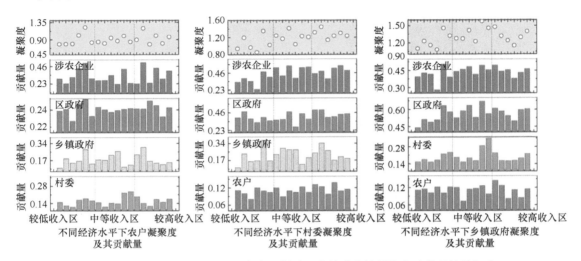

图 4.44　鼎城不同经济水平下农户、村委、乡镇政府的凝聚度及其贡献量组成

每幅图从上到下第 1 层散点图为主体的凝聚度，随后的彩色条形图分别为该主体从另外一类主体身上凝聚到的资源量（贡献量）；以左图为例，第 1 层为农户凝聚度，第 2 层条形图对应位置为各乡镇农户从涉农企业身上凝聚到的资源量，第 3～5 层条形图则以此类推

较低收入区、中等收入区、较高收入区各乡镇村委凝聚度的平均值分别为 1.06、1.22 和 1.28；较低收入区各乡镇村委凝聚度的极差和标准差均为最大，分别为 0.5 和 0.17[图 4.44（b）]。在村委凝聚度的贡献量组成中：①农户的贡献量：较低收入区、中等收入区、较高收入区各乡镇农户的贡献量的平均值均小于 0.15，其极差和标准差均小于 0.05。②乡镇政府的贡献量：高值区各乡镇政府的贡献量的平均值最大，达到 0.24；低值区各乡镇政府的贡献量的极差最大，为 0.27；三个区域各乡镇政府的贡献量的标准差均小于 0.1。③区政府的贡献量：较低收入区、中等收入区、较高收入区内区政府的贡献量的平均值分为 0.39、0.38 和 0.44；中等收入区内区政府的贡献量的极差最大，达到 0.2；所有区域内区政府的贡献量的标准差均小于 0.1。④涉农企业的贡献量：较低收入区、中等收入区、较高收入区涉农企业的贡献量的平均值分别 0.36、0.49 和 0.48，较低收入区企业的贡献量的极差最大，达到 0.24；所有区域内企业的贡献量的标准差均不超过 0.1。

较低收入区、中等收入区、较高收入区各乡镇政府凝聚度的平均值分别为 1.23、1.37 和 1.32[图 4.44（c）]；较低收入区各乡镇政府凝聚度的极差和标准差均为最大，分别达到 0.38 和 0.13。在乡镇政府凝聚度的贡献量组成中，①农户的贡献量：三个区域内各乡镇农户的贡献量的平均值均为 0.11；其极差和标准差均不超过 0.1。②村委的贡献量：较低收入区、中等收入区、较高收入区各乡镇村委的贡献量的平均值分别为 0.19、0.22 和 0.19；中等收入区各乡镇村委的贡献量的极差最大，达到 0.19；各区所有乡镇村委的贡献量的标准差均小于0.1。③区政府的贡献量：三个区域内区政府的贡献量的平均值分布在[0.5，0.6]；较低收入区内区政府的贡献量的极差最大，达到0.19；三个区域内区政府的贡献量的标准差均小于0.1。④涉农企业的贡献量：较低收入区、中等收入区、较高收入区各乡镇企业的贡献量的平均值分别0.40、0.46和0.44；较低收入区各乡镇企业的贡献量的极差最大，为0.22；所有区域内各乡镇企业的贡献量的标准差均小于0.1。

3. 凝聚力与旱灾损失的关系验证

凝聚力是社会–生态系统中人们的共识（"凝心"）与减灾资源利用效率和效益最大化（"聚力"）的实现过程。通常情况下，凝聚力越高，社会–生态系统应对灾害的能力就越高。为了验证以上关系，本小节对凝聚力和旱灾损失进行相关分析，其中凝聚力为各村系统平均凝聚度，旱灾损失变量分别为各村水稻潜在成灾受灾比、水稻潜在受灾率、水稻潜在成灾率和旱灾潜在经济损失率[①]（图4.45）。

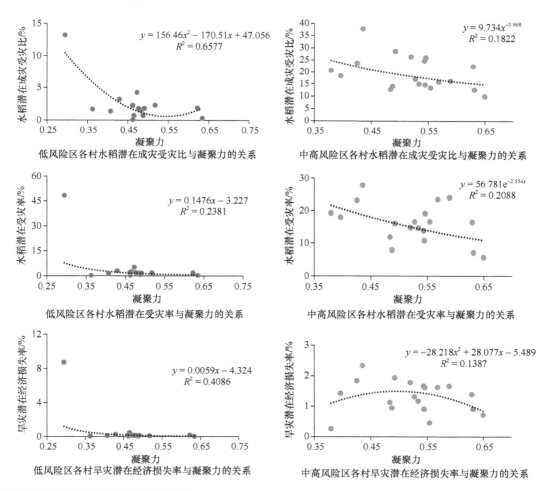

低风险区各村水稻潜在成灾受灾比与凝聚力的关系

中高风险区各村水稻潜在成灾受灾比与凝聚力的关系

低风险区各村水稻潜在受灾率与凝聚力的关系

中高风险区各村水稻潜在受灾率与凝聚力的关系

低风险区各村旱灾潜在经济损失率与凝聚力的关系

中高风险区各村旱灾潜在经济损失率与凝聚力的关系

---

① 村潜在损失指标值=乡镇对应损失值×村的风险系数（即降尺度的灾情损失再分配），其中乡镇损失数据为2013年鼎城大旱的灾情统计数据。

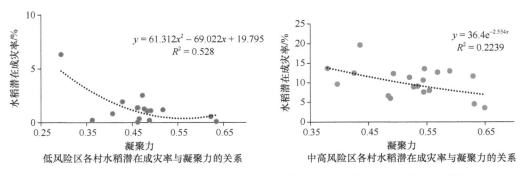

图 4.45　鼎城低风险区和中高风险区各村平均凝聚力与旱灾损失变量之间的关系

相关分析的结果显示，低风险区和中高风险区内凝聚力和旱灾损失的关系较为明显。随着凝聚力增大（[0，0.55]范围内），低风险区内各村水稻潜在成灾受灾比、水稻潜在受灾率、水稻潜在成灾率、旱灾潜在经济损失率均呈现比较明显的降低趋势，其中拟合趋势线的 R^2 的最大值达到 0.66。在中高风险区内，凝聚力和四个旱灾损失变量也呈现随着凝聚力增大而损失率有所降低的趋势（除了旱灾潜在经济损失率以外），不过趋势规律不是特别明显。

凝聚力是各方力量"心往一处想、劲往一处使"的表现，高凝聚力的系统，各主体在交流合作过程中的摩擦比较少，很大程度上可以避免系统内耗。当遇到灾害打击时，高凝聚力系统能有效应对灾害。调研中了解到的情况也较为符合以上结果。

（1）同在低风险区的同春垸村和杨家台村，他们的系统平均凝聚度分别为 0.29 和 0.63，而两村水稻潜在受灾率分别为 48.3%和 0.34%。同春垸村的农户对当地政府相关抗旱工作的认同感比较低：有承包大户反映当地水源比较充足，可是水利基础设施一直无人管理，造成当地受到旱灾的威胁，迫使很多农户选择种植旱稻。而杨家台村受访者对当地相关抗旱工作比较满意。两村的"凝心"差异造成凝聚力的差异，从而在一定程度上影响当地旱灾风险防范水平。

（2）同在中高风险区的雷家铺村和白云岗村，他们的系统平均凝聚度分别 0.38 和 0.65，雷家铺村所有旱灾损失指标都要高于白云岗村的对应指标（旱灾潜在经济损失率除外，可能由于经济不发达，雷家铺村单位面积经济价值比白云岗村小，因此造成经济损失比较小）。两村在经济收入多样性上有较大的差异，雷家铺村是西北岗地区石板滩镇里偏于一隅的小村庄，交通不便，经济落后，当地村集体完成各项工程时会遇到很多经济阻力，而白云岗村则为平原区石公桥镇中独具特色的村庄，当地经济较为发达，村集体为了增加收入，号召成立的渔业养殖合作社也受到当地许多农户的支持。白云岗村的"聚力"能力显然要高于雷家铺村。从案例可以看出，一个系统的"凝心""聚力"程度对系统抵抗外在打击有重要作用。

以上结果初步验证了凝聚力和社会–生态系统抗灾能力具有正相关关系，不过由于数据、方法等限制，评价结果中有一些问题需要说明。①在低风险区中，凝聚力如果超过 0.55，随着凝聚力增大，旱灾损失有增大的倾向，这和本书采用一元二次函数进行拟合有关，是函数特征造成的结果,将来可以尝试采用其他函数进行对比分析。②中高风险区中凝聚力与旱灾潜在经济损失率的趋势与其他三幅图不一致,这可能与本书采用的经济损失指标有关,有的农村经济损失的绝对量很大,但相对量却很小,从而造成凝聚力和经济损失绝对量、经济损失相对量之间的关系可能有所不同。将来在选择经济损失指标时,可能要考虑更多因素。

4.4.3 凝聚力模式

基于凝聚力评价结果,结合当地区域发展规划方案,进一步探索水田农业旱灾风险防范凝聚力区域模式。

鼎城 2015~2025 年规划方案对各区域进行了划分,并确定了发展方向(图 4.46):北部经济区主要发展农产品生产加工、林业、水产品养殖和乡村旅游行业;中部经济区主要发展机械制造、建材产业和有色金属行业;南部主要发展林木和油茶行业。北、中、南经济区分别以周家店镇、灌溪镇和谢家铺镇为中心,带动周边发展,形成由龙头乡镇牵引、三片经济区并驾齐驱的发展格局(图中红色圆点为各经济区的龙头乡镇,龙头乡镇经济发展水平均比较高,同时旱灾风险防范凝聚力也比较高)。

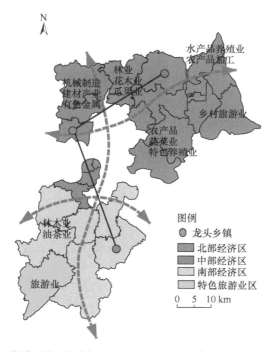

图 4.46 鼎城区发展规划(2015~2025 年)(来源:鼎城区统计局)

在发展规划背景下,结合多主体共识、多主体联系效率以及凝聚力的评价结果,本书总结出"转移式"的农业旱灾风险防范凝聚力模式(图 4.47),该模式主要包括以下三个部分:

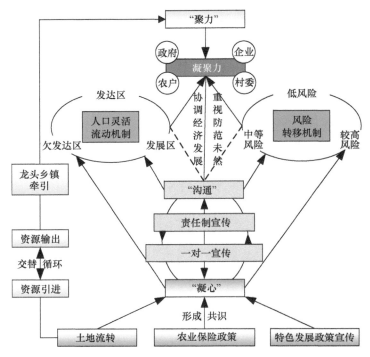

图 4.47　水田农业旱灾风险防范"转移式"凝聚力模式

（1）"政策共识"。由于当前土地流转政策、农业保险政策和特色农业发展政策是和农业最为紧密相关的政策，主体之间在这些政策执行过程中产生的分歧和矛盾比较多，各主体在这些政策上形成共识是"凝心"的重要途径。

（2）"联系到位"。政府、村委和农户在沟通过程中，常有通知和解释不到位的情况发生，所以在联系过程中上级部门做到对农户进行一对一和多次宣传，将有助于提升管理层和农户之间的关系。

（3）"资源流动转移"。旱灾高风险区往往是贫困地区，对贫困地区进行资源转移，有助于降低风险和实现区域的平衡发展。资源转移可以分为"输出"和"引进"两个方向。"输出"主要指向经济发达区转移人力资源，如在北部经济区乡镇，可以往周家店镇和西洞庭等地方输送劳动力；在中部经济区的乡镇，可以往灌溪镇输送劳动力；在南部经济区的乡镇可以往黄土店镇和谢家铺镇输入劳动力（该地区大规模油茶、林果种植需要人力资源）。

通过人力资源分区输送，解决贫困区的经济收入问题，同时促进鼎城核心产业的发展。"引进"主要指向贫困区增加更多物力资源，如增加贫困区的水利设施投资。水利设施与抗旱密切相关，农户和政府之间的分歧也多集中在该方面，政府加强水利设施维护和管理，将有助于提升他们和农户的关系。"输出"和"引进"双管齐下，将提高鼎城各乡镇的"聚力"水平。通过以上措施，可以最大程度地实现"凝心和聚力"，全面提升当地旱灾风险防范能力。

参 考 文 献

刘大海, 宫伟, 邢文秀, 等. 2015. 基于 AHP-熵权法的海岛海岸带脆弱性评价指标权重综合确定方法. 海洋环境科学, 34(3): 462～467

史培军. 2012. 从应对巨灾看国家综合防灾减灾能力建设. 中国减灾, (11): 12～14

Abid M, Ngaruiya G, Scheffran J. et al. 2017. The role of social networks in agricultural adaptation to climate change: implications for sustainable agriculture in Pakistan. Climate, 5: 85

Azhoni A, Goyal M K. 2018. Diagnosing climate change impacts and identifying adaptation strategies by involving key stakeholder organisations and farmers in Sikkim, India: challenges and opportunities. Science of the Total Environment, 626: 468～477

Bankoff G, Hilhorst D. 2009. The politics of risk in the Philippines: comparing state and NGO perceptions of disaster management. Disasters, 33(4): 686～704

Claudia Sattler, Uwe Jens Nagel. 2010. Factors affecting farmers' acceptance of conservation measures—a case study from north-eastern Germany, Land Use Policy 27(1): 70～77

Daher B, Hannibal B, Portney K E, et al. 2019. Toward creating an environment of cooperation between water, energy, and food stakeholders in San Antonio. Science of The Total Environment, 651: 2913～2926

Hiroki Nakamura, Hisao Umeki, Takaaki Kato. 2017. Importance of communication and knowledge of disasters in community-based disaster-prevention meetings, Saf. Sci. 99: 235～243

Koichi Shiwaku, Rajib Shaw, Ram Chandra Kandel, et al. 2007. Future perspective of school disaster education in Nepal, Disaster Prev. Manag.: Int. J. 16(4): 576～587

Levy M A, Lubell M N. 2018. Innovation, cooperation, and the structure of three regional sustainable agriculture networks in California. Regional Environmental Change, 18: 1235～1246

Małgorzata Dudzi'nska, Barbara Prus, Stanisław Bacior, et al. 2017. Farmers' Educational Background, and the Implementation of Agricultural Innovations Illustrated with an Example of Land Consolidations, Latvia University of Agriculture

Rand D G, Nowak M A, Fowler J H, et al. 2014. Static network structure can stabilize human cooperation. Proceedings of the National Academy of Sciences, 111: 17093～17098

Robins G. 2015. Doing Social Network Research: Network-Based Research Design for Social Scientists. London: SAGE

Xie C H, Dong D P, Xu H X, et al. 2012. Safety evaluation of smart grid based on AHP-entropy method. Systems Engineering Procedia, 4: 203～209

第5章 综合灾害风险防范凝聚力研究展望[*]

21 世纪以来，综合灾害风险防范是世界各国和地区实施综合减灾的核心举措。大量的综合减灾实践需要广大研究人员从理论和方法等方面去总结，进而更好地指导实践。从地理学的视角看，综合灾害风险防范就是如何协调好人与自然、发展与保护、除害与兴利等人地关系，以实现全球、区域、地方、景观的可持续性。本章拟从人地系统动力学的角度，依据地理协同论，深化综合灾害风险防范凝聚力研究的理论与实践。

5.1 人地系统动力学与灾害风险科学

5.1.1 人地系统动力学与全球变化研究

20 世纪 90 年代，国家自然科学基金委员会曾把"环境与生态"作为委内 6 个交叉领域研究专题，并进行多学科的讨论，以拟定该交叉领域优先研究的主要内容。在 1994 年 5 月的讨论会上，与会专家提出，将"人地系统动力学与可持续发展机理及调控途径"和"中国东部季风区环境演变及人类活动的影响预测与调控"列入该交叉研究的优先领域。此后，史培军（1997）在《地学前缘》发表了《人地系统动力学研究的现状与展望》一文，阐述了当时国内外对人地系统动力学研究的进展，并提出了进一步开展研究的建议。20 多年来，人地系统动力学研究有了很大的进展，并取得了一系列的成果，但当时国家自然科学基金委员会提出的"人地系统动力学与可持续发展机理及调控途径"的研究，仍有着指导开展人地系统动力学和可持续性研究的现代价值。

1. 人地系统动力学研究发端与全球变化研究

1986 年出版的美国地圈与生物圈计划委员会所著的《地圈与生物圈计划：全球变化研究》一书中指出，如果要了解全球变化的主要结果，就必须十分注意全球系统中各组成部分之间的相互作用（Eddy，1986）。国际地圈生物圈计划（IGBP）研究目标集中在：解释和了解调节地球独特生活环境的相互作用的物理、化学和生物学过程；解释和了解这个系统当中正在出现的变化；解释和了解人类活动对它们的影响方式。此后不久，由国际社科联推出旨在揭示国际全球环境变化人文因素计划（IHDP）（William and Turner，1997），这一研究计划更加重视全球变化过程中人类行为的驱动力研究。1995 年在美国财政年度总统预算中关于全球变化的研究计划（NSTC，1995），进一步指出全球变化研究的主要领域，即：①观测全球变化；②管理全球变化的数据和信息；③了解全球变化过程；④预测全球变化；

* 本章执笔：史培军　王静爱　胡小兵

⑤分析全球变化原因和防御对策；⑥经济政策与选择。由此可见，要制定区域可持续发展战略，就必须了解人类赖以生存的地球环境系统与人类日益发展的生产系统（基于地球之自然资源开发）之间相互作用的基本过程。因此，加强表层地球系统的综合研究，特别是人地系统研究，已成为 20 世纪 90 年代全球变化研究中的学科前沿性任务，即全球变化研究引发了广大地理学、生态学、环境科学、资源科学等相关学科的学者开启人地系统动力学的研究。

2. 人地系统动力学与地球系统科学

20 世纪 90 年代以来，随着遥感技术的快速发展，对地观测能力日新月异，随之产生了从整体上研究地球系统的一门综合性、多学科交叉的地球系统科学（earth system science）（NSTC，1995），特别是地球表层系统的格局与过程、人地相互作用机理与动力学。根据地球系统的物质形态，将其划分为流体地球、固体地球以及由多相态组成的表层地球（国家自然科学基金委员会，1994），因此，表层地球系统是地球系统的一个重要组成部分，其虽然在地球系统的总体质量中所占的比例不大，但因为人类赖以生存的生物土壤以及人类本身栖息于此，所以对这一系统的动力学机制的研究，即人地系统动力学研究，对制定区域可持续发展对策、实现区域或景观可持续性、灾害系统研究都具有重要的科学价值和实践意义（图 5.1）。

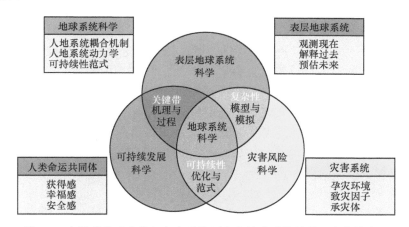

图 5.1　人地系统动力学与灾害系统研究在地球系统科学研究中的地位

从图 5.1 可以看出，人地系统动力学是地球系统科学的重要组成部分，是理解表层地球系统过去、现在、未来的基础，是理解灾害系统的关键，是构建人类命运共同体的科学基础。

5.1.2　人地系统动力学与灾害风险科学

1. 表层地球系统与灾害系统

如前所述，表层地球系统是地球系统的重要组成部分，其最突出的景观标志就是土地利用与土地覆盖（land use/land cover）（William and Turner，1997）。Turner 指出，土地利用概指人类对土地资源的开发利用，它是人类活动的产物，也是灾害系统之承灾体的景观标志。土地利用研究主要涉及社会科学家、经济学家、地理学家、人类学家、规划师等的相关研究。任何地方的土地利用变化既包括从某一种类型转变为另一种类型，也包括利用类型的强化利用。土地覆盖研究主要涉及自然科学领域，其亦旨土地的自然状态，如它包括数量、地表植被类型、水、地表物质、地势地貌等，也是灾害系统之孕灾环境的景观标志。灾害系统是典型的人地系统，也是表层地球系统的组成部分，它是由孕灾环境、致灾因子、承灾体与灾情共同组成的地球表层的异变系统（史培军，1991a）。因此，深化对灾害系统的研究，就必须在致灾因子研究的基础上，加强对孕灾环境与承灾体的研究。这就意味着只有加深对表层地球系统的研究，才能深刻理解灾害系统的形成机理、过程和动力学，才能深化综合灾害风险防范凝聚力研究的理论与实践。

2. 人地系统动力学与灾害风险科学

灾害系统是典型的人地系统，因此，人地系统动力学是灾害风险科学研究的基础。灾害风险科学就是研究灾害形成与防御范式的科学（史培军，2017）。灾害是各种致灾因子给人类社会造成人员伤亡、财产损失及资源环境与生态系统破坏的结果。灾害的形成、灾害风险的变化则是灾害系统时空演变的产物。灾害系统是灾害风险科学研究的对象。灾害风险科学属交叉学科的范畴，需要从理学、工学、人文和社会科学等多学科的角度，构建其研究理论、方法与应用实践的科学体系。因此，灾害风险科学要求研究者要具备地学、生命科学、经济学、管理科学，以及数理科学、信息科学与技术、社会学等广博的知识基础。据此，作者把灾害风险科学划分为灾害科学、应急技术、风险管理。灾害风险科学的主要内容：从基础理论看，灾害风险科学包括灾害系统、机理与过程。从技术方法看，灾害风险科学包括灾害的测量与评估、灾害风险地图编制与区划。从应用实践看，灾害风险科学包括灾害管理、应急响应与防御范式（史培军，2017）。据此，本书阐述的综合灾害风险防范凝聚力研究的理论与实践，只是灾害风险科学研究的实践部分，是指导综合减灾和综合灾害风险防范的科学基础。

5.1.3 人地系统动力学与灾害风险科学研究透视

1. 人地系统与人地系统动力学

在国家自然科学基金的支持下，我国开展了"地球表层系统及人地关系调控机理"的重点项目研究，并已发表初步研究成果（仪垂祥和史培军，1994）。此后，有关研究人员提出人地系统动力学研究的基本框架（张兰生和史培军，1994），指出它的研究对象是地球表层系统，研究的核心内容是：人类活动的生态环境效应，即人类活动驱动下的自然生态系统的响应机制与反馈机理，以及人类生存的环境质量；确保自然生态系统演替（良性循环）下的人类改造自然界的可能途径。国家自然科学基金委员会等单位提出的"21 世纪中国地球科学"（黄鼎成，1995）规划中，指出由于人类活动对地球的影响已经达到可以与自然变率相媲美的程度，人与自然关系的协调开始成为人类认识地球的新的出发点。把人类活动纳入地球过程研究，将大大扩展地球科学的研究范围，密切自然科学与社会科学的联系。

进入 21 世纪，相关学者从多个角度开展了对人地系统和人地系统动力学的系统和综合研究。

1）加强人地系统研究

樊杰（2014）综述了近年来在人文地理学前沿问题的探讨，阐释了人地系统相互作用时空分异规律是现代地理学最高层级的科学难题，也是决定未来地理学前途的关键。强调：人地系统、人文地理、可持续性、区域均衡、地域功能、承载能力、空间结构、未来地球等可作为未来人地系统研究的重点。

朱永官等（2015）认为：土壤是人类赖以生存和文明建设的重要基础资源。作为地球关键带的核心要素，土壤圈是地球表层系统最为活跃的圈层，而且土壤过程是控制地球关键带中物质、能量和信息流动与转化的重要节点。强调：土壤圈、土壤安全、地球关键带、生态系统服务等可作为未来人地系统研究的重点。

彭建等（2017）认为：作为沟通自然生态系统与人类社会的重要桥梁，生态系统服务一直以来都是地理学、生态学等学科的研究前沿和热点。强调：生态系统服务、权衡、服务流、生态补偿、远程耦合、多尺度关联等可作为未来人地系统研究的重点。

傅伯杰（2018）认为：自然地理学是地理学的基础学科，也是地理学综合研究的基石。强调：自然地理学、地理过程、陆地表层系统、气候变化研究等可作为未来人地系统研究的重点。

赵文武等（2018）认为：生态系统服务是连接自然环境与人类福祉的桥梁，是人地系统耦合研究的核心内容。强调：生态系统服务、评估与权衡、驱动机制、供给与需求、人地系统耦合等可作为未来人地系统研究的重点。

刘焱序等（2018）认为：面对变化中的全球环境以及变化中的学科热点，聚焦地理学与可持续发展、自然地理要素与过程集成、空间数据挖掘与系统决策等当代自然地理学研究的前沿内容。强调：自然地理学、人地耦合系统、全球环境变化、国家需求、可持续发展等可作为未来人地系统研究的重点。

樊杰（2018）认为：吴传钧先生提出的"人地关系地域系统"理论不仅为人文与经济地理学，而且为整个地理学的综合研究提供了重要的理论基石。强调：人地关系地域系统、地理格局、人文地理学、经济地理学、区域可持续发展等可作为未来人地系统研究的重点。

毛汉英（2018）认为：在吴传钧先生倡导的人地关系地域系统（简称"人地系统"）理论体系中，人地系统优化调控占据核心位置。强调：人地系统优化、区域 PRED（即指人口、资源、环境和发展）协调发展、综合调控、理论方法等可作为未来人地系统研究的重点。

2）加强人地系统动力学研究

杨宇等（2019）认为：人地关系是地理学研究的经典问题，也是中国人文–经济地理学在国际地理学研究中具有突出贡献的命题。强调：人地关系综合评价、理论模型、人类活动压力与资源承载能力、生态约束与系统开放度研究等可作为未来人地系统动力学研究的重点。

张军泽等（2019）陈述："地球界限"（planetary boundaries）是指用于界定"安全运行空间"（safe operating space）的边界值，是 Johan Rockström 等近年来提出的旨在保障人类生存和发展的重要概念框架。强调：地球界限、安全运行空间、安全公正空间、可持续发展等可作为未来人地系统动力学研究的重点。

樊新刚等（2019）认为：可持续发展能力评价方法是识别人地协同规律、支撑科学决策的重要工具和热点需求。强调：可持续发展能力、自组织能力、生态压力、能值、㶲、耦合模型等可作为未来人地系统动力学研究的重点。

崔学刚等（2019）认为：城镇化与生态环境耦合是当前研究的热点，而其动态模拟将是未来的重要方向。强调：城镇化与生态环境耦合、动态模拟、理论与方法等可作为未来人地系统动力学研究的重点。

刘卫东等（2019）认为：碳强度影响因子数量众多，通过在众多因子中评估其重要性以识别出关键影响因子，进而解析碳强度关键因子的变化规律，其是中国 2030 年碳强度能否实现比 2005 年下降 60%～65%目标的科学基础。强调：机器学习、随机森林、碳强度、关键影响因子等可作为未来人地系统动力学研究的重点。

3）人地系统动力学与可持续发展

傅伯杰（2019）在国家自然科学基金委员会双清论坛上发表的《人地系统动力学与可持续发展》一文指出：人类活动已经显著改变了地球上所有生态系统，60%的生态系统服务（24 项中的 15 项）已经处于退化或者不可持续利用状态（千年生态系统评估报告，2005），人类从自然界获取的 18 类惠益，有 14 类（78%）快速下降，土地利用、人口、经济和技术等人类活动过程是重要驱动因素（IPBES，2019）。2015 年联合国可持续发展峰会发布的《2030 年可持续发展议程》正式提出了 17 项可持续发展目标和 169 项具体目标。《2018 年可持续发展目标报告》指出依照当前进展难以实现 2030 年目标，亟待探索可持续发展的模式与途径。同千年发展目标（MDGs）相比，联合国可持续发展目标（SDGs）更突出其对于科学界的需求。《2018 年可持续发展目标报告》指出依照当前进展，到 2030 年不足以实现纲领确定的目标；数据指标的监测、统计以及模拟预测能力不足是重要限制；气候变化及其与之相关的干旱等灾害增加了额外的挑战；可持续发展目标之间是相互关联的，需要一套系统综合方法。人地系统不协调是导致区域发展不可持续的主导因素。人与自然是生命共同体，人地系统是由自然系统和社会系统交错构成的地球表层复杂开放巨系统。人地矛盾加剧人地系统要素过程失衡，人地关系协调需人地系统系统要素过程匹配。人地关系一直是地理学研究的主题与核心，人地系统是客观存在的物质实体，是人类活动的空间场所，是人类生产资料和生活资料的源泉，人地关系是既涉及自然过程又涉及社会过程的综合概念，是地理学研究的主题与核心，人地关系地域系统理论包括地域功能性、系统结构化、时空变异有序过程，以及人地系统效应的差异性及可调控性。

（1）地理学的革命。计量革命（始于 1950s），从描述到规范地理学：分布到空间格局；新计量革命（始于 1970s），从空间格局到空间过程；地理信息系统（GIS）革命（始于 1990s），从空间过程到空间预测；人工智能（AI）革命（始于 2010s），从空间预测到空间调控和管理。地理学研究范式的变迁：在研究方法方面，调查与制图—观测与空间分析—模型模拟与预测；在研究主题方面，地表格局—地表过程—人地耦合—可持续发展。技术革新与社会需求推动地理学研究范式发生新的变迁，促使地理学研究从地理学知识描述—格局与过程耦合—复杂人地系统模拟。

（2）美国科学基金会自然与人类耦合系统动力学（CNH）项目。CNH 项目强调"过程""动态机制"研究，包含四种系统组分（自然系统动态、人类系统动态、自然系统影响人类系统的过程、人类系统影响自然系统的过程）的综合分析。研究目标：提示典型案例区的人与自然耦合系统的复杂性，包括耦合系统内部及与外部的交互影响与反馈（reciprocal effects and feedback loops）；相互作用关系的非线性（nonlinearity）规律；系统行为变化的阈值（thresholds）；人类活动对耦合系统的干扰（human intervention）及系统的恢复性（resilience）；系统行为的时空尺度异质性（heterogeneity）；系统变化的不确定性分析（uncertainty analysis）；人类与自然系统的复杂相互作用（complex interactions within and among human and natural systems）；开展针对不同类型系统复杂性的综合集成方法研究，包括：多因素的耦合方法、时空尺度转换方法等；提供典型人与自然耦合系统的适应性管理（adaptive management）对策，提供决策支持模型（decision-making modeling），形成决策咨询报告。研究内容：变化（change）、气候（climate）是所有时期关键词，之后关注内容从管理（management）向可持续（sustainability）和恢复力转变。

（3）人地系统耦合研究已成为可持续性研究的前沿。整体评估人地耦合系统动态，关注人类和环境系统的相互作用及其在多个相互关联的尺度上形成的动态反馈循环。整合社会、经济、生态等多个系统，地理学、生态学、环境科学、社会学、政治学、公共健康等多个学科广泛应用于生物多样性保护、农业、环境、渔业、森林、水资源管理等可持续议题。人地系统动力学是解析区域可持续发展的关键。人地系统动力学旨在研究人地系统中自然系统和社会系统互馈关系的动态作用机制，其是推动人与自然和谐共生、实现可持续发展的重要科学基础。

（4）人地系统动力学研究展望。人地系统动力学研究的科学问题，即 1+3 问题如图 5.2（a）所示，关键科学问题如图 5.2（b）所示（傅伯杰，2019）。研究主题：水、土、气、生多要素过程集成，即水–土–气相互作用过程及其生态效应、气候变化和人类活动影响下的生物地球化学过程及环境效应、全球变化的区域响应与反馈；生态系统结构–功能–服务级联，即生态系统结构功能稳态转化与环境效应、生态系统服务维持机制和人类福祉、生态系统服务权衡与区域生态安全；自然–社会系统互馈过程机理，即社会–生态系统的弹性、脆弱性和承载边界，自然和人文因素耦合影响及双向反馈机制，自然–社会系统结构功能匹配与近远程效应；可持续发展集成模型与决策支持系统，即可持续发展数据同化、可持续发展大数据关联分析方法与机器学习、可持续发展集成模型与决策支持系统（图 5.3）；区域可持续发展机理与途径，即区域水土资源利用与环境质量协同演化、区域可持续发展目标的关联关系。

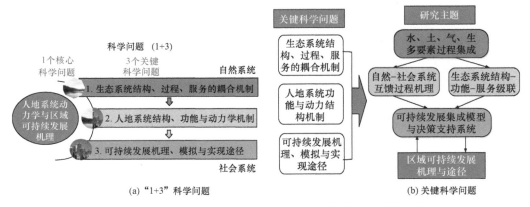

图 5.2 人地系统动力学的"1+3"科学问题和关键科学问题（傅伯杰，2019）

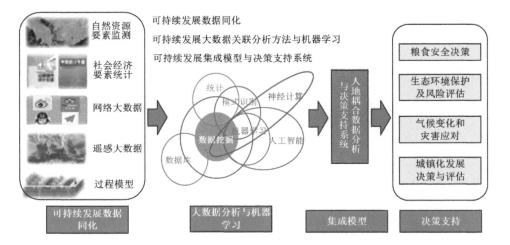

图 5.3 可持续发展集成模型与决策支持系统研究（傅伯杰，2019）

2. 区域可持续发展途径与政策实现

根据作者近年来开展的土壤侵蚀动态研究（赵羽等，1989）、自然灾害系统的研究、区域土地利用\土地覆盖动态研究（史培军，1991a，1996，2002，2005，2009）、自然灾害防治与综合灾害风险防范研究，对人地系统及人地系统动力学与可持续发展有如下认识。

（1）人地系统表现出一系列以土地利用/土地覆盖动态变化为特征的动态变化过程。所有今日出现的各种灾害与环境问题，都是资源开发利用与地表自然过程相互作用的产物，仅仅从表面现象区分是自然原因还是人为原因是非常困难的，甚至是不可能的。因此，必须对人地系统进行监测，且以土地利用/土地覆盖变化为基本监测对象。通过建立生态环境系统时空变化序列，进而区分各种环境资源问题的成因，以降低判断的不准确性。只有全面考虑区域自然环境的特征来对土地资源开发的广度与深度、区域经济基础及改造利用自然界的能力诸多方面进行分析，才有可能揭示以这些环境资源问题为特色的区域人地系统的动态过程，从而从中区分动态变化的驱动力因素。

（2）人地系统动态可以概括为三种方式。一是在波动中由一种特征渐渐趋向于另一种特征；二是在波动中没有明显的趋向性，即类似一种振荡现象；三是在波动中显示出明显的突变现象，如各种突发性自然灾害的发生与发展。我们可以将这三种动态分别称为人地系统的"渐变""振荡"与"突变"。决定人地系统这种变化方式的主要原因取决于该系统的驱动力与反馈机制，其与区域自然过程和人文过程的相互作用有密切关系。基于这些认识，可以将线性和非线性动力学的分析方法用于人地系统动态变化研究之中，从而有可能建立表达人地系统动态的各种模型，为进行动态模拟提供途径，并为驱动力的识别提供可能。

（3）表达不同时空尺度的人地系统动态变化信息仍严重不足。这从某种程度上来说大大影响对人地系统动态的理解，为此充分利用各种对地观测的遥感技术、地面定位站点观测记录，建立表达区域人地系统动态特征是非常必要的。当今，大数据技术对人地系统动态变化信息的丰富有着重要的意义。

（4）人地系统动力学模型。从国内外的研究成果可以看出，建立人地系统动力学模型是解释人地系统动态变化机制的基础，也是区分驱动力原因、降低成因判断不确定性的关键。根据作者近年来开展的与此有关的一些案例研究（史培军，1995；史培军等，1992；黄崇福和史培军，1995；仪垂祥和史培军，1994），可以得出如下结论：人地系统动力学模型可以划分为两种表达方式，一种是基于对单一过程有明确结果的动力学所建立的非线性动力模型（仪垂祥，1994）；另一种是基于对人地相互作用结果有连续观测记录所建立的人地系统动态模型（赵羽等，1989），两种模型分别称为人地系统动力学模型的"唯理"与"唯象"模式，前者强调人地系统各个因素之间的动力关系，后者强调其相互作用结果的统计动态关系。这两种模式在有关资料能够得以满足模型需要的情况下可以进行综合，这是将要努力的方向。目前，反映人地系统动力学模型的宏观与微观研究相互结合得还很不够，但建立能够连接宏观与微观过程的人地系统动力学是有可能的，将自然因素与人文因素结合起来反映人地系统动力过程的行为始终是建立人地系统动力学模型的努力目标。

（5）加强人地系统动力学与可持续发展研究。建立人地系统动力学是地球表层动力学研究的重要组成部分（张兰生和史培军，1994）。当代一系列环境与生态问题是地球系统发展中的产物，是地球系统"天文时代→地文时代→生文时代"的突出特征。因此，从发展纵向看，其是当代地球系统的客观现象，是人类与地球相互作用的产物；从发展横向看，地球系统可以划分为服从自然规律的流体地球、固体地球与服从自然与社会（人文）规律的表层地球。对于流体地球与固体地球来说，人类只是这些子系统中的一个因素，而对于表层地球来说，人类与这一子系统中的各个自然要素形成了密不可分的整体，即没有人类，也就谈不上表层地球。因此，表层地球是当代环境与生态问题产生的温床，也是人地系统动力学的研究对象，人地系统动力学就是揭示地球表层人地系统相互作用动态变化的规律，其为区域可持续发展模式的制定提供科学依据（史培军，1997）。

3. 灾害系统与灾害风险科学

应急管理部组织有关领域的专家，正在编制国家"十四五""重大灾害与事故防治国家重大科技专项"立项建议书，对综合减灾研究的国内外进展与发展趋势做了分析判断，结果如下。

国际组织和发达国家高度重视并不断加强重大灾害风险防范与防控和应急处置科技创新能力的建设。2015年通过的联合国《2030年可持续发展议程》、《巴黎气候变化协定》和《2015—2030年仙台减轻灾害风险框架》明确提出减轻存量风险、预防新增风险和增强承灾体韧性等目标，强调多灾种早期预警和灾害风险多部门协同管理，以促进社会持续快速发展。欧美发达国家和地区在灾害风险基础理论、关键技术和设备装备等方面的研究起步早，形成系列科技成果，引领国际综合减灾与风险防范科技发展方向和前沿，处于全球"领跑"地位。相比而言，中国重大灾害防治科技起步较晚，经过改革开放40年赶追与发展，个别领域已达到国际领先水平，但整体上处于"跟跑"阶段。

1）加强灾害系统与灾害风险科学研究

（1）灾害全过程信息感知与识别技术不断完善，高精度、多维动态数据获取能力持续提升。欧美等发达国家和地区基于高时间分辨率、高空间分辨率、高光谱分辨率的星座化天基观测系统，多种机载SAR综合观测的航空对地观测系统以及采用密集、超密集流动台阵和光纤地表位移监测等先进技术的地基数据获取系统，建成了"天-空-地"一体化的灾害过程立体信息感知与识别网络。目前，使用多平台网络化的合成孔径干涉雷达（InSAR）和激光雷达（LiDAR）技术的地面形变监测相对精度可以达到毫米级，光学遥感成像分辨率达到分米级别，大幅度提高了重大灾害风险感知与识别、预测与评估的时空精度。同时在"天-空-地"灾害信息传输网络和多源异构信息同化标准及共享标准建设的基础上，建成了灾害信息高速公路，实现了数据信息共享，形成了高精度、多维动态灾害信息数据库，为科学研究与综合减灾与风险防范提供了高可靠性的数据基础。在此基础上不断强化基于大数据挖掘的灾害发生规律研究，突破重大灾害灾变过程与致灾-成害机理理论，推动灾害综合风险感知与识别、预测评估朝着智能化、定量化、精细化的方向发展，提升灾害数据综合处理和共享能力，为重大自然灾害和复合灾害（多灾种、灾害链、灾害遭遇等系统风险）与自然-技术灾难（NaTech）预报预警、风险防御与防控、灾情速测速报及应急救援提供有力的科技保障。

（2）灾害风险识别评估与预警模型持续改进，时空精度和智能化能力不断提高。当前，利用灾害大数据、数据挖掘和人工智能技术，开展智能化风险分析与预测预警研究是国际综合减灾发展的大趋势。欧美等发达国家和地区在重大灾害动力学模型、风险识别评估与预测预警领域实现全球引领，建立了基于灾变过程与致灾-成害机理的风险识别和综合风险定量评估技术，完成了多层级、全覆盖、跨尺度、高精度的风险评估与制图，指导了综合减灾与风险防范工作，建立了以预防为主的防灾减灾救灾机制，如日本编制了全国地震、气象、洪水、海啸等多灾种、高精度的风险图，建立了重大灾害预测、预报、预警模型，建成了全球、区域与重点区域融合的跨尺度、精细化的监测预警网络；美国利用其覆盖全球的地震及海啸灾害监测网络，实时监测全球地震，服务全球抗震救灾，多次精准预警太平洋、印度洋海啸，形成了高度集中、功能完善的国家级、行业级、区域级的统一灾害监测预警体系，大幅降低了灾害损失与人员伤亡率，同时利用其在遥感与GIS软件领域及灾害大数据方面的优势，率先开发灾害分析模型和软件工具，形成了较为成熟的规模化、业务化的专业分析软件，并在世界各国广泛推广利用。

（3）重大灾害专业化精准防御与防控技术装备不断发展，安全保障能力不断提升。欧美等发达国家和地区的重大灾害风险防范与防控已由被动响应向主动预防转变、由静态管控向智慧化动态管控转变，强调安全韧性和安全完整性。以主动防御和防控为主，自然灾害防治强调工程措施与岩土措施融合、全程调控与关键节点精准防控结合、承灾体韧性增强的综合调控，实现了基于新材料、新结构、新技术的精细化综合防控，建立了精准防御与防控体系。日本滑坡防治实现了排水、反重、减压的控制工程和加固、强化的抑制工程相结合的综合防治。以安全、精准控制与环境友好为方向，大力提升灾害风险防范与防控的机械化、自动化、智能化与信息化，实现房屋、基础设施等灾害高发领域的风险精确控制、人机协同高效解危、风险区域化智能防控。总体而言，重大灾害防治精准化、智能化水平持续提高。

（4）应急救援装备轻型化、精细化、专业化、智能化水平不断提高，处置能力不断提升。欧美等发达国家和地区面向各类不同灾害事故应急处置与救援需求，形成了智能协同的指挥调度体系、系统完备的专业救援装备体系和实战化训练技术体系。研发的举高消防车安全性好、环境适应能力强、作业范围大；建立的应急救援模拟训练设施可实现多灾种环境真实模拟、场景交互和智能评估。美国依托国家突发事件管理系统，在灾害处置中实现了现场态势可视、协同高效指挥和智能辅助决策。美国军方已将 IPv6 技术应用于应急通信保障。欧盟建立的应急协调反应中心可在第一时间与各成员国以及分布在全球六大区域的 44 个分支机构实现突发事件灾情信息实时互通和共享，在接到灾情信息 24h 内做出重大决策。

基于上述分析，面对全球经济社会持续发展长期面临的重大多发、频发、高发的重大灾害问题，以及中国灾害种类多、分布地域广、发生频率高、灾害损失重、风险水平高的基本国情，加强对不同时空尺度灾害系统过程的理解，全面发展灾害风险科学，完善包括凝聚力模式在内的综合灾害风险防范模式，势在必行。

2）灾害系统与灾害风险科学研究近、中期目标

中国与世界灾害风险仍非常严峻。

（1）中国自然灾害严重。"十二五"以来，中国自然灾害年均造成 2.7 亿人次受灾、1 490 人死亡或失踪、直接经济损失 3889 亿元。继"5·12"汶川大地震后，四川雅安芦山"4·20"地震和云南昭通鲁甸"8·3"地震共造成 900 余人遇难，258 万群众受灾；"8·7"舟曲泥石流造成 1841 人遇难。当前，中国正处于工业化与城镇化快速发展阶段，受全球气候变化等自然和经济社会因素耦合影响，未来 10～15 年，中国各类灾害形势依然十分严峻，极端天气气候事件及其次生衍生灾害风险不确定性呈增加趋势，破坏性地震仍处于频发多发时期，自然灾害的突发性、异常性和复杂性有增无减，严重威胁人民群众生命安全，影响经济社会的发展和中华民族伟大复兴。

（2）世界灾害形势依然十分严峻。全球面临的自然灾害也像中国一样。慕尼黑再保险公司于 2019 年初发布的一份报告显示，2018 年全球所有自然灾害的总损失为 1600 亿美元（约为中国"十二五"以来年均值的 3 倍），虽然远低于 2017 年 3500 亿美元的损失总额，但高于 1400 亿美元的长期平均水平。2018 年 11 月席卷美国加利福尼亚州的大火造成的总损失达 165 亿美元，火灾是 2018 年世界上财产损失最大的自然灾害。排名第二和第三的自

然灾难也发生在美国，分别是 2018 年 10 月的飓风"迈克尔"（损失 160 亿美元）和 9 月的飓风 "佛罗伦萨"（损失 140 亿美元）。"迈克尔"登陆时的风速为每小时 155 英里[①]，是有记录以来袭击美国的第四强飓风。但人命损失最大的灾难，是 2018 年 9 月 9 日袭击印度尼西亚的地震和海啸，造成 2100 多人死亡。2018 年大约有 10400 人死于自然灾害（约为中国"十二五"以来年均值的 7 倍还多），这远远低于过去 30 年的年平均死亡人数 53000 人。自 1980 年以来，自然灾害造成的死亡有 71%发生在亚洲。2018 年死亡人数最多的自然灾难，前三起发生在印度尼西亚，接下来是印度和日本。

由此可看出全球和中国自然灾害防治的重要性。全球和中国重大灾害防治与综合灾害风险防范体系的建设和提升，需要攻克系列核心关键技术、科技短板与"卡脖子"问题，构建科学完备的科技支撑体系。

中国自然灾害防治能力总体还比较弱，提高自然灾害防治能力是实现"两个一百年"奋斗目标、实现中华民族伟大复兴中国梦的必然要求，是关系人民群众生命财产安全和国家安全的大事，也是对中国共产党执政能力的重大考验。然而，中国现有的重大灾害综合防治与综合灾害风险防范体系缺乏多灾种、全要素、全过程、全链条的集成与综合，难以支撑新时代大国灾害防治。实施重大灾害防治科技重大专项，突破重特大灾害灾变过程与致灾–成害机理，攻克重特大灾害关键节点精准防控与防御技术，是科学应对灾害多发频发的迫切需求，对构建推动经济社会高质量发展和满足人民群众高品质生活需要的综合保障体系，以及对提高综合减灾能力与综合灾害风险防范、维护社会公共安全、保护人民生命财产安全具有重大而深远的意义，对减轻全球灾害风险也有着重大的作用。

（3）灾害与灾害风险科学发展目标。当前，灾害与灾害风险科学发展的重大目标是：立足防范化解重大灾害风险的战略需求，瞄准国际综合减灾科技前沿，围绕经济建设与社会发展面临的重大自然灾害风险，针对致灾–成害的自然过程、自然–技术过程、社会过程与综合减灾全过程，聚焦综合灾害风险防范，开展巨灾及灾害链基础理论、共性关键技术、仪器装备到集成应用的"全链条"和"一体化"的技术，突破重大灾害风险感知与识别、定量评估、预报预警、精准防控、灾情评估与应急救援等的科技攻关，综合减灾全过程核心关键技术与科技瓶颈和"卡脖子"问题，构建科学、高效的重大灾害防治与综合灾害风险防范科技体系，推进灾害防治体系与防治能力现代化，保障民生安全与可持续发展，全面服务可持续发展战略目标。面向重大自然灾害防治的需求与"卡脖子"问题，系统开展重大灾害防治与综合灾害风险防范研究和科技攻关，突破多灾种、全要素、多维度、全过程与全链条重大灾害防治及综合灾害风险防范科技瓶颈，重点突破致灾机理、成害机理和综合灾害风险定量评估技术难点，构建风险智能感知、识别与预报预警理论和方法体系，研建天–空–地–海立体风险感知、识别、模拟预测技术体系，多维协同智能预警技术体系，系统主动精准防控技术体系和智慧高效救援技术装备体系，支撑重大灾害防治与应急管理能力建设和提升，实现"预先感知识别、智能预警预测、精准防御防控、高效救援处置"。实现重大灾害事故信息无缝融合共享，风险信息民众全覆盖，支撑"防巨灾、抗重灾、抢

---

① 1 英里 = 1.609344 km.

大险、救大灾"的能力和全社会抵御灾害风险的综合能力全面提升，综合减灾现代化水平提升，促进全球综合减灾目标的实现。

5.2　人地系统与灾害风险模拟

5.2.1　人地系统与地表过程模拟

1. 人地系统与地表过程

人地系统就是人与自然相互耦合作用而形成的社会–生态系统，土地利用与土地覆盖就是人地系统最突出的景观展现。图 5.4 是设在北京师范大学的"地表过程与资源生态国家重点实验室"的研究内容。从图 5.4 中可以看出，地表过程包括自然、人文和自然与人文综合作用等多要素、多尺度和多过程，这些过程可归类为物理、化学、生物、人类活动等过程。

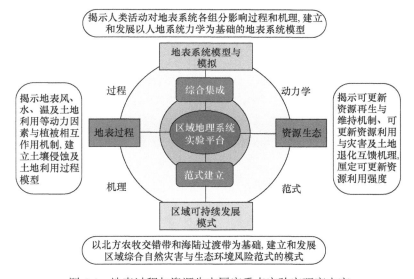

图 5.4　地表过程与资源生态国家重点实验室研究内容

由此可见，研究地表过程之间的相互联系以及对可更新资源再生机理的影响、自然资源利用过程中出现的生态与环境风险问题及其防范对策等，是地表过程研究的科学前沿（图 5.5）。为此，需重点研究地表多要素、多过程和多尺度模型与人地系统动力学模拟，以及可持续发展条件下的自然资源高效利用与环境风险防御范式。这正是综合灾害风险防范研究必须把地表多要素、多过程和多尺度模型与人地系统动力学模拟研究融为一体的根源。

从自然地理学的角度看，地表过程研究主要关注气候变化与模拟、土壤侵蚀与模拟、生态水文与模拟、环境风险与模拟等。气候变化与模拟关注气候变化归因与影响评价，土壤侵蚀与模拟关注侵蚀力、可蚀性和模型构建与模拟精度，生态水文与模拟关注地球关键带与生态系统服务和可更新资源的再生能力，环境风险与模拟关注脆弱性模型构建模拟精

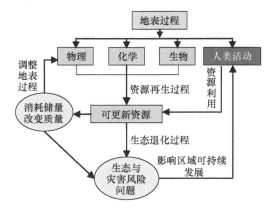

图 5.5　地表过程与资源生态国家重点实验室对地表过程研究的内容

度等。从人文地理学的角度看，地表过程研究主要关注人地关系地域系统、区域发展与城镇化与模拟、三农（农民、农业、农村）发展与精准扶贫、社区文化与地方可持续性、地缘关系与国家安全等。

2. 地表过程模型与模拟

由北京师范大学史培军为负责人的国家自然科学基金委员会创新研究群体"地表过程模型与模拟"项目（第一期：2014～2016 年；第二期：2017～2019 年），该群体以"地表过程与资源生态国家重点实验室"为支撑、以北方草原与农牧交错带为主要研究地区，围绕人地相互作用机理、过程及动力学，开展气候变化条件下的土壤侵蚀过程、生态水文过程、地–气相互作用与灾害链风险形成过程的研究，揭示地表多要素相互作用机理（图 5.6），其中突出了对灾害过程与环境风险的模拟研究。

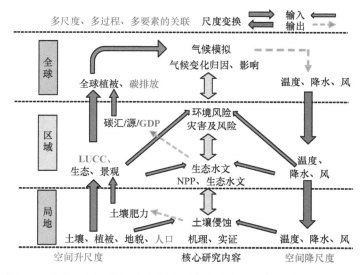

图 5.6　地表过程与资源生态国家重点实验室对环境风险研究的定位
LUCC，土地利用/覆被变化；NPP，净初级生产力

项目重点关注气候变化和人类活动在地表过程、生态水文和环境与灾害风险中的作用，以及不同时空尺度、不同自然与人文要素相互作用的复杂地理过程。通过对土壤风水复合侵蚀、多尺度生态水文过程、生态系统服务与可持续性科学、集成人类活动影响的地球系统模式以及全球变化人口与经济系统风险评估模型与模式的综合研究，构建多尺度耦合模型，模拟综合环境风险过程，促进人地相互作用机理、过程与动力学发展，在地表过程模型与模拟方面做出创新性成果。项目群体依据项目计划书，开展了土壤侵蚀过程模型与模拟、生态水文过程模型与模拟、环境风险过程模型与模拟三方面研究。

第一期：定量揭示了中国土壤水蚀与风蚀的空间格局，优化了土壤侵蚀模型的关键参数，完成了第一张中国定量土壤侵蚀图；揭示了草原灌丛化与灌木抗旱适应机理，开发了反映导水效率与抗栓塞能力妥协机制的模型，模拟了气候变化对植被生长与生态服务功能的影响；开发了地表覆盖动态监测的遥感数据处理模型与程序，为多尺度地表过程模拟提供了地表覆盖数据；改善了地球系统模式的模拟能力，评估了气候变化对中国社会经济系统和人为碳排放的影响；构建了多灾种综合环境与灾害风险评估模型，评估了气候变化与人类活动背景下的环境与灾害风险的形成过程与影响。

第二期：构建了土壤风蚀定位观测标准小区、观测及计算方法，开发了土地利用/覆盖遥感反演新方法；改进了土壤水蚀、风蚀、风水复合侵蚀估算模型；构建和优化了土地利用–生态系统服务耦合模型、土地利用–生态水文过程耦合模型；阐明了东亚大气污染对极端天气气候事件的诱发和强化机理与过程，耦合了气候变化、社会经济发展路径与生态系统互馈模型，构建了量化自然与人文要素对极端天气气候事件影响的相对贡献率模型；构建了多灾种损失与风险量化评估模型和综合灾害风险防范的凝聚力模型。

这些研究成果提高了地理学对复杂地表过程的认识水平，有力支持了人类改进环境风险的防范能力。

5.2.2　加强对人地系统和灾害风险模拟研究与应用

1. 多视角开展人地系统研究

已有相关研究的成果可供借鉴。

程叶青（2006）认为：采用系统动力学的研究方法，建立了人口总数与环境承载力之间的系统动力学模型，并在一定的假设基础上，给出了三个关于人地关系的模型：冲突模型、掠夺模型以及和谐模型。

王建华等（2003）认为：人地系统是地理学最为重要的研究内容，区域可持续发展有赖于人地系统的合理结构与优化模式以及人们对该系统的有效调控。运用系统动力学理论与方法，可建立人地系统演变的动态调控模型，对该系统进行多种发展方案调控试验，比较优选出县域人地系统协调发展的优化调控模式，为地区可持续发展提供决策依据。

邬建国等（2014）认为：可持续发展是我们时代的主题，也是人类面临的最大挑战。可持续性科学是研究人与环境之间动态关系，特别是耦合系统的脆弱性、抗扰性、弹性和稳定性的整合型科学。景观和可持续性是可持续性科学的核心研究内容，也将是可持续性科学在以后几十年的研究热点。

地球关键带（critical zone）研究是陆表动力学研究的前沿领域。地球关键带是美国国家研究理事会在 2001 年提出的 21 世纪地球系统科学前沿方向，孕育着重大发展机遇。据最初的界定，地球关键带就是地球近地表的异质性环境，包括陆地表层、河流湖泊、海岸带及近海海域等，是人类生息和活动的主要空间，因其在功能上很关键，所以称为"地球关键带"（简称关键带）。然而，截至目前，关键带研究发展的最显著特征是在全球范围内初步建立了观测台站网络体系，基于台站观测形成了大量关于局地关键带结构、过程、演化和模拟等方面的研究成果，在垂直方向限于植被冠层到地下水含水层的层次，在水平方向主要限于 $100km^2$ 以下的观测研究范围。所以，既往的研究对关键带功能和区域以上大尺度空间异质性等问题缺乏足够的重视，尚不能很好地服务于关键带可持续发展与管理的社会需求。傅伯杰团队瞄准这一学科发展的薄弱环节进行了系统探索（Lü et al.，2017，2019；Luo et al.，2019）。面向关键带可持续性的科技需求，提出：①要拓展关键带的边界和研究维度；②关键带的生态环境服务应该作为核心科学议题纳入研究体系；③加强与管理决策相关的时间尺度下的深度耦合研究，包括结构–过程–功能–服务的耦合及多学科的交义与集成；④将景观多功能性的研究和关键带研究相结合。区域关键带空间异质性和类型学的研究可以作为推进上述研究的重要途径。进而，他们以中国黄土高原地区为例，构建了区域关键带类型划分的指标体系和方法框架，将全区划分出了 8 类关键带系统，这种系统划分对于关键带空间格局的认识、不同关键带之间相互作用及优化关键带观测网络布局，以及陆表动力学研究都具有重要意义。

2. 人地系统与灾害风险模拟的重点内容

从发展灾害风险科学和加强综合灾害风险防范研究的视角，参考应急管理部组织有关领域的专家，编制的国家"十四五""重大灾害与事故防治国家重大科技专项"立项建议书中的有关内容，下列研究需优先考虑，即亟须在重大灾害致灾–成害机理、感知识别、预测预警、预防控制与应急救援等方面取得整体突破，补齐科技短板，提升国家综合减灾实力。在深刻认识重大灾害致灾–成害机理与演化规律、全面掌握灾害全要素信息、动态评价灾害与事故风险的基础上，实现对重大灾害与其风险的准确预测预报预警、精准预防控制和评估，全面提升重大灾害防治与综合灾害风险防范国家实力，保障民生安全与可持续发展，服务于"美丽中国"与"人类命运共同体"建设。

（1）重大灾害灾变过程与致灾机理。研究重大灾害事故形成、演变、传播过程与致灾理论。重点研究重大复合链生灾害多灾种、跨区域、多尺度、强耦合的动力演进、转化与致灾机理，深部原位灾变机理，自然灾害诱发生产安全事故等多灾种耦合的演变与致灾机理，支撑重大灾害的防治。

（2）重大灾害成害机理与灾情过程。研究重大灾害灾情形成、演变、传播过程与成害理论。重点研究重大多灾种、灾害链、灾害遭遇与自然灾害–技术事故跨区域、多尺度、多过程的动力与非动力机理、转化与成害机理，量化脆弱性模型（曲线和曲面），完善综合灾害风险评估指标体系、模型体系、区划体系等理论，支撑重大灾害防治与风险的综合防御。

（3）重大灾害预测预报与监测预警理论。基于多灾种与灾害链大数据，构建基于物理过程的灾害预报模型，开发精确、实用的数值预报系统和数据处理技术，提高对突发性重大与灾害频率与强度的短期、中期和长期预测能力，开展灾害链及重大灾害实时动态诊断分析，探索地震应力环境探测技术，提高全国重大自然灾害隐患的预测水平。完善地震地质灾害、气象水文灾害及海洋灾害等主要自然灾害的监测预警和预报关键技术，构建国家和地区重大灾害早期监测、快速预警技术平台。加强对特大地震危险区识别及危险性评价方法、大地震中长期危险性判定及地震大形势预测关键技术、暴雨型地质灾害监测预警技术、山洪灾害监测研究关键技术、地质灾害光纤传感监测技术的研究与示范。开展重大灾害及灾害链危险性评价技术研究，确定灾害发生概率、强度和区域分布；开展区域承灾体易损性评价，确定不同承灾体在各种自然致灾环境下的脆弱性。研发重大工程扰动区、高烈度区等不同区域的综合灾害风险评价模型，进行自然灾害风险评估；开发综合灾害风险分析、模拟与决策系统，实现主要自然灾害风险防御与控制的系统集成，构建重大自然灾害防治与综合灾害风险防范和应急信息决策支撑平台。

（4）重大灾害风险判识与评价理论。研究重大灾害风险形成、动态演变与综合效应，构建风险判识、动态预测与综合评估理论体系。重点突破重大灾害致灾–成灾与风险转化过程、动力学作用机制，研究重大灾害与复杂工程结构体及重要基础设施的互馈作用机制，确定多灾种耦合作用下复杂结构体损伤破坏的临界条件以及重要基础设施服务功能影响的关键阈值，构建多灾种、多尺度、多过程重大灾害多级定量风险判识与综合灾害风险评估理论体系，支撑重大灾害"一张图"编制和综合灾害风险防范与防控。

（5）重大灾害风险防御与防控和应急管理理论。研究重大灾害关键节点跨尺度、精准化风险防御与防控理论，灾情快速分析、动态研判、智能化辅助决策与指挥调度理论。重点研究重大复合链生灾害全过程和关键节点的风险防御与防控、重大灾害行为安全管理及城市群与重大设施安全韧性增强和跨区域多主体协同应对理论，构建自然–生产–经济–人文协同发展的重大灾害系统防御理论体系，形成面向灾变过程与服务的资源快速调配、人员精准搜救、风险科学处置和人员保护多维度协同的灾害应急决策支持体系。

（6）重大灾害风险感知与识别关键技术研发。研究天–空–地–海一体化多源信息感知、识别与协同处理及终端信息快速分析与智能识别技术。重点研究国产高精度天–空–地–海协同观测技术与网络构建技术，突破高精度三维地表孕灾环境动态感知、识别、深浅部地壳介质观测探测、多源跨尺度致灾信息协同感知、识别与集成技术，多灾种复合、链生自然灾害非线性叠加、灾种转变条件甄别技术，灾害多源异构信息清洗、增强与智能识别技术。

（7）重大灾害风险模拟预测关键技术研发。研究重大灾害的全要素、全过程实验与情景模拟技术及危险性、脆弱性精细化评价分级技术，构建多灾种、全要素动态风险定量评价技术体系。重点突破高精度地震断层动态非线性破裂过程模拟技术，台风–暴雨–洪水–风暴潮多碰头极端情境过程模拟技术，跨尺度、大规模、高精度灾害过程与效应模拟预测关键技术，多灾种、复合链生灾害隐患风险综合定量评价技术和灾害风险分级"一张图"编制技术。

（8）重大灾害预测预报预警关键技术研发。研究重大灾害与事故全过程动态预测预报预警技术。重点研究多灾种链生灾害与复合灾害事故不同时空尺度、长–短–临结合的高精度预测预报预警技术与指标体系，多灾种灾害链预警等级划分与阈值设定关键技术，事故快速预测预警、动静设备多风险智能预测预警、火灾极早期预测预警等技术；突破适应极端环境条件下的重大灾害事故信息和灾情演变动态监测技术，攻克长距离、高可用、无线自组网链路快速构建技术和复杂极端环境应急通信技术。

（9）重大灾害综合灾害风险防范关键技术研发。研究工程–生态–社会措施协同的重大复合灾害综合风险传播、级联效应阻断、风险转移、隐患治理以及城市与重大基础设施等承灾体韧性提升技术，农村及边远地区建筑物与基础设施韧性提升技术。重点突破复合链生灾害过程关键节点精准防控技术，灾害防治新材料、新技术、新结构与新模式。

（10）重大灾害灾情评估关键技术研发。研究重大灾害与事故灾前动态预评估、灾后灾势快速评估、综合损失、重建需求和资源环境承载力精准评价技术体系。重点突破极端复杂条件下灾情动态监测评估与灾势研判技术，信息不完备条件下境外或跨边界重大灾害与事故灾情收集和快速研判技术，实物量和经济损失精准评估模型，多主体灾后恢复重建需求多源数据挖掘与评估技术，灾区资源环境承载力评估技术，次生灾害和事故风险评估与恢复重建减灾效益评估技术，构建重大灾害和事故灾后综合评价体系与技术模式。

（11）重大灾害应急救援关键技术研发。研究重大灾害智能指挥调度、高效现场处置与实战化训练关键技术。重点突破灾害应急救援能力需求预测技术，恶劣环境条件下救援力量快速调送技术，异构、融合、开放的应急通信保障技术，救援人员安全与职业健康保障技术，人员精准搜救技术，堰塞湖排险技术，水域救援，复合灾害的事件链、预案链和决策链的综合应急管理与救援技术；综合应急救援实战化训练技术与模拟训练设施构建关键技术。

（12）重大灾害风险综合治理技术研发。研究建立以人为本、政府主导、社会和市场多方参与的综合灾害风险防范体系，研发分灾种、分层次"优化、协同、高效"的灾害风险防控与应急管理体系；研究建立重大灾害风险危机公众意识提升机制，灾害风险社会感知与信息沟通机制，"政府、企业、社会、公众"四位一体的综合灾害风险防控联动机制；研究重大灾害风险与灾情舆情管控技术，重大灾害安全与科学普及网络构建技术，基于经济与区域灾害特征的救援物资"位置服务"快速调配技术，增强以灾害"抵御力、恢复力、适应力"为核心的城乡社区韧性强化技术，以"基础设施、工矿商贸、人居社区"为主体的重大灾害风险管理网络构建技术和重大灾害风险双边及多边风险评估、灾害风险防范与治理技术。全面提升社会灾害风险综合防御能力，全力构建新时代大国安全文化体系与大国应急体系。

（13）重大灾害防治技术标准体系研制。完善灾害防治、应急管理标准体系研究，建立统一的灾害防治、应急管理标准体系框架，重点研究制定灾害风险感知识别、风险模拟评估、监测预警、风险防控、隐患治理、灾情上报统计与评估应急资源建设与管理、应急信息与通信、应急救援组织与指挥、应急培训与演练、风险信息公开等关键基础标准，并开展相关标准的推广应用示范，提高应急管理工作的系统化、规范化、协同化和科学化水平，此外，也需要开展应对重大灾害的装备研发。

5.3　地理协同论与综合灾害风险防御范式优化

5.3.1　地理学研究的理论进展与地理协同论

在对人地系统研究的历史长河中产生了诸多理论，如地理同行熟知的区域论、综合论、系统论等（史培军等，2019）。近年来，地理同行围绕全球变化应对和实现不同时空尺度的区域可持续性，对人地系统的理论研究有了长足的进步。

1. 地理学研究的理论进展

傅伯杰（2014）指出：地理学是一门以综合性和区域性见长的学科。地理学的综合性通过要素多样化来体现，区域性则表现为区域分异或区域差异。强调：地理学综合研究、格局与过程、多尺度等研究。

陆大道（2015）指出：前辈地理学家提出的关于地理学是介于自然科学和社会科学之间的交叉学科的观点。强调：地理科学的交叉学科属性、区域性与本土性、机遇与危机等。

傅伯杰（2017）指出：地理学是研究地理要素或者地理综合体空间分布规律、时间演变过程和区域特征的一门学科，是自然科学与人文科学的交叉，具有综合性、交叉性和区域性的特点。强调：可持续发展、综合性、范式、人地系统等是地理学理论研究的核心。

朱鹤健（2018）概括了现代地理学作为交叉科学的特性，即地理学具有区域性与综合性特征，其独特之处在于其介于自然科学和社会科学之间的交叉学科的属性，要求其综合多个因素考虑问题。强调：地理学交叉科学的特性、人地关系、系统和空间思维三者融为一体。

刘凯等（2017）指出：科学哲学研究表明，本体论问题的探讨对于具体学科的科学哲学研究和理论研究都具有重要意义。强调：地理学的科学哲学本质、本体论、多元化、方法论、理论价值等作为地理学理论研究的关键。

宋长青等（2018）指出：地理复杂性、空间复杂格局、时间复杂过程、时空复杂机制等作为地理学的新内涵。

程昌秀等（2018）指出：大数据之风于 2010 年席卷全球，已在科学、工程和社会等领域产生深远影响。强调：地理大数据、第四范式、非线性、地理复杂性等作为地理学的新内涵。

2. 地理协同论

20 世纪末，汉森主编了《改变世界的十大地理思想》，陆大道在《改变世界的十大地理思想》译本的序中写道："这些地理学思想是由地理学家发起、率先阐述并进入社会生活从而影响世界的，而这又进一步推动地理学的发展"（Susan，1997）。同年，《重新发现地理学——与科学和社会的新关联》出版。吴传钧在该书译本的序中写道："我们希望通过地理学家的艰苦努力，对国家建设做出应有的贡献，得到社会和公众的承认，而不必像美国那样，要等几十年后，才重新发现地理学"（美国国家研究院等，2002）。这两本著作阐释了在理解人类经历和面临的各种经济社会发展与生态环境保护等问题面前，地理学所发挥的不可替代的作用。然而，进入人类世时代的地理学靠着前辈们创立和发展的地理学理论，能有效应对未来地球与未来世界面临的各种资源短缺和环境风险问题吗？事实上，困难重重。地理学面对未来地球，在理解动态地球、全球发展向可持续发展转变中能做出何种独有的贡献？地理学面对未来世界，在系统风险防范、维护全球安全、促进世界可持续性方面又能起到哪些特别的作用？在工业革命以后，人类与自然关系发生了很大的变化（史培军，1991b），人类已完全融入地表环境系统里，地表环境已经全部被人类所改造，人与自然已经很难分开，你中有我、我中有你，人与自然同为人类命运共同体中的重要一员。人类世时代呼吁地理学家理解未来地球，透视未来世界；在理解人地关系的基础上，通过科学的设计"人地协同""适度改造自然"，为人口已超载的地球减负；通过生态文明建设，创新发展、协调发展、绿色发展、开放发展、共享发展，提高地球的承载力，扩大阈值，缓减环境风险，实现地球与世界的可持续性（图5.7）（史培军等，2019）。史培军等（2019）在地理协同论——从理解"人地关系"到设计"人地协同"一文中指出：发展"地理协同论"，即地球表层系统与区域可持续性机理、过程与动力学，以实现地理学研究从理解"人地关系"到设计"人地协同"的转变。强调：人类世资源短缺、环境风险等重大人地系统问题，在经典地理学理论的基础上，发展地理协同论、除害与兴利并举，将区域可持续性等作为地理学的新视野。

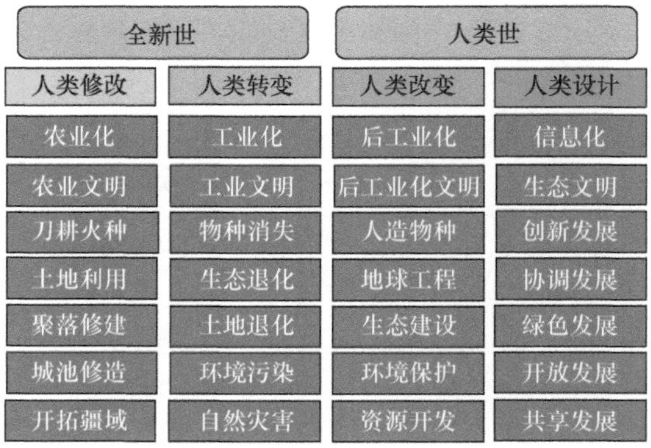

全新世		人类世	
人类修改	人类转变	人类改变	人类设计
农业化	工业化	后工业化	信息化
农业文明	工业文明	后工业化文明	生态文明
刀耕火种	物种消失	人造物种	创新发展
土地利用	生态退化	地球工程	协调发展
聚落修建	土地退化	生态建设	绿色发展
城池修造	环境污染	环境保护	开放发展
开拓疆域	自然灾害	资源开发	共享发展

图5.7　理解、协调人类活动与自然的关系（史培军等，2019）

5.3.2　自然灾害防治

中国是世界上自然灾害最为严重的国家之一，灾害种类多、分布地域广、发生频率高、造成损失大、灾害风险高、设防水平低、区域差别大。

1. 中国自然灾害损失

1）人口死亡

改革开放以来中国每年因灾死亡人数（年平均值）明显减少，百万人口因灾死亡率（年平均值）也明显减少。整体来说，自改革开放以来，中国自然灾害造成的死亡人数有明显的下降趋势（表 5.1，图 5.8）。

表 5.1　中国自然灾害灾情统计

时间段	死亡人数年平均值/人	百万人口死亡率年平均值/%	直接经济损失年平均值/亿元（2016 年价格）	GDP 损失率年平均值/%
1980～1989 年	6861	6.64	2331.3	7.03
1990～1999 年	6110	5.17	3017.5	3.99
2000～2009 年	11134	8.47	3934.3	1.72
2010～2016 年	2468	1.83	4518.2	0.85

资料来源：中华人民共和国民政部，2017；港澳台地区损失数据未列入统计。

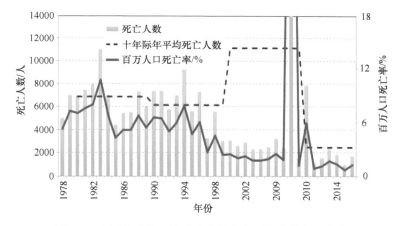

图 5.8　中国自改革开放以来自然灾害死亡人数年际变化

改革开放以来，因灾死亡人数明显减少，由 1980～1990 年的年均 6861 人降至 2010～2016 年的年均 2468 人，平均每年减少 170 人（不含汶川地震）；百万人口死亡率平均值明显降低，由 1980～1990 年的年均 6.6%降至 2010～2016 年的 1.8%，平均每年下降 0.18%（不含汶川地震）。数据源自中华人民共和国民政部，2017；港澳台地区损失数据未列入统计

2）直接经济损失

自然灾害直接经济损失绝对值上升趋势明显，年均自然灾害直接经济损失从 1980～1989 年的 2331.3 亿元上升到 1990～1999 年的 3017.5 亿元，进而到 2010～2016 年上升到 4518.2 亿元的年均直接经济损失（表 5.1），21 世纪以来自然灾害年均直接经济损失达 3053 亿元。21 世纪前十年我国年均自然灾害直接经济损失是 20 世纪 80 年代的 1.7 倍，2010～2016 年年均直接经济损失是 20 世纪 80 年代的 1.9 倍。自然灾害直接经济损失以约 36 亿元/年（2016 年可比价格）的幅度增长，年平均增长幅度为 0.84%；同期的 GDP 的年均增长幅度为 9.3%。因此，自然灾害直接经济损失绝对值上升的主要贡献是 GDP 的上升，而非灾害频率或强度的增长（图 5.9）。

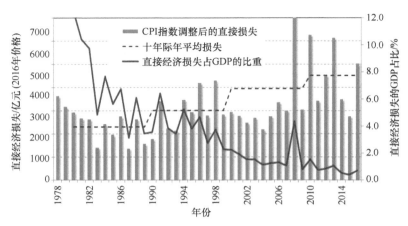

图 5.9　中国自改革开放以来因灾直接经济损失年际变化

改革开放以来，自然灾害直接经济损失绝对值上升趋势明显，从 20 世纪 80～90 年代的年均 2300 亿元以上升到 2010～2016 年的年均 4518 亿元，平均年增幅为 36 亿元/年（2016 年可比价格）。直接经济损失的 GDP 占比稳步下降，从 20 世纪 80 年代的 11%以上，下降到 2010～2016 年的 1%左右，平均每年降低 0.29 个百分点。图中，1978～2016 年的直接经济损失数据来源于《中国民政统计年鉴》；1978～1982 年、1984 年、1986 年、1988 年的直接经济损失数据在民政统计年鉴中缺失，使用吴吉东等（2014）的数据进行了补充

　　自然灾害直接经济损失占当年 GDP 的比重呈下降趋势。直接经济损失的 GDP 占比从 20 世纪 80 年代的 11%以上，下降到 20 世纪 90 年代的 5.5%，进入 21 世纪前十年下降到 3.7%，而 2010 年以来的 GDP 占比在 1%左右；平均每年降低 0.29 个百分点。这种下降趋势，一方面与经济发展带来的设防水平提高有关，另一方面也与经济总量的快速增长带来的 GDP 基数迅速增加有关。

　　3）重大自然灾害

　　从重大自然灾害个案来看，1976 年的唐山大地震造成直接经济损失占上一年（1975 年）GDP 的 3.4%，而 2008 年的汶川大地震的对应数字则为 2.8%，有所降低，但降低的幅度（1.1 个百分点）远低于年度占比的降幅（由 20 世纪 80 年代的 11%跌至 21 世纪初的 3.7%）。与此同时，若考虑将 2008 年南方冰冻雨雪灾害的损失纳入考虑，则 2008 年巨灾总损失的占比则为 3.4%，与唐山大地震相当。因此，在防范特别重大自然灾害的能力上，中国的进步仍然十分有限。

　　2. 中国自然灾害状况及其在全球的位置

　　由史培军、叶涛等于 2018 年完成给中央财经委员会的咨询报告《中国自然灾害状况及其在全球的位置》，结果如下。百万人口因灾死亡数、直接经济损失的 GDP 占比以及灾害损失的保险补偿水平是反映综合防灾减灾能力的三项重要的宏观指标。作者从这三个方面分别对中国的综合防灾减灾能力在全球的位置进行了分析。总体来看，中国的百万人口因灾死亡数在全球排在中等位置，因灾直接经济损失的 GDP 占比在全球排中等偏下的位置，这两项指标与中国的经济总量或是人均 GDP 在全球的排名均不匹配。财产与责任保险深度在全球排在居中偏低的位置，远落后于发达国家，在发展中国家处于居中略偏上位置，并且中国的财产与责任保险在巨灾损失补偿中发挥的作用十分有限，远落后于世界平均水平。

1）百万人口因灾死亡数

2010～2016 年全球主要国家和地区百万人口因灾死亡数显示（图 5.10）：中国百万人口因灾死亡数为 1.83 人；在全部统计的 130 个国家和地区中，高于中国的共有 64 国家和地区，占总数的 49.23%；中国在统计的 131 个国家和地区中排名前 49.62%。与中国处于同一水平的国家包括印度、印度尼西亚、巴西、澳大利亚、也门等（图 5.10）。从百万人口死亡数与经济发展水平的关系来看，中国的综合防灾减灾能力与经济发展水平基本吻合，均排在全球中游位置。与中国经济总量处于同一水平的国家对比，美国明显低于中国（1.03 人），而日本则高于中国（23.65 人，主要受到 2011 年东日本大地震的影响）。从人均 GDP 水平与中国水平相当的国家来看，巴西、墨西哥、南非、印度尼西亚等发展中国家的百万人口死亡数也明显低于中国的水平。

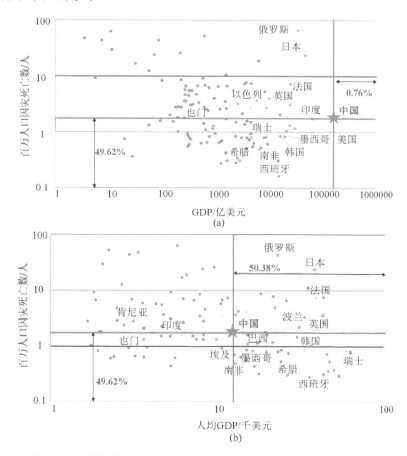

图 5.10　中国的综合防灾减灾能力（百万人口因灾死亡数）在全球的位置

中国（不包括港澳台地区）与全球 131 个国家和地区的横向对比；中国百万人口因灾死亡数排名前 50%，处于中等位置；中国的 GDP 总量排名第一（购买力评价法）；人均 GDP 排名前 50%，处于中等水平；以百万人口因灾死亡数表达的防灾能力与经济实力基本匹配。图中显示的百万人口因灾死亡数使用 2010～2016 年的平均值；与其对应的历年值是由全球 131 个国家和地区的历年死亡人口数除以上年人口总数计算得到的。其中，各国家和地区的历年死亡人口数源自比利时鲁汶大学的全球性的人为灾害数据库（EM-DAT；http：//www.emdat.be/）；人口数据源自世界银行（https：//data.worldbank.org/），GDP 数据源世界银行发布的 GDP-PPP（购买力评价法 GDP）2018 年值

2）因灾直接经济损失的 GDP 占比

2010～2016 年全球主要国家和地区因灾直接经济损失的 GDP 占比显示：中国因灾直接经济损失的 GDP 占比为 0.85%；在全部统计的 107 个国家和地区中，高于中国的共有 92 个国家和地区，占总数的 85.98%；中国排在 107 个国家和地区的前 85.98%。与中国处于同一水平的国家包括印度、日本、波斯尼亚等（图 5.11）。从因灾直接经济损失的 GDP 占比与经济发展水平的关系来看，中国的综合防灾减灾能力与经济发展水平不匹配。从经济发展水平看，与中国经济总量处于同一水平的国家对比，美国和日本的因灾直接经济损失的 GDP 占比低于中国（0.23%）和（0.63%）。从人均 GDP 水平与中国水平相当的国家来看，印度尼西亚、巴西、哥伦比亚、南非等发展中国家的直接经济损失 GDP 占比均明显低于中国的水平。

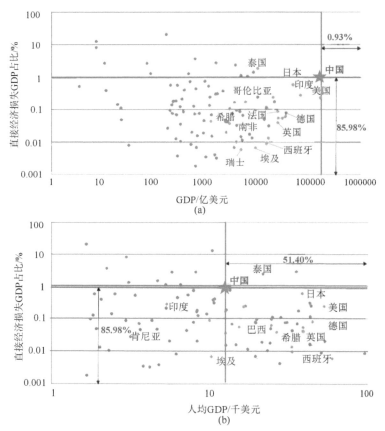

图 5.11 中国（不包括港澳台地区）的综合防灾减灾能力（直接经济损失的 GDP 占比）在全球的位置

中国（不包括港澳台地区）与全球 106 个国家和地区的横向对比；中国因灾直接经济损失的 GDP 占比前 85.98%，处于中等偏下的位置；中国的 GDP 总量排名第一；人均 GDP 排名前 51.40%，处于中等水平；以因灾直接经济损失的 GDP 占比的防灾能力远落后于经济实力

图中显示的直接经济损失 GDP 占比使用 2010～2016 年的平均值；与其对应的历年值是由全球 107 个国家和地区的历年直接经济损失（当年价）除以当年 GDP-PPP（购买力评价法 GDP，当年价）计算得到的。其中，各国家和地区的历年直接经济损失数源自比利时鲁汶大学的全球性的人为灾害数据库（EM-DAT；http://www.emdat.be/）；人口数据源自世界银行（https://data.worldbank.org/），各国家的 GDP 总量数据源世界银行发布的 GDP-PPP（购买力评价法 GDP）2018 年值

3. 保险在中国灾害损失补偿中的贡献

保险深度（保费收占 GDP 的比重；%）和保险密度（人均支出保费；货币单位）是反映保险在经济发展中提供的风险保障水平的两项重要指标，也可间接地反映保险在灾害损失补偿中的贡献水平。《中国保险年鉴》的数据显示，2015 年，中国（不包括港澳台地区）的总体保险深度为 3.52%；其中，财产与责任保险为 1.16%；涵盖自然灾害责任险种（主要指企业财产保险、家庭财产保险、机动车辆保险、工程保险、货物运输保险、船舶保险、农业保险、意外伤害保险）的总体保险深度约为 1.02%。相应地，总体保险密度为 1766 元/人；其中，财产与责任保险为 582 元/人；涵盖自然灾害责任险种的保险密度约为 513 元/人，不到全球平均水平的 1/4，不到日本和美国的 1/10（李曼等，2016）。

《中国保险业发展"十三五"规划纲要》指出，到 2020 年，全国保险保费收入争取达到 4.5 万亿元左右，保险深度达到 5%，保险密度达到 3500 元/人。从目前来看，中国（不包括港澳台地区）距离这一目标还有一定距离，保险深度达到目标的 70%，而保险密度为目标的一半左右。从与全球 140 多个主要国家和地区的对比来看（图 5.12），保险作用十分有限，远落后于世界平均水平。

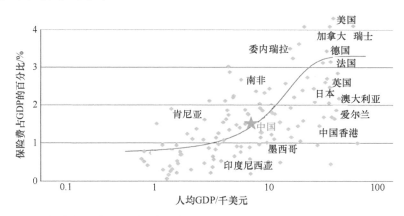

图 5.12　中国（不包括港澳台地区）财产与责任保险深度（总保费收入占 GDP 的比重）在全球的位置
中国（不包括港澳台地区）与全球主要经济体的横向对比；财产与责任保险深度位于保险深度–人均 GDP 的拟合线上，基本符合保险深度的经济规律，但低于巴西、南非等金砖国家；图片修订自瑞士再保险公司发布的报告（Daniel and Mahesh，2015）

（1）中国的财产与责任保险深度同全球其他国家相比处于居中偏低的位置。2015 年，中国（不包括港澳台地区）财产与责任保险保费收入占人均 GDP 的 1.5%左右，比保险深度最高的美国约低 2.8 个百分点，比同等发达水平的巴西、南非等国分别低 1 个和 0.5 个百分点，甚至低于肯尼亚 0.5 个百分点，但高于墨西哥、印度和俄罗斯等国。

（2）中国的财产与责任保险密度远落后于发达国家，在发展中国家处于居中略偏上位置。从与发达国家和地区对比来看，中国（不包括港澳台地区）的生命和非生命保险密度与发达国家相比有着明显的差距，两者的保险密度不及发达国家和地区均值的 1/3（图 5.13）。其中，美国的非生命保险密度约是中国的 5 倍，日本约是中国的 2 倍。与此同时，在中国，车险占了财产与责任保险的一半左右，而房屋险、家庭财产险等所占的比例较少。

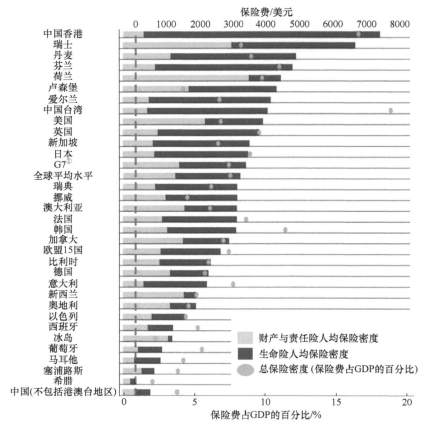

图 5.13　中国（不包括港澳台地区）财产与责任保险密度（年度人均保费支出）同发达国家和地区的对比
G7 指加拿大、法国、德国、英国、意大利、日本和美国组成的国际经济同盟

与新兴市场对比，中国（不包括港澳台地区）的生命和非生命（财产与责任保险）保险密度之和处于中等略偏上的位置，两者的保险密度约是新兴市场均值的 3 倍，高于巴西、墨西哥、俄罗斯等国家，但低于南非等。其中，中国（不包括港澳台地区）的财产与责任保险密度则只能排到新兴市场的中游水平（图 5.14）。

1970～2017 年，全球自然灾害损失中被保险的损失（insured loss，指发生的损失中获得保险赔付的部分）所占比例相对较高；在全球范围内近十年的滑动平均值上，被保险损失占到总体经济损失的 25%～30%，为灾害损失的分散发挥了重要作用（图 5.15）。

相较而言，在近年来中国（不包括港澳台地区）发生的重特大自然灾害中，保险赔付的作用十分有限。据不完全统计，2008 年，中国南方冰冻雨雪灾害造成 1517 亿元直接经济损失，保险赔付约为 50 亿元，保险损失占总损失的比例为 3.3%；汶川地震造成 8451 亿元直接经济损失，保险赔付约为 16.6 亿元，保险损失占比仅为 0.2%（图 5.16，图 5.17）。同样在 2008 年，美国"艾克"飓风灾害造成了 400 亿美元损失（2008 年美元价格），保险损失达 200 亿美元，保险损失占比高达 50%（Daniel and Lucia，2009）。

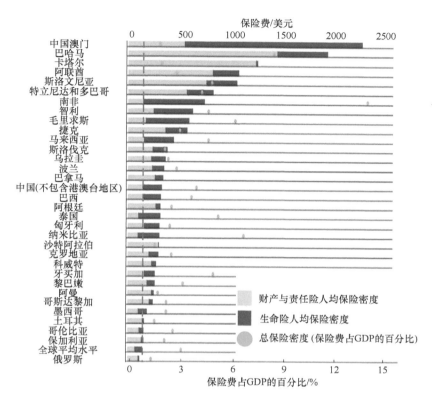

图 5.14　中国（不包括港澳台地区）财产与责任保险密度（年度人均保费支出）与新兴市场的对比

中国（不包括港澳台地区）的财产与责任保险密度在新兴市场中只能排名中等略偏上水平，略高于新兴市场的平均值，远低于全球主要发达国家和地区。图片源自瑞士再保险公司发布的报告（Daniel and Mahesh, 2017）

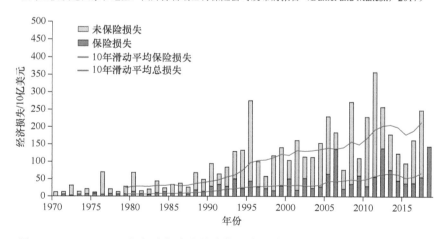

图 5.15　1970～2017 年保险损失占比直接经济损失的变化（2017 年美元价格）

1980 年以来，全球自然灾害造成的直接经济损失稳步上升；保险赔付占直接经济损失的比重相对稳定，维持在 25%～30%。图片源自瑞士再保险公司发布的报告（Lucia et al., 2018）

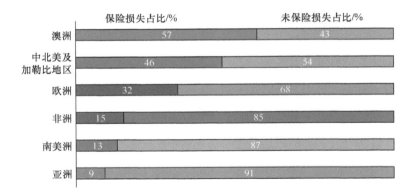

图 5.16 2017 年不同地区保险损失占直接经济损失的比重

2017 年全球主要地区保险赔付占直接经济损失的比重；亚洲地区总体为 9%，低于全球平均水平（约 30%）；中国近年来的重大自然灾害中保险赔付的水平（约 1%）低于亚洲总体水平。图片源自慕尼黑再保险公司发布的报告（Munich Re，Topics Geo：Natural catastrophes 2017，Analyses，assessments，positions），经修订

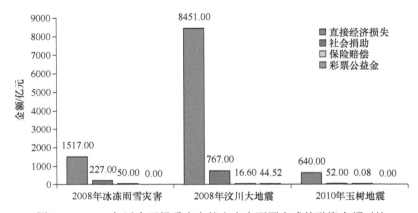

图 5.17 2008 年以来五场重大自然灾害中不同方式的融资金额对比

中国的灾害损失补偿机制中，很大程度上依然依靠社会捐助；市场化机制（保险赔偿和彩票公益金）的作用极为有限

　　此外，在中国十分有限的保险赔付中，大部分赔付对象都是大型工厂、商业公司和富裕的家庭，只有很少部分用于分散普通个体尤其是贫困家庭的损失（Arnold，2008）。例如，2008 年中国南方冰冻雨雪灾害中的大部分保险赔付是针对南方电网公司的损失；汶川地震后，保险赔付总额约 20 亿元，但其中有 1/3 归属拉法基瑞安水泥有限公司（中国新闻网，2009）。

4. 中国自然灾害防治目标短、中期目标

　　改革开放以来，我国经济快速发展，灾害防治能力随之有了快速的提升，年度因灾死亡人数、百万人口因灾死亡数均有明显的下降，因灾直接经济损失随经济总量的扩大总体呈上升趋势，但因灾直接经济损失的 GDP 占比持续下降。对短期未来的风险评估的结果显示，与世界其他国家相比，中国的因灾死亡人口风险以及直接经济损失风险均排在世界前列。中国的防灾能力与经济发展水平不相匹配。若以年均百万人口因灾死亡数（1.83 人）为指标，则我国的综合防灾减灾救灾能力约排在统计的 130 个国家和地区的前 49%（中游）；若以直接经济损失的 GDP 占比（0.85%）为指标，则排在涉及的 118 个国家和地区的前 86%

（下游）。这无论与中国经济总量的全球排名（第二；购买力评价算法为全球第一）或人均GDP 的排名（该研究中为前 48%）均不匹配。中国灾害防治工作中市场的贡献非常有限。财产与责任保险深度约 1.6%，处于全球保险深度–人均 GDP 经验关系的平均水平；保险密度与发达国家和地区差距甚大，在新兴市场中也只能排到中游水平。中国在过去的几场重大自然灾害中，保险在损失补偿中的比重约为 1%，远低于全球 30% 的总体水平，甚至低于亚洲国家的总体水平（9%；2017 年值）。

（1）因灾人口死亡防治目标。图 5.18 和图 5.19 中分别列出了 2010～2016 年年均百万人口死亡数和直接经济损失 GDP 占比的排名情况，以此为参考来探讨中国自然灾害的防治目标。

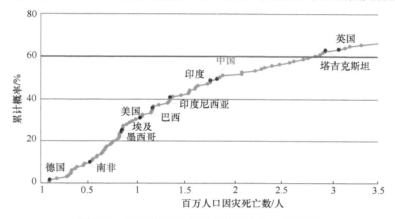

图 5.18　百万人口因灾死亡数百分比排名情况

中国（不包括港澳台地区）的百万人口因灾死亡数为 1.83 人，排名前 49.62%；国家防灾减灾"十三五"规划目标为 1.3 人，折合排名前 40%；美国的水平为 1.03 人（排名前 31%），可作为中期目标。图中显示的百万人口死亡数使用 2010～2016 年的平均值；与其对应的历年值是由全球 130 个国家和地区的历年死亡人口数除以当年人口总数计算得到的。其中，各国家和地区的历年死亡人口数源自比利时鲁汶大学的全球性的人为灾害数据库（EM-DAT；http://www.emdat.be/）；人口数据源自世界银行（https://data.worldbank.org/）

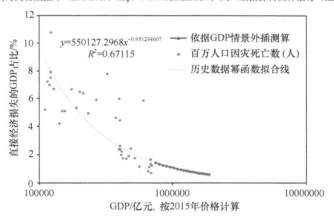

图 5.19　中国百万人口因灾死亡数与 GDP 增长的关系

中国（不包括港澳台地区）的百万人口因灾死亡数与 GDP 之间存在良好的幂函数关系；图中使用的 GDP 增长情景为：2020 年之前，年均增速 6.5%；到 2025，年均增速线性下降至 5%；到 2030 年，年均增速线性下降至 4%；到 2035 年，年均增速线性下降至 3.5%（据国务院发展研究中心的测算）。图中，2025 年的预测值为 0.92 人；2035 年的预测值为 0.64 人。其中，各国家和地区的历年死亡人口数源自比利时鲁汶大学的全球性的人为灾害数据库（EM-DAT；http://www.emdat.be/）；人口数据源自世界银行（https://data.worldbank.org/）

首先是百万人口因灾死亡数控制目标。若以 GDP 总值为参考，则与中国处于同一量级的国家包括美国（1.03 人，排名前 31%）、日本（23.65 人，排名前 92%）。若以人均 GDP 水平为参考，中国可参照的国家主要包括金砖国家中的南非（0.51 人，排名前 10%）、巴西（1.16 人，排名前 36%）、印度（1.76 人，排名前 49%）、俄罗斯（65.72 人，排名前 98%），以及其他一些人均 GDP 与中国相当的发展中国家，如埃及（0.84 人，排名前 25%）、墨西哥（0.84 人，排名前 25%）、印度尼西亚（1.34 人，排名前 41%）、塔吉克斯坦（2.95 人，排名前 63%）。国家综合防灾减灾"十三五"规划目标为百万人口因灾死亡数控制目标为 1.3 人。若该目标实现，则中国在当前所统计的国家和地区中对应百分比排名将上升到前 40%（约提升 10 个百分点）。以中国自身防灾减灾救灾能力提升轨迹为参考，将 1978 年以来中国历年百万人口因灾死亡数与 GDP（可比价格）进行拟合，即可得到对应的经验关系；在对未来中国 GDP 增长路径预测的前提下，可预估不同时期的目标。这种预测方式的逻辑是，在中国保持当前经济发展模式和防灾减灾救灾投入模型的条件下，未来随着经济总量的进一步提升，因灾损失率指标会下降到何种程度。从图 5.19 中可以看出，百万人口因灾死亡数与 GDP 之间有较好的幂函数关系，百万人口因灾死亡数随 GDP 的增长下降较为明显。依据上述关系可知，到 2020 年、2025 年、2030 年和 2035 年，百万人口因灾死亡数会下降到 1.20 人、0.92 人、0.75 人和 0.64 人。对比上述两种方案可知，中国政府在"以人为本"的防灾减灾救灾理念下，GDP 增长带来的人口伤亡减少是可观的。利用中国自身数据进行外推得到的结果会比使用全球相对排名法得到的结果更加乐观（百万人口因灾死亡数低约 0.3 人）。然而，考虑到防灾减灾投入效益的边际递减性，利用中国自身数据外推得到的结果可能会过于乐观。与此同时，对未来 GDP 增速的预测也存在较大的不确定性。综合上述考虑，建议短期目标（2025 年）为努力实施防灾减灾"十三五"规划，并将百万人口因灾死亡数控制在 1.0～1.3；中期目标（2035 年）为考虑与美国或巴西相比，将百万人口因灾死亡数控制在 0.7～1 人。

（2）因灾直接经济损失的 GDP 占比控制目标。依据中国在全球的相对排名（图 5.20），若以 GDP 总值为参考，则与中国处于同一量级的国家包括：美国（0.24%，排名前 70%）和日本（0.63%，排名前 84%）。若以人均 GDP 水平为参考，中国可参照的国家主要包括金砖国家中的南非（0.04% 排名前 33%）、巴西（0.06%，排名前 41%）、俄罗斯（0.06%，排名前 44%）、印度（0.31%，排名前 75%），以及其他一些发展中国家如埃及（0.01%，排名前 5%）、印度尼西亚（0.09%，排名前 52%）、墨西哥（0.24%，排名前 71%）、塔吉克斯坦（0.6%，排名前 82%）。以中国自身防灾减灾救灾能力提升轨迹为参考，将 1978 年以来中国历年直接经济损失的 GDP 占比与 GDP（可比价格）进行拟合，即可得到对应的经验关系；在对未来中国 GDP 增长路径预测的前提下，可预估不同时期的目标。这种预测方式的逻辑是，在中国保持当前经济发展模式和防灾减灾救灾投入模型的条件下，未来随着经济总量的进一步提升，因灾损失率指标会下降到何种程度。从图 5.21 中可以看出，直接经济损失的 GDP 占比与 GDP 之间有较好的幂函数关系，直接经济损失的 GDP 占比随 GDP 增长下降较为明显。依据上述关系可知，到 2020 年、2025 年、2030 年和 2035 年的直接经济损失的 GDP

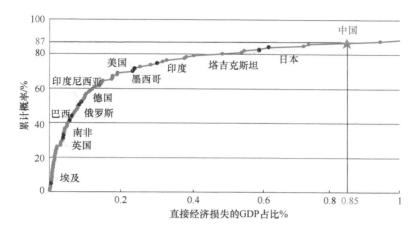

图 5.20　直接经济损失的 GDP 占比百分比排名情况

中国的直接经济损失的 GDP 占比为 0.85%，排名前 87%；国家综合防灾减灾"十三五"规划目标为 1.3% 以内，已基本实现；建议短期目标为控制在 0.6% 以内，超过当前日本的水平；中期目标可考虑控制在 0.25% 以内，接近当前美国的水平。图中显示的直接经济损失 GDP 占比使用 2010～2016 年的平均值，其中各国家和地区的历年直接经济损失数源自比利时鲁汶大学的全球性的人为灾害数据库（EM-DAT；http：//www.emdat.be/）；人口数据源自世界银行（https：//data.worldbank.org/）

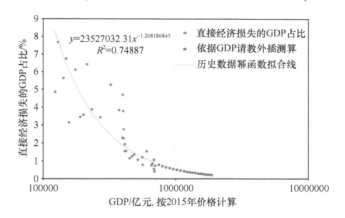

图 5.21　中国直接经济损失的 GDP 占比与 GDP 增长的关系

中国的直接经济损失的 GDP 占比与 GDP 之间存在良好的幂函数关系；图中使用的 GDP 增长情景为：2020 年之前，年均增速6.5%；到2025，年均增速线性下降至 5%；到2030，年均增速线性下降至 4%；到 2035 年，年均增速线性下降至 3.5%（据国务院发展研究中心的测算）。图中，2025 年的预测值为 0.42%；2035 年的预测值为 0.24%。数据来源同图 5.18

占比会下降到 0.61%、0.42%、0.31% 和 0.24%。中国利用自身数据进行外推方法得到的预测值和参考全球排名值得到的目标基本一致。

　　在考虑到未来 GDP 预测不确定性的前提下，综合上述考虑，建议短期目标（2025 年）为直接经济损失的 GDP 占比控制在 0.5%～0.6%，超过当前日本的水平；中期目标（2035 年）为直接经济损失的 GDP 占比控制在 0.25% 以内，接近当前美国的水平。

　　（3）保险在灾害损失补偿中的作用。短期内，力争使责任与财产保险深度达到 2%（接近巴西的水平）或 2.5% 以上（达到南非的水平）；保险密度达到 250 美元/人（在新兴市场区排名上升到第十）；重大自然灾害损失的保险补偿比例达到 10%（略高于亚洲总体水平）。

5. 中国自然灾害防治能力的提升

新华社北京 2018 年 10 月 10 日电，十四届中央财经委员会第三次会议强调大力提高我国自然灾害防治能力。会议强调，提高自然灾害防治能力，要坚持以人民为中心的发展思想，坚持以防为主、防抗救相结合，坚持常态救灾和非常态救灾相统一，强化综合减灾、统筹抵御各种自然灾害。要坚持党的领导，形成各方齐抓共管、协同配合的自然灾害防治格局；坚持以人为本，切实保护人民群众生命财产安全；坚持生态优先，建立人与自然和谐相处的关系；坚持预防为主，努力把自然灾害风险和损失降至最低；坚持改革创新，推进自然灾害防治体系和防治能力现代化；坚持国际合作，协力推动自然灾害防治。

（1）国家自然灾害防治重点工程。十四届中央财经委员会第三次会议指出，要针对关键领域和薄弱环节，推动建设若干重点工程。实施灾害风险调查和重点隐患排查工程，掌握风险隐患底数；实施重点生态功能区生态修复工程，恢复森林、草原、河湖、湿地、荒漠、海洋生态系统功能；实施海岸带保护修复工程，建设生态海堤，提升抵御台风、风暴潮等海洋灾害能力；实施地震易发区房屋设施加固工程，提高抗震防灾能力；实施防汛抗旱水利提升工程，完善防洪抗旱工程体系；实施地质灾害综合治理和避险移民搬迁工程，落实好"十三五"地质灾害避险搬迁任务；实施应急救援中心建设工程，建设若干区域性应急救援中心；实施自然灾害监测预警信息化工程，提高多灾种和灾害链综合监测、风险早期识别和预报预警能力；实施自然灾害防治技术装备现代化工程，加大关键技术攻关力度，提高我国救援队伍专业化技术装备水平。

（2）制定政策保障国家自然灾害防治重点工程的实施。为实现上述目标和国家自然灾害防治重点工程的顺利实施，建议从如下方面制定政策，保障综合灾害风险防范能力的提升。

第一，加快划定各类自然灾害风险区划。中国已有成功划定小比例尺（低分辨率）地震动参数区划图、洪水风险区划图、综合自然灾害风险区划图等的经验和技术，如果中央和地方政府及各相关部门能够进一步加强主要自然灾害系统[包括致灾因子、承灾体（"暴露"）、孕灾环境、历史灾情等要素]数据的共享、整理与综合分析、计算与模拟，必将会大大加快地震、台风、洪水等对人类生命和财产造成严重威胁的主要自然灾害和综合自然灾害大比例尺（高分辨率）风险区划工作的进展，为各级政府、各行业以及广大民众安全生产、生活与生态建设的空间布局提供科学依据。依此，对一些自然灾害高风险区严控人口与经济负荷，必要时可通过立法划定灾害或生态与环境红线，限制开发和利用。

第二，全面提高对各类主要自然灾害设防水平与能力。经过近 40 年的快速发展，虽然仍有明显的区域差异，但中国的整体国力已有明显提升。为此，可适当提高我国各类结构建设的主要自然灾害设防水平。例如，根据地震动参数区划以及台风、洪水风险等区划，对房屋、道路、管道、机场、港口、仓库等重要基础设施，特别是房屋、学校、医院等生命线设施，可相对提高一级水平的设防。与此同时，在提高"物理设防"水平的同时，提高全社会的"人文设防"能力，大力提高防灾减灾救灾教育水平，特别是民众的逃生技能和风险防范意识，大力提升人群密集场所（包括学校、医院、旅游景区等）的应急救援能力，全面提高全社会防范各类灾害风险的能力。通过动员民众和各类机构积极参加各类灾害保险，大幅提高自然灾害保险的覆盖面，对一些在高风险地区开展生产、房地产开发、居住（生活）、休闲旅游等活动的企事业单位及个人，可依法依规实施"强制性灾害保险"。以此，在提高各级政府设施设防水平的同时，全面提高全社会的灾害风险防范意识与能力。

5.3.3　"绿色发展"与"综合灾害风险防范"

"绿色发展"是"十三五"规划（2015 年）提出的"创新发展、协调发展、绿色发展、开放发展、共享发展"理念的重要组成部分。综合灾害风险防范是实现绿色发展的核心组成部分，也是除害兴利的依托。

1）UN-ISDR 仙台减灾框架与综合灾害风险防范的国际科学研究计划

由国际全球环境变化人文因素计划（IHDP）中国国家委员会于 2016 年首先提出综合灾害风险防范的国际科学研究计划（IRGP）（史培军和耶格·卡罗，2012），经过十多年的努力（图 5.22），已取得一系列的成果。在中国科学出版社出版了《综合灾害风险防范丛书》系列专著：《科学、技术与示范》《标准、模型与应用》《搜索、模拟与制图》《数据库、风险地图与网络平台》《中国综合自然灾害救助保障体系》《中国综合自然灾害风险转移体系》《中国综合气候变化风险》《中国综合能源与水资源保障风险》《中国综合生态与食物安全风险》《中国综合能源与水资源保障风险》《中国综合生态与食物安全风险》《长江三角洲地区自然致灾因子与风险等级评估》《长江三角洲地区综合自然灾害风险评估与制图》《中国自然灾害风险地图集（中英文对照)》《全球变化与环境风险关系及其适应性范式》《世界主要农作物旱灾风险评价与图谱》《农业自然灾害保险区划与技术》等。同时，斯普林格和北京师范大学出版社合出版了 *Integrated Risk Governance*、*World Atlas of Natural Disaster Risk*（2015）、*Natural Disasters in China*、*Atlas of Environmental Risks Facing China Under Climate Change*、*Disaster Risk Science* 等英文专著。

IRGP 发展历程第一期（2011～2015 年），哪些已有的风险超越了目前机构或机制的应对能力？哪些巨灾风险的转入与转出机制会促进或阻碍系统的稳定性和学习能力？转入与转出机制中关键性的动态发展模式是什么？什么机构能改进转入–转出机制并且能为改进风险防范做些什么等科技问题？聚焦社会–生态系统转入–转出机制、早期预警系统、模型与模拟、案例比较、范式等综合灾害风险防范前沿研究。IRGP 发展历程第二期（2016～2020年）的核心研究内容：自然灾害与先进技术风险（一带）、海岸带与气候变化风险（一路）、城市化与农业风险（新型城市化战略）、金融市场与全球系统风险（金融风险）、绿色增长与综合灾害风险防范（绿色、共享）等综合灾害风险防范科技前沿问题。2015 年联合国减灾署第三届世界减灾大会（日本仙台）后，综合灾害风险防范关注国际减灾、应对气候变化与可持续发展的融合（Sendai Framework for DRR，Paris Agreement，SDG 2030），发表UN-ISDR 仙台减灾框架的 4 个优先领域（2015 年）：理解灾害风险；加强灾害风险防范，提升管理灾害风险的能力；投资减轻灾害风险，提升综合防灾、减灾、救灾能力；加强备灾以提升有效响应能力，在恢复、安置、重建方面做到让"灾区明天更美好"。

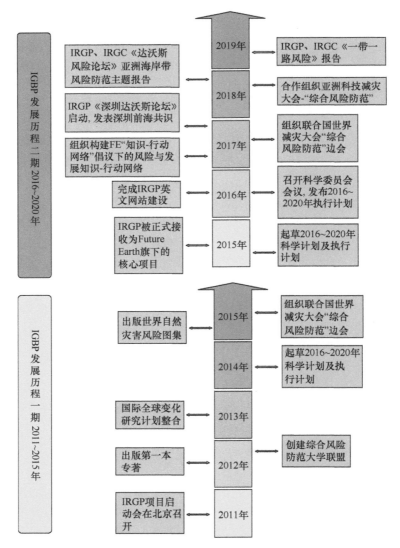

图 5.22 综合灾害风险防范的国际科学研究计划（IRGP）实施过程

2）大力推行"绿色发展"与"综合灾害风险防范"理念

中国政府制定的"五大发展"理念中，"绿色发展"具有极其重要的基础性、保障性作用。把"绿色发展"作为综合灾害风险防范的根本性措施，可收到"避害兴利并举"的功效。生态系统作为人类社会发展的重要基础设施，不仅为人类发展提供了大量物质财富与优质廉价或无价服务，而且对缓解各种自然灾害也有着十分重要的作用。山区植被可缓解水土流失以及崩塌、滑坡和泥石流的发生；平原湿地能有效吸纳降水和洪涝，明显缓解和控制洪涝灾害；海岸和高原防护林网可有效控制风灾，防御海岸侵蚀和高原水土流失、风蚀沙化。此外，减少各种温室气体排放，不仅净化了大气，还可缓解全球变暖的进程，对控制极端气象、气候与水文事件有着巨大的潜在效能；充分利用日光的各类建筑，不仅能做到节能减排，还因使建筑本身"轻化"，可起到很好的防震减灾的作用；等等。把"绿色发展"与"综合灾害风险防范"相结合，使发展趋于低风险，实现更加安全；使风险防范体现其保障功能的同时，获得更大的经济和社会效益，实现"一举两得"。基于中国地理国情，全面提高灾害设防水平与能力，综合应对各类自然灾害，就必须把科技与政策相结合，把创新驱动与提升教育相结合，把硬措施与软措施相结合，把工程设防与非工程设防相结合，把发展生产力与保护生产力相结合，把绿色发展与综合灾害风险防范相结合。下大力气建设一个灾害风险可控、趋于低风险的安全、和谐的生存与发展环境，实现区域和国家的可持续发展（史培军，2017）。

3）全面坚持发展与减灾一体化

坚持兴利除害结合、防灾减灾救灾并重、治标治本兼顾、政府社会协同，全面提高对自然灾害风险的综合防范和抵御能力。要加强防灾减灾救灾领域及国际人道主义援助等方面的国际交流合作，为人类防范和抵御自然灾害、建设人类命运共同体做出积极贡献。综合优化和协调统筹与推动可持续发展，实现发展与减灾一体化。在不同的行政区域，建立发展与减灾相协调模式，把发展速度与控制灾害风险的能力一致起来；建立协调发展与减灾的管理体制，建立和完善发展规划的综合灾害风险评价制度，以及辖区综合防灾减灾救灾绩效评估制度；建立协调发展与减灾的运行机制，制定灾害风险区划，明确不同灾害风险区域协调发展与减灾的对策。积极推进保险、金融与证券业涉足灾害风险管理机制的建立，落实"纵向到底"和"横向到边"的综合灾害风险管理的新体制新机制。加强各级政府减灾委员会在综合灾害风险管理中的行政职能，发挥各级减灾委在区域综合灾害风险防范结构体系中的作用。除害兴利并举——都江堰工程是人地协同、"适度改造自然"的典范（史培军等，2019）。

都江堰位于成都平原西南，是蜀郡太守李冰父子在前人鳖灵开凿的基础上组织修建集防洪、灌溉、航运为一体的综合的大型水利工程（图5.23）。

图 5.23　都江堰工程（都江堰水利工程网，2019）

李冰父子采用中流作堰的方法，在岷江峡内用石块砌成石埂和鱼嘴。鱼嘴（都江堰水利工程网，2019）是一个分水的建筑工程，把岷江水流一分为二，东边的叫内江，供灌溉渠用水，西边的叫外江，是岷江的干流。灌县城附近的岷江南岸的离碓是开凿岩石后被隔开的石堆，夹在内外江之间。离碓的东侧是内江的水口，称宝瓶口，具有调节水流的功用。夏季岷江水涨水，都江鱼嘴被淹没，离碓就成为第二道分水处。内江自宝瓶口以下进入密布于川西平原之上的灌溉系统，干旱时引水灌溉，雨涝时则堵塞水门，使成都平原大约300万亩良田成为旱涝保收的"天府之国"。都江堰工程规划相当完善，分水鱼嘴和宝瓶口的联合运用，能按照灌溉、防洪的需要，分配洪、枯水流量，成为世界综合减灾史上除害兴利并举的典范。都江堰的规划、设计和施工展现了通过"适度改造自然"，"人地协同"的发展模式。"天府之国"的人与自然的关系，从都江堰水利工程建设前、建设中、发展利用和近代时期显示出人们顺从自然、尊重自然、改造自然、征服自然的四次转变，同时揭示了"天府之国"社会–生态系统和谐共存的深层生态智慧，实现了社会–自然系统在不同时空维度上的协同模式（颜文涛等，2017）。

4) 提高自然灾害的社会设防水平

自然灾害的社会设防是针对其物理设防而言的，是综合灾害风险防范的重要组成部分。

（1）建立国家巨灾应对金融与财政制度。充分发挥社会主义体制机制优势，引入市场运作机制和社会参与，建立国家巨灾保险制度；充分发挥信息技术时代社会动员机制的优势，建立国家巨灾债券与巨灾彩票制度；建立常态与非常态相结合的国家和地方防灾减灾救灾基金；发挥社会主义市场经济资源政策的优势，建立巨灾资源补偿机制。

（2）建立社区综合灾害风险防范体系。法定各级政府本级财政支付综合灾害风险防范的投入比例；建立社区灾害风险防范基金，用于减灾示范社区建设；提高社区灾害风险防范的专业水平；建立"三社联动"的社区综合灾害风险防范体系，形成强大的社会动员体系；整合社区社会慈善资源以及社会救助资源，提高救灾资源的使用效率，减少因灾致贫的问题。

（3）建立高灾害风险区结构建设红线和强制保险制度。制定各主要灾种的设防水平，像编制地震烈度图一样，编制其他主要灾种的设防水平图，划定结构建设红线区，将其纳入各种建设的审批要求；限制高风险区的结构建设，制定高风险区强制巨灾保险，并征收高保险费；法定各级政府本级财政支付综合灾害风险防范的投入比例，推进"多规合一"。

（4）建立国家综合灾害风险防范科技与教育体系。加强国家综合灾害风险防范的科技基础设施建设，建立国家实验室、国家重点实验室、国家科学研究中心、国际合作研究中心；加强国家综合灾害风险防范学科建设，落实国家总体安全观，建立灾害风险一级学科，加强灾害科学、应急技术、风险管理领域的人才培养；启动国家综合灾害风险防范领域重大科技专项。

5) 系统推广综合减灾的"凝聚力模式"

从20世纪90年代初期开始，我们就从致灾与成害为一体的角度，提出了"区域灾害系统"的概念。由于区域多灾种、灾害链、灾害遭遇的存在，再加上包括全球化与气候变化风险在内的地球系统风险的叠加，要求我们必须运用综合减灾的理念，从全球的角度寻求防御灾害风险和系统风险的对策（史培军，2017）。

（1）大力促进三个维度的综合。一是中央与地方的综合，主要是各级政府在防范极端事件、全球化与气候变化风险时，如何通过政策、法规、科技、管理、教育、宣传等综合手段实现共同目标；二是部门功能间的综合，主要是各级政府中各职能部门在防范极端事件、全球化与气候变化风险时，如何通过各种职能的协调提升综合行动的有效性；三是利益相关者的综合，主要是个人、家庭、社区、企业、非政府组织、政府等不同维度的利益相关者在防范极端事件、全球化与气候变化风险时，如何通过多种合作手段、多样组合模式和多尺度协同实现对灾害风险的综合防范。目前，中国采用中央与地方对策综合、多部门职能综合、利益相关者应对综合的方式，加强综合灾害风险防范，已取得了积极的效果。

（2）系统推广综合减灾的"凝聚力模式"。为了全面提高应对各类自然灾害的能力，就必须使利益相关者达成共识，心往一起想，劲往一快使，实现凝神聚气和凝心聚力。一是从政府的角度，在全球尺度上，充分发挥联合国的作用，构建"八方来风，惠及一方"（即"一方有难，八方支援"）的政府援助体系；在国家和地区的尺度，建立和完善"举国应对巨灾"的体系，全面提高巨灾防御的备灾、应急和恢复重建能力。二是从企业，特别是跨国企业的角度，在不断提高设防能力的基础上，积极参加巨灾保险，科学确定可接受的巨灾风险、可控制的巨灾风险和必须转移的巨灾风险的比例。对所有企业来说，要把防范各种风险作为企业生产产品的基本成本，像提高企业自主创新能力一样，全面提高企业防范灾害风险的能力。三是从事业发展的角度，特别是对防灾减灾的广大科研院所、高等院校的科技人员来说，要加强对巨灾和复杂风险辨识的深入研究，力争在灾害预测预报预警水平和能力的提高、信息服务体系的完善、各种防御巨灾工程和非工程技术的开发等方面有里程碑式的突破，为造福全人类做出更大的贡献。四是从个人和家庭的角度，通过各种教育、宣传和演练等多种手段，全面提高防灾减灾意识，系统了解防灾减灾救灾常识，掌握基本的灾难逃生技能，系统改进自救与互救的能力与水平，全面培育安全文化，实现让世界充满爱、让生命放光彩的梦想。

参 考 文 献

程昌秀, 史培军, 宋长青, 等. 2018. 地理大数据为地理复杂性研究提供新机遇. 地理学报, 73(8): 1397～1406

程叶青. 2006. 基于系统动力学方法的人地系统优化调控研究. 中国科学院研究生院学报, (1): 85～92

崔学刚, 方创琳, 刘海猛, 等. 2019. 城镇化与生态环境耦合动态模拟理论及方法的研究进展. 地理学报, 74(06): 1079～1096

都江堰水利工程网. 2019. 都江堰水利工程介绍. http://www.dujiangyan.com.cn/Show.aspx?id=9559&&mid=14&&pid1[2019-01-14]

樊杰. 2014. 人地系统可持续过程、格局的前沿探索. 地理学报, 69(08): 1060～1068

樊杰. 2018. "人地关系地域系统"是综合研究地理格局形成与演变规律的理论基石. 地理学报, 73(4): 597～607

樊新刚, 仲俊涛, 杨美玲, 等. 2019. 区域可持续发展能力的能值与熵耦合分析模型构建. 地理学报, 74(10): 2062～2077

傅伯杰. 2014. 地理学综合研究的途径与方法: 格局与过程耦合. 地理学报, 69(8): 1052～1059

傅伯杰. 2017. 地理学: 从知识、科学到决策. 地理学报, 72(11): 1923～1932

傅伯杰. 2018. 新时代自然地理学发展的思考. 地理科学进展, 37(1): 1～7

傅伯杰. 2019. 人地系统动力学与可持续发展. 北京: 国家自然科学基金委员会第 229 期双清论坛

国家自然科学基金委员会. 1994. 推动学科交叉 探讨优先领域. 中国科学基金, (3): 5

黄崇福, 史培军. 1995. 城市地震灾害风险评价的数学模型. 自然灾害学报, (2): 30～37

黄鼎成. 1995. 走向二十一世纪的中国地球科学. 郑州: 河南科学技术出版社

李曼, 叶涛, 史培军. 2016. 中国自然灾害风险分散工具对比研究——基于保险、彩票与捐赠的分析与展望.

保险研究, (1): 3～14

刘凯, 汤茂林, 刘荣增, 等. 2017. 地理学本体论: 内涵、性质与理论价值. 地理学报, 72(04): 577～588

刘卫东, 唐志鹏, 夏炎, 等. 2019. 中国碳强度关键影响因子的机器学习识别及其演进. 地理学报, 74(12): 2592～2603

刘焱序, 杨思琪, 赵文武, 等. 2018. 变化背景下的当代中国自然地理学——2017 全国自然地理学大会述评. 地理科学进展, 37(1): 163～171

陆大道. 2015. 地理科学的价值与地理学者的情怀. 地理学报, 70(10): 1539～1551

毛汉英. 2018. 人地系统优化调控的理论方法研究. 地理学报, 73(4): 608～619

美国国家研究院, 地学、环境与资源委员会, 地球科学与资源局, 等. 2002. 重新发现地理学——与科学和社会的新关联. 北京: 学苑出版社

彭建, 胡晓旭, 赵明月, 等. 2017. 生态系统服务权衡研究进展: 从认知到决策. 地理学报, 72(06): 960～973

史培军. 1991a. 灾害研究的理论与实践. 南京大学学报(专刊), 11: 37～42

史培军. 1991b. 地理环境演变研究的理论与实践. 北京: 科学出版社

史培军. 1995. 中国自然灾害、减灾建设与可持续发展. 自然资源学报, (3): 267～275, 273, 277～278

史培军. 1996. 再论灾害研究的理论与实践. 自然灾害学报, 5(4): 6～17

史培军. 1997. 人地系统动力学研究的现状与展望. 地学前缘, (1～2): 201～211

史培军. 2002. 三论灾害系统研究的理论与实践. 自然灾害学报, 11(3): 1～9

史培军. 2005. 四论灾害系统研究的理论与实践. 自然灾害学报, 14(6): 1～7

史培军. 2009. 五论灾害系统研究的理论与实践. 自然灾害学报, 18(5): 1～9

史培军. 2017. 全面提高设防水平与能力 综合应对各类自然灾害. 科技导报, 35(16): 11

史培军, 宫鹏, 李晓兵, 等. 2000. 土地利用/覆盖变化研究的方法与实践. 北京: 科学出版社

史培军, 顾朝林, 陈田. 1992. 1991 年淮河流域农村洪涝灾情分析. 地理学报, (5): 385～393

史培军, 江源, 王静爱, 等. 2004. 土地利用/覆盖变化与生态安全响应机制. 北京: 科学出版社

史培军, 宋长青, 程昌秀. 2019. 地理协同论——从理解"人–地关系"到设计"人–地协同". 地理学报, 74(1): 3～15

史培军, 耶格・卡罗. 2012. 综合灾害风险防范: IHDP 综合灾害风险防范核心科学计划与综合巨灾风险防范研究. 北京: 北京师范大学出版社

宋长青, 程昌秀, 史培军. 2018. 新时代地理复杂性的内涵. 地理学报, 73(7): 1204～1213

王建华, 顾元勋, 孙林岩. 2003. 人地关系的系统动力学模型研究. 系统工程理论与实践, 23(1): 128～131

邬建国, 郭晓川, 杨稢, 等. 2014. 什么是可持续性科学?. 应用生态学报, 25(1): 1～11

吴吉东, 傅宇, 张洁, 等. 2014. 1949～2013 年中国气象灾害灾情变化趋势分析. 自然资源学报, 29(09): 1520～1530

颜文涛, 象伟宁, 袁琳. 2017. 探索传统人类聚居的生态智慧: 以世界文化遗产区都江堰灌区为例. 国际城市规划, 32(4): 1～9

杨宇, 李小云, 董雯, 等. 2019. 中国人地关系综合评价的理论模型与实证. 地理学报, 74(06): 1063～1078

仪垂祥. 1994. 地球表层动力学理论研究. 北京师范大学学报(自然科学版), (4): 511～524

仪垂祥, 史培军. 1994. 熵产生和自然灾害. 北京师范大学学报(自然科学版), (2): 276～280

张军泽, 王帅, 赵文武, 等. 2019. 地球界限概念框架及其研究进展. 地理科学进展, 38(4): 465～476

张兰生, 史培军. 1994. 建立人地系统动力学 加强环境与生态问题的综合研究. 中国科学基金, (3): 6～8

赵文武, 刘月, 冯强, 等. 2018. 人地系统耦合框架下的生态系统服务. 地理科学进展, 37(1): 139～151

赵羽, 金争平, 史培军, 等. 1989. 内蒙古土壤侵蚀研究——遥感技术在内蒙古土壤侵蚀研究中的应用. 北京: 科学出版社

中国新闻网. 2009. 汶川地震最大保险赔付协议签署 金额达 7.2 亿元. http://news.sina.com.cn/c/2009-05-13/

040615613949s.shtml

中华人民共和国民政部. 2017. 中国民政统计年鉴. 北京: 中国统计出版社

朱鹤健. 2018. 地理学思维与实践. 北京: 科学出版社

朱永官, 李刚, 张甘霖, 等. 2015. 土壤安全: 从地球关键带到生态系统服务. 地理学报, 70(12): 1859~1869

Arnold M. 2008. The role of risk transfer and insurance in disaster risk reduction and climate change adaptation. Policy Brief. Stockholm: Commission on Climate Change and Development

Claudia Sattler, Uwe Jens Nagel. 2010. Factors affecting farmers' acceptance of conservation measures—a case study from north-eastern Germany, Land Use Policy 27(1): 70~77

Committee on Environmemt and Natural Resources Research of the National Science and Technology Council. 1995. Our changing plant: the fiscal year. Washington D.C.: U.S. Global Change Research Program

Daniel S, Lucia B. 2009. Sigma: world insurance in 2008: life premiums fall in the industrialised countries. Zurich, Switzerland: Swiss Re

Daniel S, Mahesh H P. 2015. Sigma: world insurance in 2014: back to life. Zurich, Switzerland: Swiss Re

Daniel S, Mahesh H P. 2017. Sigma: world insurance in 2016: The china growth engine steams ahead. Zurich, Switzerland: Swiss Re

Eddy J A. 1986. Global change in the geosphere-biosphere: initial priorities for an IGBP. Washington D. C.: National Academy Press

Hiroki Nakamura, Hisao Umeki, Takaaki Kato. 2017. Importance of communication and knowledge of disasters in community-based disaster-prevention meetings, Saf. Sci. 99: 235~243

Intergovernmental Science-Policy Platform on Biodiversity and Ecosystem Services(IPBES). 2019. Summary for policymakers of the global assessment report on biodiversity and ecosystem services of the intergovernmental science-policy platform on biodiversity and ecosystem services. Bonn, Germany: IPBES secretariat

Koichi Shiwaku, Rajib Shaw, Ram Chandra Kandel, et al. 2007. Future perspective of school disaster education in Nepal, Disaster Prev. Manag.: Int. J. 16 (4): 576~587

Lü Y, Hu J, Fu B, et al. 2019. A framework for the regional critical zone classification: the case of the Chinese Loess Plateau. National Science Review, 6(1): 14~18

Lü Y, Li T, Zhang K, et al. 2017. Fledging critical zone science for environmental sustainability. Environmental Science & Technology, 51: 8209~8211

Lucia B, Marla S P, Rajeev S. 2018. Sigma: natural catastrophes and man-made disasters in 2017: a year of record-breaking losses. Zurich, Switzerland: Swiss Re

Luo Y, Lü Y, Fu B, et al. 2019. When multi-functional landscape meets critical zone science: advancing multi-disciplinary research for sustainable human well-being. National Science Review, 6(2): 349~358

Małgorzata Dudzi´nska, Barbara Prus, Stanisław Bacior, et al. 2017. Farmers' educational background, and the implementation of agricultural innovations illustrated with an example of land consolidations. Latvia University of Agriculture.

Millennium Ecosystem Assessment. 2005. 千年生态系统评估报告. 赵士洞, 张永民, 赖鹏飞等译. 北京: 中国环境科学出版社

Munich R E. 2018. Topics Geo:Natural catastrophes 2017:Analyses, assessments, positions. Germany：Munchener Ruckversicherungs-Gesellschaft

Susan H. 1997. 10 geographic ideas that changed the world. New Jersey: Rutgers University Press

William B M, Turner B L. 1997. Changes in land use and land cover: a global perspective. London: Cambridge University Press

附　录

附录 1

雨养农业区针对农户调查问卷

您好！感谢您抽出宝贵的时间填写此问卷！

这是一份关于农村旱灾风险防范的科研调查问卷，您回答的信息对旱灾风险防范的研究具有重要价值。您选择的答案无所谓对错，只要能够反映您的真实情况即可。此调查为匿名调查，调查内容仅供研究之用，我们将对您提供的答案严格保密，请不要有任何顾虑。非常感谢您的合作！

调查时间：___年___月___日　　　　记录人_____

调查部门：_____乡/镇_____村　　问卷编号：_____　经纬度：_____

一、受访者基本信息

年龄	民族	政治面貌	性别	受教育程度
			A.男　B.女	A.不识字　B.小学　C.初中　D.高中　E.大专及以上

二、家庭基本情况

（1）您家里户籍人口有_____人，14 岁以下_____人，70 岁以上_____人；务农_____人，务工_____人。

（2）家里土地种植面积_____亩，承包他人土地_____亩，每年花费_____元；出租土地_____亩，每年收入_____元。具体种植情况：

地块编号	种植作物	面积	正常产量	旱灾产量	收购价格	灌溉方式（编号Ⅰ）	距水源地远近（编号Ⅱ）
1							
2							
3							
4							
5							

注：编号Ⅰ.1.不灌溉　2.河流或湖泊抽水　3.灌区水库抽水　4.机井抽水　5.自流灌溉

编号Ⅱ.1.1～100 米　2.100～300 米　3.300～500 米　4.500～1000 米　5.1000 米以上

（3）家里年均农药花费_____元，化肥花费_____元，种子花费_____元，灌溉花费_____元。

（4）家里养殖牛_____头，羊_____只，马/驴/骡_____匹，猪_____头。

（5）各类补贴和收入具体情况：

项目	数量	价格	总价	项目	数量	价格	总价
农作物销售				良种补贴			
畜产品销售				直接补贴			
退耕还林				子女赡养			
高龄津贴				当地打工			
低保补贴				外出务工			
五保补贴				工资收入			
精准扶贫							

（6）家庭年收入_____元，平均每年受旱灾影响损失大约_____元。

（7）家中可用农用机械：1.拖拉机_____辆；2.三轮车_____辆；3.电动三轮车_____辆；4.发电机_____台；5.水泵_____台；6.其他_____

（8）家中的饮用水来源为（　　　）

A.自来水供应　B.自建水井取水　C.村内公共水井供水　D.水窖储水　E.其他____

（9）若自来水供应每_____天供应一次，一次供应_____小时，水费每月_____元；若自建井，井深_____米，打井费用_____元，建造时间距今_____年；若公共水或借用他人水井，距离最近的水井的距离_____米；家庭储水装置为_____，储满水可供全家使用_____天。

三、信息来源

（1）您获取干旱预报和灾情信息的方式有（可多选）（　　　）

  A. 短信　 B. 广播电视　 C. 网络

  D. 亲戚朋友　 E. 报纸　 F. 其他____

（2）您销售农产品的途径有（可多选）（　　　）

  A. 商贩上门收购　 B. 运至粮站销售　 C. 企业订购

  D. 运至收购点销售　E. 其他___

四、抗旱积极性

您是否每年购买农业保险_____，每年农业保险赔偿_____元。

  A. 从未购买　 B. 偶尔购买

  C. 经常购买　 D. 每年都购买

请根据您的实际情况，对以下描述的符合程度进行打分	不符合			符合	
	1	2	3	4	5
积极参加种植技术培训					
愿意出钱出力建设、维护村里的机井					
十分关注气象信息					
旱时经常下田查看苗情					
旱时积极寻找应急水源					
旱时及时防治病虫害					
积极关注农产品销售渠道					
灾后积极外出务工，拓宽收入来源					
积极交流总结抗旱过程中的问题					

五、意识差异性

（1）除降雨少外，您认为造成当地旱灾的主要原因有（可多选）（　　）

　　A. 水库、蓄水池、机井建设不足　　B. 劳动力不足　　C. 灌溉方式不合理

　　D. 化肥施用量过大　　E. 水利设施年久失修　　F. 水资源污染严重

　　G. 种植结构不合理　　H. 无

（2）您认为哪种灌溉方式最适合当地农业发展？（　　）

　　A. 滴灌　　B. 喷灌　　C. 漫灌　　D. 渗灌　　E. 其他

（3）您认为哪些作物适合当地发展？（　　）

　　A.大豆　　B.玉米　　C.马铃薯　　D.蔬菜　　E.胡麻　　F.葵花　　G. 莜麦

　　H.小麦　　I.黍子　　J.其他

（4）旱灾时，您认为以下哪种措施最能减轻旱灾对农业生产的影响？（　　）

　　A. 人工降雨　　B. 开发/寻找应急水源（打井、水库引水等）

　　C. 使用抗旱剂、保水剂等化肥　　　　D. 用地膜、秸秆或砾石覆盖　　E. 其他

（5）旱灾后，您认为政府采取以下哪种措施最有利于灾民恢复生产？（　　）

　　A. 推广耐旱品种　　B. 兴修水利（机井、水窖）　　C. 种子补贴、农机补贴

　　D. 组织灾民外出务工　　E. 其他

（6）旱灾后，您认为灾民采取以下哪种措施最有利于恢复经济收入？

　　A. 转让/出租土地　　B. 外出务工　　C. 改种、补种其他农作物

　　D. 寻求他人帮助　　E. 其他

请根据您的实际情况，对以下描述的符合程度进行打分	非常不同意			非常同意	
	1	2	3	4	5
当地基本都能收到旱灾预警信息					
当地修建的水利设施大部分人都能受益					
救灾款物分配非常公平					
当地农业灾后补贴发放很公平					

	（1）您与以下人员认识多久？ 1.不认识 2.半年左右 3.一到两年 4.三到五年 5.六年以上	（2）您与以下人员的联系频率是？ 1.完全没联系 2.偶尔有联系 3.经常有联系	（3）您是否需要以下人员的帮助？ 1.完全不需要 2.不太需要 3.一般 4.比较需要 5.非常需要	（4）您是否清楚以下人员的工作内容？ 1.完全不清楚 2.不太清楚 3.一般 4.比较清楚 5.非常清楚	（5）您从以下人员处获得帮助是否方便？ 1.非常不便 2.比较不便 3.一般 4.比较方便 5.非常方便
村主任/ 村支书					

雨养农业区针对乡镇政府及村委调研问卷

您好！感谢您抽出宝贵的时间填写此问卷！

这是一份关于农村旱灾风险防范的科研调查问卷，您回答的信息对旱灾风险防范的研究具有重要价值。您选择的答案无所谓对错，只要能够反映您的真实情况即可。此调查为匿名调查，调查内容仅供研究之用，我们将对您提供的答案严格保密，请不要有任何顾虑。非常感谢您的合作！

调查时间：___年___月___日　　　　　记录人_____

调查部门：_____县/区_____单位_____乡/镇_____村

一、乡镇政府调查

（1）除降雨少外，您认为造成当地旱灾的主要原因有（可多选）（　　　）

　　A. 水库、蓄水池、机井建设不足　　B. 劳动力不足　　C. 灌溉方式不合理

　　D. 化肥施用量过大　　　　　　　　E. 水利设施年久失修

　　F. 水资源污染严重　　　　　　　　G. 种植结构不合理

（2）您认为哪种灌溉方式最适合当地农业发展？（　　　）

　　A. 滴灌　　　　　　　　　　B. 喷灌　　　　　　　C. 漫灌

　　D. 渗灌　　　　　　　　　　E. 其他

（3）您认为哪些作物适合当地发展？（　　　）

　　A. 大豆　　　　　　　　　　B. 玉米　　　　　　　C. 马铃薯

　　D. 蔬菜　　　　　　　　　　E. 其他

（4）旱灾时，您认为以下哪种措施最能减轻旱灾对农业生产的影响？（　　　）

　　A. 人工降雨　　　　　　　　　　B. 开发/寻找应急水源（打井、水库引水等）

　　C. 使用抗旱剂、保水剂等化肥　　D. 用地膜、秸秆或砾石覆盖　　E. 其他

（5）旱灾后，您认为政府采取以下哪种措施最有利于灾民恢复生产？（　　　）

　　A. 推广耐旱品种　　　　　　　B. 兴修水利（机井、水窖）

　　C. 种子补贴、农机补贴　　　　D. 组织灾民外出务工　　　E. 其他

（6）旱灾后，您认为灾民采取以下哪种措施最有利于恢复经济收入？（　　　）

A. 转让/出租土地　　　　　　　B. 外出务工　　　C. 改种、补种其他作物

D. 寻求他人帮助　　　　　　　E. 其他

请根据您的实际情况，对以下描述的符合程度进行打分	非常不同意				非常同意
	1	2	3	4	5
当地基本都能收到旱灾预警信息					
当地修建的水利设施大部分人都能受益					
救灾款物分配非常公平					
当地农业灾后补贴发放很公平					

	（1）您与以下人员认识多久？ 1.不认识 2.半年左右 3.一到两年 4.三到五年 5.六年以上	（2）您与以下人员的联系频率是？ 1.完全没联系 2.偶尔有联系 3.经常有联系	（3）您是否需要以下人员的帮助？ 1.完全不需要 2.不太需要 3.一般 4.比较需要 5.非常需要	（4）您是否清楚以下人员的工作内容？ 1.完全不清楚 2.不太清楚 3.一般 4.比较清楚 5.非常清楚	（5）您从以下人员处获得帮助是否方便？ 1.非常不便 2.比较不便 3.一般 4.比较方便 5.非常方便
县农业局负责人					
县水利局负责人					
县民政局负责人					
县气象局负责人					
涉农企业负责人					
保险公司负责人					

二、村委调查

	（1）您与以下人员认识多久？ 1.不认识 2.半年左右 3.一到两年 4.三到五年 5.六年以上	（2）您与以下人员的联系频率是？ 1.完全没联系 2.偶尔有联系 3.经常有联系	（3）您是否需要以下人员的帮助？ 1.完全不需要 2.不太需要 3.一般 4.比较需要 5.非常需要	（4）您是否清楚以下人员的工作内容？ 1.完全不清楚 2.不太清楚 3.一般 4.比较清楚 5.非常清楚	（5）您从以下人员处获得帮助是否方便？ 1.非常不便 2.比较不便 3.一般 4.比较方便 5.非常方便
乡镇农业主管人					
乡农技站负责人					
乡民政所负责人					
乡水利站负责人					
乡气象站负责人					
涉农企业负责人					
保险公司负责人					

附录 2

水田农业区针对政府/事业单位/村委会调查问卷

您好！感谢您抽出宝贵的时间填写此问卷！

这是一份关于农村旱灾风险防范的科研调查问卷，您回答的信息对旱灾风险防范的研究具有重要价值。您选择的答案无所谓对错，只要能够反映您的真实情况即可。此调查为匿名调查，调查内容仅供研究之用，我们将对您提供的答案严格保密，请不要有任何顾虑。非常感谢您的合作！

调查时间：___年___月___日　　　　　　记录人_____
调查部门：_____县/区_____单位_____乡/镇_____村

一、受访者基本信息

职务	性别	民族	政治面貌	籍贯	年龄	受教育程度	工作年限
	A. 男 B. 女	A.汉族 B.少数民族____	A.党员 B.民主党派 C.无党派人士 D.群众			A.小学 B.初中 C.高中 D.大专及以上	A.5 年以下 B.5～10 年 C.10～15 年 D.15 年以上

二、访谈内容

	问题	要点	记录
财力	财政拨款/万元		
	其他收入/万元	固定资产出租	
人力	从业人员数/个		
	年龄结构	平均年龄，中层以上干部平均年龄，接近退休年龄人员比重	
	专业对口率/%	大学所学专业与工作内容是否一致（管理、农业、水利等）	
	平均工作年限		
	学历组成	本科及以上学历所占比重	
物力	可调度机器设备	水泵、发电机等	
	可调度运输车辆	运水车、消防车等	
	可调度水资源量	水库、水电站、塘坝、湖泊等蓄水量	
	可调度生活物资	食品、矿泉水等	
	可调度生产物资	种子、化肥、农药、水管等	
信息	信息获取途径	会议、文件、电视广播、网络、社交媒体、同事朋友等	
	信息发布途径	会议、文件、电视广播、网络、社交媒体、同事朋友等	

三、开放式问题

（1）本地区针对旱灾采取哪些防范和应对措施？例如，节水教育、组织修水渠、组织

查看苗情、宣传气象信息、指导改种补种等。（备灾）

（2）为了应对旱灾，每年是否提前了解农户的种植意向？是否引导和鼓励农户调整种植结构（改种耐旱农作物）、土地利用结构（土地流转等），出台哪些引导性政策（耕地地力补贴/粮食生产补贴等，家庭农场，农民合作社）？（备灾）

（3）近 5 年你们单位组织新建了哪些水利基础设施（如水库、塘坝、水渠等）？老百姓是否也参与？花费多少？经费来源？（备灾）

（4）近年来，政府是否给农户发放过旱灾和灾害防灾或应急物质和补贴？多少标准？什么时间发放？（应急）

（5）旱灾后，有没有采取措施提供农民就业信息？采取哪些措施（如组织招聘会、发布招聘信息等）？效果如何？（恢复）

（6）农业保险的购买情况，价格、本村投保和理赔情况如何？当地有哪些企业和农村合作社？（恢复）

水田农业区针对农户调查问卷

您好！感谢您抽出宝贵的时间填写此问卷！

这是一份关于农村旱灾风险防范的科研调查问卷，您回答的信息对旱灾风险防范的研究具有重要价值。您选择的答案无所谓对错，只要能够反映您的真实情况即可。此调查为匿名调查，调查内容仅供研究之用，我们将对您提供的答案严格保密，请不要有任何顾虑。非常感谢您的合作！

调查时间：____年____月____日　　　　记录人_____

调查地点：____乡镇_____村　　　　问卷编号：_____　经纬度：_____

一、受访者基本信息

年龄	民族	政治面貌	性别	受教育程度
			A.男　　B.女	A.不识字　B.小学　C.初中　D.高中　E.大专及以上

二、家庭基本情况

（1）您家里户籍人口有_____人，14 岁以下_____人；15～45 岁_____人；45～70 岁_____人；70 岁以上_____人；务农_____人，务工_____人。

（2）家里土地种植面积_____亩，有效灌溉面积_____亩。具体种植情况（粮食作物，如早稻、中稻、晚稻等；经济作物，如油菜、棉花、蔬菜，经济林，油茶等）：

编号	种植作物	面积/亩	正常产量/ （斤/亩）	旱灾产量/ （斤/亩）	收购价格/ （元/斤）	灌溉方式 （编号Ⅰ）	距水源地远近 （编号Ⅱ）
1							
2							
3							
4							

编号Ⅰ：1.不灌溉　　2.河流或湖泊抽水　　3.灌区水库抽水　　4.塘坝抽水　　5.自流灌溉

编号Ⅱ：1.1～100米以内　　2.100～300米　　3.300～500米　　4.500～1000米　　5.1000米以上

（3）家里年均农药花费、化肥花费、种子花费、灌溉花费____、____、____、____元。

（4）家庭各类补贴和收入具体情况：

项目	年收入/元	项目	年收入/元
农作物销售		高龄补贴	
畜产品销售		社保补贴	
子女赡养		低保补贴	
当地打工		五保补贴	
外出务工		耕地地力（粮食生产）补贴	
工资收入		精准扶贫补贴	
退耕还林补贴			
出租土地补贴			

（5）家庭年均收入____元，平均每年受旱灾影响大约损失收入的____成。

（6）家中可用农用机械：1.拖拉机_____辆；2.三轮车_____辆；3.发电机_____台；4.水泵_____台；其他（耕地机、收割机等）_____

（7）自来水供应每____天供应一次，一次供应____小时，水费每月____元。

三、抗旱行动

您是否每年购买农业保险_____

A.从未购买　　　B.偶尔购买　　　C.经常购买　　　D.每年都购买

请根据您的感知，对以下描述的符合程度打分 （请在右边相应数字下方打√）		数字由小到大表示程度加强 ⟶							
1. 您积极参加种植技术培训吗？	不积极	1	2	3	4	5	6	7	非常积极
2. 您愿出钱/力维护村里的坝、水渠吗？	不愿意	1	2	3	4	5	6	7	非常愿意
3. 您关注气象信息吗？	不关注	1	2	3	4	5	6	7	非常关注
4. 旱时您积极寻找应急水源吗？	不积极	1	2	3	4	5	6	7	非常积极
5. 旱时您及时改种或补种农作物吗？	不及时	1	2	3	4	5	6	7	非常及时
6. 您灾后务工，积极拓宽收入来源吗？	不积极	1	2	3	4	5	6	7	非常积极

水田农业区针对企业调查问卷

您好！感谢您抽出宝贵的时间填写此问卷！

这是一份关于农村旱灾风险防范的科研调查问卷，您回答的信息对旱灾风险防范的研究具有重要价值。您选择的答案无所谓对错，只要能够反映您的真实情况即可。此调查为匿名调查，调查内容仅供研究之用，我们将对您提供的答案严格保密，请不要有任何顾虑。非常感谢您的合作！

调查时间：＿＿＿年＿＿＿月＿＿＿日　　　　　　　记录人＿＿＿

调查对象：＿＿＿县/区＿＿＿乡/镇＿＿＿企业

一、管理人员基本信息

职务	性别	年龄	民族	政治面貌	籍贯	受教育程度	工作年限
	A. 男 B. 女		A.汉族 B.少数民族 ———	A.党员 B.民主党派 C.无党派人士 D.群众		A.小学 B.初中 C.高中 D.大专及以上	A.5 年以下 B.5～10 年 C.10～15 年 D.15 年以上

二、企业概况

（1）您的公司是＿＿＿年成立，主要经营业务＿＿＿，企业员工＿＿＿人。

（2）企业的性质是（　　　）

　　　A.私营　　　B.国营　　　C.集体企业　　　D.公私合营　　　E.外资及其他

（3）注册资本＿＿＿万元，固定资产＿＿＿万元，企业年营销利润大约＿＿＿万元。

（4）您公司仓库数量＿＿＿，库容＿＿＿m^3，现有粮食储备＿＿＿吨。

（5）您公司是否有承包耕地？（　　　）

　　　A.没有　　　B.有。耕地面积：＿＿＿亩。

（6）您公司粮食收购方式是（可多选）（　　　）

　　　A. 与农户签订农产品收购合同　　　B. 与农户签订雇用生产合同

　　　C. 设立粮食收购点　　　D. 向粮贩收购　　　E. 其他＿＿＿

（7）您公司粮食收购的主要来源是（　　　）

　　　A.本镇　　　B.本镇及周边乡镇　　　C.全县范围内　　　D.全市范围内　　　E.更广

（8）本公司向农户宣传方式有（可多选）（　　　）

　　　A.广播电视　　　B.宣传单/手册　　　C.宣传栏　　　D.推销员宣传　　　E.其他　　　F.无

（9）您公司是否对农户进行过技术培训和宣传？若有，年平均次数：＿＿＿

（10）一般情况下，旱灾对您公司造成的损失约为＿＿＿元。

三、抗旱积极性

（1）您公司是否有购买农业保险？（　　　　）

　　　　A.没有　　　B.有，投保金额为＿＿＿＿＿元，保额＿＿＿＿＿

（2）您公司农业保险的赔付周期为（　　　　）

　　　　A.一年　　　B.半年到一年　　　C.三个月到半年　　　D.两到三个月　　　E.一个月以内

请根据您的实际情况，对以下描述的符合程度进行打分	不符合		符合		
	1	2	3	4	5
十分关注旱灾预警和灾情信息					
非常愿意引进技术和设备，以减轻旱灾造成的损失					
非常愿意投资建设和维护水利设施					
旱时积极关注粮食受灾情况					
积极捐款捐资帮助受旱群众					
积极研发抗旱新产品					
旱灾过后，积极总结工作问题					
灾后积极拓宽农产品收购渠道					

水田农业区针对所有调查对象的问题

一、共识问题

（1）感知旱灾风险

请根据您的感知，对以下描述进行判断（请在右边相应数字下方打√）		数字由小到大表示程度加强 ⟶							
1. 您关注旱灾吗？	不关注	1	2	3	4	5	6	7	非常关注
2. 您觉得当地发生旱灾的可能性有多大？	非常小	1	2	3	4	5	6	7	非常大
3. 您觉得当地受旱灾的影响有多大？	非常小	1	2	3	4	5	6	7	非常大
4. 您觉得预防旱灾有必要吗？	没必要	1	2	3	4	5	6	7	非常必要

（2）理解旱灾风险防范

请根据您的感知，对以下描述判断（请在相应数字下方打√）		数字由小到大表示程度加强 ⟶							
1. 水库、塘坝、机埠等年久失修多大程度上会造成旱灾？	不可能	1	2	3	4	5	6	7	极大可能
2. 政府出钱、村民管理小型水利设施有利于抗旱吗？	不利于	1	2	3	4	5	6	7	非常有利
3. 水稻耐旱程度如何？	不耐旱	1	2	3	4	5	6	7	很耐旱
4. 油茶耐旱程度如何？	不耐旱	1	2	3	4	5	6	7	很耐旱
5. 棉花耐旱程度如何？	不耐旱	1	2	3	4	5	6	7	很耐旱
6. 塘坝扩容、水渠清淤抗旱效果如何？	没效果	1	2	3	4	5	6	7	很有效
7. 外出务工多大程度上减轻农民旱灾损失？	没效果	1	2	3	4	5	6	7	很有效
8. 改种补种多大程度上减轻农民旱灾损失？	没效果	1	2	3	4	5	6	7	很有效
9. 土地使用权转让/出租多大程度上避免农民受旱灾影响？	没效果	1	2	3	4	5	6	7	很有效
10. 农业保险多大程度上避免农民受旱灾影响？	没效果	1	2	3	4	5	6	7	很有效

（3）感知旱灾风险防范公平性

请根据您的感知，对以下描述判断（请在右边相应数字下方打√）　　　　　　数字由小到大表示程度加强 ➡

1. 当地所有人都可以去管理部门咨询作物销售、务工等信息吗？	不同意	1	2	3	4	5	6	7	非常同意
2. 您认为当地所有人使用水库、塘坝、机埠取水公平吗？	不公平	1	2	3	4	5	6	7	非常公平
3. 您认为当地受灾群众受旱时获得救灾用水、粮食等公平吗？	不公平	1	2	3	4	5	6	7	非常公平
4. 您认为当地种粮农户受到的农业补贴公平吗？	不公平	1	2	3	4	5	6	7	非常公平

（4）宽容度（协同宽容和协同约束）与归属感

请根据您的感知，对以下描述进行判断（请在右边相应数字下方打√）　　　　数字由小到大表示程度加强 ➡

1. 您理解政府在抗旱中遇到的困难（如建设资金不足）吗？	不理解	1	2	3	4	5	6	7	非常理解
2. 您理解农户在抗旱中遇到的困难（如购买设备资金不足）吗？	不理解	1	2	3	4	5	6	7	非常理解
3. 您认为抗旱资源（如应急资金）应先考虑受旱严重的地区吗？	不同意	1	2	3	4	5	6	7	非常同意
4. 您认为有能力的企业、单位等应在抗旱中多提供救灾资源吗？	不同意	1	2	3	4	5	6	7	非常同意
5. 您认为防灾减灾有您的一份责任吗？	不同意	1	2	3	4	5	6	7	非常同意
6. 您认可当地为防灾减灾所做的工作吗？	不认可	1	2	3	4	5	6	7	非常认可

二、联系效率问题

	（1）您与以下哪些人员接触过？（请打√）	（2）您与以下人员认识多久？ 1.不认识 2.半年左右 3.一到两年 4.三到五年 5.六年以上	（3）您与以下人员是否有过协商或讨论？ 1.完全没有 2.偶尔有 3.经常有	（4）您与以下人员的联系频率是？ 1.从未联系 2.两三年一次 3.一年一次 4.半年一次 5.两三月一次	（5）您认为以下人员对您的帮助情况是？ 1.完全没帮助 2.不太有帮助 3.一般 4.比较有帮助 5.非常有帮助	（6）您是否依赖以下人员提供的信息？ 1.不依赖 2.不大依赖 3.一般 4.比较依赖 5.非常依赖	（7）您是否清楚以下人员的工作职能？ 1.完全不清楚 2.不太清楚 3.一般 4.比较清楚 5.非常清楚	（8）您从以下人员处获得帮助是否方便？ 1.未得过帮助 2.非常不便 3.比较不便 4.一般 5.比较方便 6.非常方便
县政府负责人								
县农业局负责人								
县水利局负责人								
县民政局负责人								
县气象局负责人								
县财政局负责人								
县发改局负责人								
乡镇政府工作人员								
乡农技站工作人员								
乡民政所工作人员								
乡水利站工作人员								
村主任/村支书								
涉农企业负责人								
保险公司负责人								

附录 3

国家自然科学基金资助项目区域农业旱灾研究项目公开发表的相关论著
（2003～2019 年）

陈静, 杨旭光, 王静爱. 2008. 巨灾后幸存者心理恢复力初步探究——以 1976 年唐山地震为例. 自然灾害学报, 17(1): 86～91

陈香, 陈静, 王静爱. 2007. 福建台风灾害链分析——以 2005 年"龙王"台风为例. 北京师范大学学报, 43(2): 203～208

崔欣婷, 苏筠. 2005. 小空间尺度的农业旱灾脆弱性评价初探——以湖南省常德市鼎城区双桥坪镇为例. 地理与地理信息科学, 21(3): 80～83, 87

高路, 陈思, 周洪建, 等. 2008. 重庆市 2006 年特大旱灾分析与灾后恢复性研究. 自然灾害学报, 17(1): 21～26

郝璐, 王静爱, 李彰俊, 等. 2005. 基于 GIS 的北方草地畜牧业雪灾评估信息系统. 自然灾害学报, 14(3): 312～317

郝璐, 王静爱, 满苏尔, 等. 2002. 中国雪灾时空变化及畜牧业脆弱性分析. 自然灾害学报, 11(4): 42～48

郝璐, 王静爱, 史培军, 等. 2003. 草地畜牧业雪灾脆弱性评价. 自然灾害学报, 12(2): 51～57

贾慧聪, 王静爱, 岳耀杰, 等. 2009. 冬小麦旱灾风险评价的指标体系构建及应用——基于 2009 年北方春旱野外实地考察的认识. 灾害学, 24(4): 20～25, 12

李莲华, 吴之正, 王静爱. 2005. 农业旱灾形成过程中承灾体脆弱性分析——以湖南鼎城为例. 自然灾害学报, 14(6): 83～87

栗健, 岳耀杰, 潘红梅, 等. 2014. 中国 1961～2010 年气象干旱的时空规律——基于 SPEI 和 Intensity analysis 方法的研究. 灾害学, 29(4): 176～182

栗健, 岳耀杰, 潘红梅. 2015. 中国主要小麦种植区雨养条件下水分胁迫发生规律模拟. 干旱地区农业研究, 33(1): 105～112

刘公英, 申海凤, 胡佳, 等. 2015. 基于 TVDI 指数的冬小麦旱情动态研究——以河北省邢台市为例. 干旱地区农业研究, 33(4): 227～232

邱玉珺, 王静爱, 邹学勇. 2003. 区域灾情评价模型. 自然灾害学报, 12(3): 48～53

商彦蕊. 2004. 农业旱灾研究进展. 地理与地理信息科学, 20(4): 101～105

商彦蕊. 2005a. 美国减轻农业旱灾的系统控制及其对我国的启示. 农业系统科学与综合研究, 21(2): 128～132

商彦蕊. 2005b. 我国自然灾害研究进展与减灾思路. 地域研究与开发, 24(2): 6～10

商彦蕊, 高国威. 2005. 河北省水资源过度开发的环境效益及其压力研究. 昆明理工大学学报, 30(2A): 194～199

商彦蕊, 史培军. 2004. 自然灾害系统脆弱性研究. 西安: 西安地图出版社

商彦蕊. 2013. 灾害脆弱性概念模型综述. 灾害学, 28(1): 112～116

申海凤, 商彦蕊, 刘公英. 2014. 基 SPI 指数的农作物生长期干旱时间变化研究——以河北省邢台县为例. 湖北农业科学, 53(11): 2536～2541

苏筠, 林晓梅, 李娜. 2008. 影响灾后恢复期的因素分析——基于水灾灾民的调查. 灾害学, 23(4): 54～58

苏筠, 吕红峰, 黄术根. 2005a. 农业旱灾承灾体脆弱性评价——以湖南鼎城区为例. 灾害学, 20(2): 1～7

苏筠, 周洪建, 崔欣婷. 2005b. 湖南鼎城农业旱灾脆弱性的变化及原因分析. 长江流域资源与环境, 14(4):

522～527

孙雪萍, 房艺, 苏筠. 2013. 基于旱情演变的社会应灾过程分析——以2009～2010年云南旱灾为例. 灾害学, 28(2): 90～94, 106

孙雪萍, 杨帅, 苏筠. 2014. 基于种植结构调整的农业生产适应性分析——以内蒙古乌兰察布市为例. 自然灾害学报, 23(3): 33～40

万金红, 王静爱, 李睿, 等. 2008a. 劳动力外出务工对承灾体恢复力的影响——以河北省邢县旱灾调查为例. 灾害学, 23(4): 66～69

万金红, 王静爱, 刘珍, 等. 2008b. 从收入多样性的视角看农户的旱灾恢复力——以内蒙古兴和县为例. 自然灾害学报, 17(1): 122～126

王静爱, 毛睿, 周俊菊, 等. 2006a. 基于入户调查的中国北方人口生活耗水量估算与地域差异. 自然资源学报, 21(2): 231～237

王静爱, 商彦蕊, 苏筠, 等. 2005. 中国农业旱灾承灾体脆弱性诊断与区域可持续发展. 北京师范大学学报(社会科学版), 3: 130～137

王静爱, 施之海, 刘珍, 等. 2006b. 中国自然灾害灾后响应能力评价与地域差异. 自然灾害学报, 15(6): 23～27

王静爱, 小长谷有纪(日本), 色音. 2008. 地理环境与民俗文化遗产. 北京: 知识产权出版社

王静爱, 张兴明, 郭浩, 等. 2016. 综合灾害风险防范: 世界主要农作物旱灾风险评价与图谱. 北京: 科学出版社

王静爱, 周洪建, 袁艺, 等. 2013. 区域灾害系统与台风灾害链风险防范模式——以广东为例. 北京: 中国环境出版社

王然, 江耀, 张安宇, 等. 2019. 农作物自然灾害暴露研究进展. 灾害学, 34(2): 215～221

王志强, 杨春燕, 王静爱, 等. 2005. 基于农户尺度的农业旱灾成灾风险评价与可持续发展. 自然灾害学报, 14(6): 94～99

魏玉蓉, 郝璐, 贺俊杰. 2005. 中国北方草地畜牧业监测预测系统的研制与应用. 草业科学, 22(5): 59～65

吴瑶瑶, 郭浩, 王颖, 等. 2018. 综合灾害风险防范凝聚力研究进展与展望. 灾害学, 33(4): 217～222

杨春燕, 王静爱, 苏筠, 等. 2005. 农业旱灾脆弱性评价——以北方农牧交错带兴和县为例. 自然灾害学报, 14(6): 88～93

杨洁, 李睿, 王静爱. 2009. 汶川8.0级地震灾后响应研究——以灾后学生响应为例. 灾害学, 24(4): 125～129

杨帅, 于志岗, 苏筠. 2014. 中国气象干旱的空间格局特征(1951～2011). 干旱区资源与环境, 28(10): 54～60

尹衍雨, 王静爱, 雷永登, 等. 2012. 适应自然灾害的研究方法进展. 地理科学进展, 31(7): 953～962

尹圆圆, 王静爱, 黄晓云, 等. 2014. 全球尺度的旱灾风险评价指标与模型研究进展. 干旱区研究, 31(4): 619～626

于长水, 王静爱, 史培军, 等. 2008. 沙尘暴中的能量反馈. 灾害学, 23(4): 1～5

张明空, 胡小兵, 王静爱. 2019. 考虑火灾动态扩散过程的高层建筑疏散路径研究. 中国安全科学学报, 29(3): 32～38

张瑞清, 李敏, 陈佳飞, 等. 2011. 基于信息扩散理论的邢台市农业旱灾风险分析. 水土保持研究, 18(6): 212～215

赵文双, 商彦蕊, 黄定华, 等. 2007. 农业旱灾风险分析研究进展. 水科学与工程技术, 6: 1～5

周洪建, 史培军, 王静爱, 等. 2008a. 近30年来深圳河网变化及其生态效应分析. 地理学报, 63(9): 969～980

周洪建, 孙业红, 闵庆文, 等. 2014. 半干旱区庭院农业旱灾适应潜力的空间格局——基于河北宣化传统葡萄园的分析. 干旱区资源与环境, 28(1): 43～48

周洪建, 王静爱, 陈思, 等. 2008b. 气象要素在农业旱灾恢复过程中的作用分析——以水田农业区(湖南鼎城)旱灾为例. 北京师范大学学报(自然科学版), 44(6): 624～628

周洪建, 王静爱, 贾慧聪, 等. 2009a. 农业旱灾承灾体恢复力的影响因素——基于野外土地利用测量与入户调查. 长江流域资源与环境, 18(1): 86～91

周洪建, 王静爱, 李睿, 等. 2008c. 基于 SPOT_(VEG) NDVI 和降水序列的退耕还林(草)效果分析. 水土保持学报, 22(4): 70～74

周洪建, 王静爱, 史培军, 等. 2008d. 深圳市 1980～2005 年河网变化对水灾的影响. 自然灾害学报, 17(1): 97～103

周洪建, 王静爱, 岳耀杰, 等. 2009b. 人类活动对植被退化/恢复影响的空间格局——以陕西省为例. 生态学报, 29(9): 4847～4856

周俊菊, 王静爱, 毛睿. 2004. 中国北方人口、粮食和降水量的时空变化. 北京师范大学学报(自然科学版), 40(4): 540～547

Gong D Y, Pan Y Z, Wang J A. 2004a. Changes in extreme daily mean temperatures in summer in eastern China during 1955～2000. Theoretical and Applied Climatology. 77: 25～37

Gong D Y, Shi P J, Wang J A. 2004b. Daily precipitation changes in the semiarid region over northern China. Journal of Arid Environments, 59: 771～784

Gong D Y, Wang Y J. 2004. Trends of summer dry spells in China during the late twentieth century. Meteorology and Atmospheric Physics, 88: 203～216

Guo H, Wu Y Y, Shang Y R, et al. 2019. Quantifying farmers' initiatives and capacity to cope with drought: a case study of Xinghe County in Semi-Arid China. Sustainability, 11(7): 1848～1867

Shang Y R, Hu Q R, Liu G Y, et al. 2017.Winter wheat drought monitoring and comprehensive risk assessment: case study of Xingtai admin istrative district in North China. Journal of Environmental Science and Engineering, 6(3): 135～143

Shang Y R, Shang H L, Liang J, et al. 2013a. Comprehensive study on degradation and management of Baiyangdian Lake in North China. Journal of Environmental Science and Engineering B, 2(6B): 332～337

Shang Y R, Sun K J, Shen H F, et al. 2013b. Agricultural drought resisting and hydrological change-taking Hebei Province in North China as an example. Journal of Environmental Science and Engineering A, 2(15): 189～196

Su Y, Yin J, Shen H. 2012. Social perception and response to the drought process: a case study of the drought during 2009～2010 in the Qianxi'nan Prefecture of Guizhou Province. Natural Hazards, 64(1): 839～851

Sun Y H, Zhou H J, Zhang L Y, et al. 2013. Adapting to droughts in Yuanyang Terrace of SW China: insight from disaster risk reduction. Mitigation and Adaptation Strategies for Global Change, 35(18): 759～771

Wang J A, Lei Y D, Tao Y E, et al. 2013. La gestion du risque de sécheresse agricole en Chine (法语期刊). Outre-Terre, 1(35): 353～368

Wang J A, Yang M R, Ming C, et al. 2005. Study on water consumption coefficient of people's living and its regional disparity in the north of China. Chinese Journal of Population Resources and Environment, 3(2): 20～26

Wang R, Jiang Y, Su P, et al. 2019. Global Spatial Distributions of and Trends in Rice Exposure to High Temperature. Sustainability, 11(22): 6271

Wu Y, Guo H, Wang J. 2018. Quantifying the similarity in perceptions of multiple stakeholders in Dingcheng, China, on agricultural drought risk governance. Sustainability, 10(9): 3219

Yin Y, Zhang X, Lin D, et al. 2014. GEPIC-V-R model: a GIS～based tool for regional crop drought risk assessment. Agricultural Water Management, 144: 107～119

Yue Y J, Li J, Ye X Y, et al. 2015. An EPIC model～based vulnerability assessment of wheat subject to drought. Natural Hazards, 78(3): 1629～1652

Zhang M K, Hu X B, Wang J A. 2019. A method to assess and reduce pollutant emissions of Logistic transportation under adverse weather. Sustainability, 11(21): 5961～5980

Zhou H J, van Rompaey A, Wang J A. 2009a. Detecting the impact of the "Grain for Green" program on the mean annual vegetation cover in the Shaanxi province, China using SPOTVGT NDVI data. Land Use Policy, 26(4): 954~960

Zhou H J, Wang J A, Wan H J, et al. 2009b. Resilience to natural hazards: a geographic perspective. Natural Hazards,53:21~41

Zhou H, Zhang W, Sun Y, et al. 2014. Policy options to support climate~induced migration: insights from disaster relief in China. Mitigation and Adaptation Strategies for Global Change, 19(4): 375~389

附录 4

北京师范大学开展综合灾害风险防范研究三十年（1990~2019 年）

史培军

应急管理部-教育部减灾与应急管理研究院

北京师范大学地理科学学部减灾与应急管理研究院

由北京师范大学、深圳市前海深港现代服务业合作区管理局（简称"前海管理局"）、深圳市应急管理局和达沃斯全球风险论坛联合主办的"绿色发展与综合灾害风险防范暨联合国减灾三十年回顾国际研讨会"于 2019 年 10 月 12~14 日在深圳举行。本次研讨会回顾了联合国减灾三十年的成就、存在的不足，展望了下一个三十年世界减灾科技与减灾工作的发展态势。专家学者就"全球减灾活动三十年回顾""未来防灾减灾发展路线图""系统性风险与绿色发展新机遇""构建刚韧性基础设施""大湾区的机遇与挑战"和"一带一路"倡议实践中的综合灾害风险防范"六大议题展开了充分讨论。附录 4 在回顾了联合国减灾三十年历程的基础上，就北京师范大学在建设和发展灾害风险科学的过程中，如何开展综合灾害风险防范研究做一介绍，作为读者理解本书撰写的一个参考。

1. 加强综合灾害风险防范是联合国减灾三十年工作重视的核心领域

2019 年是联合国组织开展全球减灾活动的三十年。20 世纪 70~80 年代末，全球灾害损失呈现出不断上升的趋势，对许多国家民生和经济社会发展都造成了严重的威胁。加强灾害领域的国际援助和国际合作的呼声越来越强烈。国际上的一些有识之士，针对世界上，特别是发展中国家，由于自然灾害对人民生命财产，以及社会和经济发展的严重危害，提出了由联合国主持协调、组织世界各国、各行业和各领域共同行动，通过广泛的国际合作，在减灾和减轻灾害风险领域实施技术援助或转让，项目示范，教育与培训等手段，提高各国，特别是发展中国家的减灾与灾害风险防御能力，保障人民生命和财产安全，尽可能地减少由极端自然事件造成的经济损失。

1987 年的 12 月 11 日，联合国大会第 42 届会议通过了 169 号决议，提议将 20 世纪 90 年代定为国际减轻自然灾害十年（简称国际减灾十年 IDNDR）。1989 年的 12 月 22 日，联合国大会第 44 届会议上正式宣布启动，开始了联合国减灾三十年的历史征程。

国际减灾十年的目标是通过协调一致的国际行动，减少自然灾害对人类造成的伤亡及对社会经济发展造成的负面影响。回顾这十年的工作，其重点是提高了减灾领域的科学理论研究和技术应用水平。特别需要指出的是，经过深入研究，对自然灾害这个广泛应用的词汇，科学界达成了共识，即地震、强台风等是自然现象，不足以构成灾害。灾害的产生具有自然因素，更具有人为因素。灾害的产生必须要有三点：第一是致灾因子，也就是我们所说的台风、暴雨、地震等各种自然现象。第二是人类社会对灾害的可塑性和应对能力。

第三是致灾因子发生区域的地质、地理和社会经济环境。1994 年 5 月 23～27 日，作为减灾十年成果的中期评估，在日本横滨召开了第一次世界减轻自然灾害大会。会议成果文件，即横滨战略及行动计划中提出了灾害风险的识别、灾害风险的评估，以及灾害风险和社会经济发展之间的关系等。其中，发展可能产生灾害风险，有风险就需要管控，其是防灾减灾领域的重大突破，对后来 20 年的减灾工作具有重大的指导意义。

1999 年 7 月在日内瓦减灾十年总结大会上，各个参与国都共同强调减轻灾害风险的势头实际上才刚刚开始，减轻灾害风险需要长期开展，而不是十年和二十年能解决的问题，要求联合国继续开展协调减轻灾害风险工作。因此，减轻灾害风险成为联合国日常工作的一部分。2000 年联合国大会通过决议批准了国际减灾战略（ISDR），并由联合国减灾战略秘书处协调执行。2005 年之前，联合国减灾战略秘书处主要有三方面的工作：一是继续推动实施横滨减灾战略和行动计划；二是全面总结和分析减灾十年所取得的成绩；三是筹备第二届世界减灾大会。

联合国减灾战略秘书处对全球减灾进行了广泛和深入的分析和总结，形成了著名的减灾框架。该框架清楚地表明，减少灾害风险是一个错综复杂的工作，它需要多方的协调和合作，要成功地减轻灾害风险，需要自然科学和社会科学有效的合作，共同进行风险评估，其结果可以为政策制定、灾害管理提供重要的参考，也可以指导减灾教育培训及经济发展规划和实施。

2005 年 1 月 18～22 日日本兵库联合国第二次国际减灾大会上，首次将自然灾害去掉，明确了灾害不是一个自然现象，而是由自然现象和人类社会相互作用所构成的。兵库行动纲领提出了五个优先领域，辨识灾害风险、提高科学技术能力、加强减灾防灾教育、发展经济提高抵御灾害能力、提高备灾救灾和恢复重建能力。2011 年 5 月，联合国对各国实施兵库行动纲领的基本情况进行了中期评估。共有 133 个国家报告了他们实施兵库行动纲领所取得的进展。虽然各国在备灾、应急和减少灾害损失的体制法制建设方面都取得了很大进展，但是在减少潜在的灾害风险方面做得还远远不够。其原因就在于科学界对灾害风险的认识还远远不够。同时，社会经济发展部门也还没有把减少灾害风险的工作纳入他们的工作当中去。回顾过去三十年，虽然我们取得了很多进展，但是人类社会对灾害风险的理解和管理依然不够，人类社会仍然生活在一个充满了潜在灾害风险的世界。据 2015 年联合国减灾署组织的全球评估报告统计，各种自然致灾因子所导致的灾害损失基本上平均每年在 3140 亿美元左右。

因此，如果一个国家想实现可持续发展，就必须要把灾害风险治理作为其社会经济发展不可分割的一部分。从减轻灾害风险的源头开始，要大幅度提高早期预警和备灾、应急措施的能力，要把减轻灾害风险纳入日常工作中去，在强调以人为本的基础上，以减少灾害风险为主。包括了解和理解灾害风险、加强灾害风险的治理和加大在减轻灾害风险中的投资。

2015 年 3 月 14～18 日在日本仙台召开的第三次世界减灾大会上，提出了包含 13 条基本原则的仙台减灾框架，以及相应的七个预期目标，特别强调了减轻灾害风险，必须要加强国际合作，建立一个全球减轻灾害风险的伙伴关系，才能够促进全球的可持续发展。仙台减灾框架还提出了实现总目标的三大步骤：第一，预防和规避新的灾害风险；第二，减轻现有的灾害风险；第三，加强社会和经济的抗灾力和恢复力，统称刚韧性。

仙台第三次全球减灾大会最为重要的共识，是将联合国应对灾害风险、适应气候变化和推进全球可持续发展三大任务融合、协调、共进。在全球气候变化日趋显著的背景下，气候变化已经成为灾害风险的一个放大器，增加了一些自然极端事件的强度，也增加了它们的发生频率，同时，还改变了它们的空间分布格局。因此，灾害风险管理部门和气候部门必须加强合作，共同探索双赢的措施、机制和政策，包括早期预警系统、气候信息数据在灾害风险和脆弱性评估中的应用、洪水和干旱的管理、沿海地区的治理、城市风险的管控等。

国外先进经验表明，只有将减轻灾害风险纳入各行各业、各个领域的工作当中，才有可能构建和实施有效的预防政策策略，从而不仅可以每年减少数百亿美元的经济损失，更可以挽救数以万计人的生命。

由以上回顾可以看出，从联合国横滨战略、兵库行动纲领到仙台减灾框架，世界各国都在探索减轻灾害风险的科学策略、高效办法、有力措施。为此，北京师范大学积极响应国际减灾行动，在国家 1989 年成立的中国国际减灾十年委员会的号召下，于同年在全国率先组建了中国自然灾害监测与防治研究室。到今年为止，北京师范大学开展灾害风险科学学科建设也走过了三十年的历程。

2. 开展综合灾害风险防范研究是北京师范大学灾害风险科学三十年研究的重点

1988 年 9 月，我在北京师范大学中国科学院学部委员周廷儒教授的指导下，完成了博士学位论文答辩，留校任教。我按照当时北京师范大学新生代古地理研究室的规划，开展自然灾害研究。在恩师的举荐下，我到民政部救灾救济司收集有关灾害的资料，正逢由民政部牵头组建中国国际减灾十年委员会（1989 年 4 月 21 日正式成立）。得知此消息，经周廷儒教授同意，在赵济教授（时任北京师范大学地理系主任）和张兰生教授（时任北京师范大学教务长）的大力支持下，北京师范大学地理系"中国自然灾害监测与防治研究室"（简称研究室）正式于 1989 年底成立，张兰生教授兼任研究室主任，我担任副主任，从此有组织地开始了北京师范大学灾害风险科学学科的建设工作，至今也已整整 30 个年头。

初创期（1989～1994 年）——选定中国自然灾害区域分异规律和农业自然灾害保险进行综合研究。

发挥地理学的优势，开展自然灾害区域分异规律的研究。研究室成立初期，我们只有 3 名教师和 1 名硕士研究生（张兰生教授，史培军博士，方修琦硕士和陈晋硕士），如何选择我们的研究领域就成为当时的头等大事。在张兰生教授、赵济教授的指导下，我们充分利用遥感技术，开展农业自然灾害的监测工作。在民政部救灾救济司和中国人民保险公司农村保险部以及霍英东基金会的支持下，我们先后开展了内蒙古农牧业、湖南省农业和林业、安徽省农业、山东省农业自然灾害保险的研究工作，并取得了初步的研究成果，先后在中国人民保险公司–北京师范大学农村灾害保险技术中心年报上发表，并综合集成，在海洋出版社出版了《内蒙古自然灾害系统研究》（1993 年）、《湖南省自然灾害系统与保险研究》

（1993 年）。与此同时，我们组织全国力量，在中国人民保险公司的大力支持下，得到侯仁之院士、陈述彭院士等著名专家的悉心指导，编制了《中国自然灾害地图集》（中、英文版），于 1992 年由科学出版社出版，并获得中国人民保险公司一等奖奖励，为中国开展国际减灾十年活动做出了一定的贡献。在完成这两个领域工作的同时，研究室高度重视对灾害研究的理论探讨，于 1990 年和 1991 年分别在地理新论、南京大学学报（自然科学版）上发表了《论 90 年代灾害学》与《灾害研究的理论与实践》，率先提出了"灾害系统"是由致灾因子、孕灾环境与承灾体共同组成的地球表层的异变系统的学术概念，明确了致灾过程与成害过程的区别、灾害链与灾害群的区别、突发灾害与渐发灾害的区别。此后近 30 年来，我们为此进行了深入的研究，通过在"自然灾害学报"相继发表五篇理论方面的文章，逐渐完善了对区域灾害系统的理论认识。

这一期间，在我的大学同学钱江的帮助下，我们得到了时任中国人民保险公司总经理秦道夫先生、副总经理王宪章先生、农业保险部总经理刘恩正先生、农业保险部农业保险处姜继东先生的大力支持，于 1989 年成立了"中国人民保险公司-北京师范大学农村灾害保险技术中心"（1989～2006 年）（该中心于 2006 年调整为"中国保险行业协会-北京师范大学保险技术研究中心"），于 1994 年组建了北京师范大学环境演变与自然灾害教育部开放实验室（简称开放室）。与此同时，在自然地理学二级学科名下，招收"环境演变与自然灾害"（1989～1994 年）研究方向的研究生。此外，于 1994 年，我作为中国国际减灾十年委员会专家组的代表，参加了由联合国在日本横滨主办的第一次联合国国际减灾大会，不仅交流了我们的学术成果，还结识了众多国际同行和该领域的著名专家。

快速发展期（1995～2004 年）——深入开展区域自然灾害形成机制研究与加强自然灾害综合研究的学科建设

伴随国际与国内减灾工作的不断深化，北京师范大学迎来了区域自然灾害研究的快速发展阶段，与此同时，加强自然灾害综合研究的学科建设也摆在我们的面前。

1996 年、1997 年黄崇福教授、史培军教授相继获得国家自然科学基金项目"不完备信息条件下的自然灾害风险评估理论与方法""土地利用变化与农业自然灾害灾情研究"，揭开了对区域自然灾害形成机制研究的序幕。自此开始，开放室组织师生，先后开展了十多项国家和省部级有关灾害课题的研究与技术开发工作，取得了一系列研究成果，在国内外刊物上，发表了大量的学术论文。黄崇福教授撰著的《自然灾害风险分析》由北京师范大学出版社正式出版（2004 年），填补了该领域研究的空白。王静爱教授主编的教育部普通高中课程标准实验教科书《自然灾害与防治》（学生用书）由人民教育出版社出版（2004 年），经多次印刷，现已发行近 200 万册。这些工作在减灾防灾教育领域产生了良好且广泛的影响。

随着开放室工作的顺利开展，研究成果的不断产生，研究条件的进一步改善，1997 年，开放室成为教育部第一批重点实验室，即"北京师范大学环境演变与自然灾害教育部重点实验室"（简称部重点实验室）。

在这十年期间，我们加强了自然灾害综合研究的学科建设工作。从 1995 年开始，我们在自然地理学二级学科名下，开设"自然灾害与风险管理"研究方向，招收硕士与博士研究生。在张兰生教授的指导下，潘耀忠成为自然灾害研究的第一个北京师范大学博士学位获得者（1997 年）。到 2003 年，我们在地理学一级学科名下，独立设置了"自然灾害"硕士和博士研究生招生的二级学科，以及在土木工程一级学科名下，独立设置了"防灾减灾工程及防护工程"硕士研究生招生的二级学科。至此，北京师范大学在自然灾害综合研究领域的学科建设取得了重大进展。1995～2004 年，部重点实验室共培养了自然灾害研究领域的博士 13 名、硕士 18 名、学士 21 名。与此同时，从事该领域研究的教师力量也明显得到了加强，由于中科院三位研究员加盟，到 2004 年，在岗教授达到 8 名（史培军、李京、黄崇福、王静爱、高尚玉、邹学勇、刘连友、潘耀忠）。

此外，由于部重点实验室在防灾减灾领域的学术影响逐渐扩大，又遇 2000 年的强风沙灾害，在激烈的竞争中，我们争取到为国务院领导做"防治风沙灾害"的科技讲座。从此以后，我们先后为国务院领导做科技讲座、座谈会报告 8 次，此外还为全国性学术团体和央企做学术报告 15 次。通过这些工作，不仅普及了防灾减灾的科技知识，也扩大了北京师范大学在自然灾害研究领域的学术和社会影响。

我们在此期间还加强了国际合作，于 1998 年长江流域大洪水后，受瑞士再保险公司的邀请，为其做关于中国自然灾害的学术讲座，并于次年与其在北京师范大学共建了"瑞士再保险公司–北京师范大学灾害风险与保险技术研究中心"（1999～2005 年），双方开展了卓有成效的合作。在瑞士再保险公司的资助下，完成了由史培军主编的《中国自然灾害系统地图集》（中英文对照版），并得到国内外同行、保险界等的高度评价。与此同时，我们双方合作，还完成了用于中国地震、洪水和台风灾害风险评估的数据库和模型开发工作，也取得了良好的进展。史培军、高璐、杨明川、李宁、杨彬等先后担任了该中心负责人，为中心的运转做出了重要贡献。这一期间受中国灾害防御协会委托，组建了其下的风险分析专业委员会；受中国自然资源学会委托，组建了其下的资源可持续利用与减灾专业委员会，均挂靠在北京师范大学。黄崇福教授担任了风险分析专业委员会主任，史培军教授、李晓兵教授、何春阳教授先后担任资源可持续利用与减灾专业委员会主任。风险分析专业委员会目前已组织了多次大规模的风险年会和多次颇有影响的国际会议，其在法国出版的会议论文集均被 ISTP 收录。

上述有关此期间的学术研究所取得的成果，经系统梳理和整合，形成《区域自然灾害系统研究》成果，获得 2004 年度教育部自然科学一等奖。

稳定与国际化发展期（2005～2014 年）——全面开展综合自然灾害风险研究与推进综合减灾研究的国际化进程

2005 年 5 月在日本神户召开了联合国第二届世界减灾大会，大会通过了旨在综合减轻灾害风险的"神户宣言"和"提高国家与社区综合抗灾能力"的框架（2005～2015 年）。史培军教授作为中国代表团成员，以国家减灾委员会专家组成员的身份参加了这一盛会。他从中了解到，国际减灾工作做出了战略调整，高度关注从"减轻灾害"到"综合减轻灾害风险"，从"区域减灾"到"全球综合减轻自然灾害"和从"综合减轻灾害风险"到"促进可持续发展"的战略转变。针对这一国际减灾领域发展的新动向，我们加强了北京师范大学对综合灾害风险防范的研究进程，从机构设置、学科建设、学术方向的规划，以及国际化的推进等多个方面进行了发展战略调整。综合灾害风险防范的理念也正是在这个时期逐渐形成和得到发展的。

2009 年 10 月 19 日，经国际风险分析学会（SRA）批准，中国分部（SRA-China）正式成立，黄崇福教授出任主席，为推动中国风险学科的发展做出重要贡献。2011 年，由叶谦教授操作，成功联合全球 14 所大学签署了综合灾害风险防范全球大学联盟意向书（Global University Consortium for Integrated Risk Governance，GUC-IRG），共同建立和分享一个集合优质的教育课程、教师资源、研究资源、会议资源和学生资源的开放的大学教育网络平台，通过各大学在研究和教育资源上的相互合作，综合运用灾害风险科学的理论和方法，以促进灾害风险科学与技术研究成果的传播和应用，协助国家、国际科学界和公众进行有效的风险决策。

机构建设 在与民政部近 20 年合作的基础上，并在教育部科技司、民政部救灾救济司的大力支持下，民政部与教育部共同在民政部国家减灾中心、北京师范大学环境演变与自然灾害教育部重点实验室的基础上，在北京师范大学组建了"民政部–教育部减灾与应急管理研究院（2006 年）"（简称研究院）。从此，研究院成为中国高等学校中首家专门从事自然灾害综合研究工作的科研机构。研究院下设 4 个研究所和多个研究中心，实行理事会领导下的院长负责制，首任理事长为时任民政部部长李学举，此后时任民政部部长黄树贤继任理事长，时任民政部副部长罗平飞、姜力、窦玉佩、顾朝曦继任院长。副院长由时任北京师范大学常务副校长史培军和时任民政部救灾救济司邹铭司长、张卫星司长、庞陈敏司长相继担任（2006~2017 年）；杨明川教授、陈实教授级高级工程师、刘连友教授相继担任北京师范大学减灾与应急管理研究院的院长（2006~2017 年）。研究院首任学术委员会主任为美国科学院 Roger Kasperson 院士和陈述彭院士，陈顒院士、崔鹏院士继任第二届、第三届学术委员会主任。

综合灾害风险防范的系统研究得益于研究院的大力支持，得到了在院师生的全面支持与大力帮助。

学科建设 在"自然灾害"硕士、博士学位点与"防灾减灾工程及防护工程"硕士学位点建设的基础上，我们整合已有的相关学科资源，提出建设"灾害风险科学"的一级学科，并通过"灾害科学""应急技术"与"风险管理"三个二级学科加强对"灾害风险科学"的学科建设。在这一目标下，我们对过去有关学科建设进行了总结和梳理，并通过集成，申报了 2008 年度北京市和全国教学成果奖（高等教育），结果令人高兴。我们申报的"灾害风险科学学科建设与创新性人才培养模式"分别获北京市教学成果一等奖和国家教学成果二等奖（获奖人为史培军、王静爱、黄崇福、李宁、张兰生）。在这些工作的基础上，北京师范大学灾害风险科学学科建设进入了快车道，由研究院灾害与公共安全研究所和干旱与风沙灾害研究所承担灾害科学的建设，空间信息研究所承担应急技术的建设，综合灾害风险管理研究所承担风险管理的建设。综合灾害风险防范的研究生也就是在这一学科体系下开始培养的。

团队建设 为了加强研究院的队伍建设，我们借地表过程与资源生态国家重点实验室和环境演变与自然灾害教育部重点实验室建设验收和评估之机，对灾害风险科学研究的队伍进行了整合。

风沙灾害研究团队，利用"北京市防沙治沙工程技术中心"和"教育部防沙治沙工程研究中心"平台，在风沙灾害形成机制、防沙治沙效益评估、风沙灾害风险模型开发、风沙灾害防治等方面，开展了深入研究与技术开发，整合梳理形成的"近地表风沙活动规律研究"获北京市科学技术（基础类）二等奖（2006 年）（获奖人为史培军、邹学勇、刘连友、哈斯、严平、张春来、李小雁、程宏、高尚玉）。

空间信息研究团队，利用"环境演变与自然灾害教育部重点实验室""国家遥感中心全球变化与可持续发展研究部"的平台，系统开展自然灾害监测、应急响应技术，以及数字减灾的综合技术开发，积极响应民政部国家减灾中心启动的自然灾害应急预案，做好技术支撑工作。由于近年来相关技术开发取得一系列创新成果，先后于 2005 年、2006 年，分别以"我国高分辨率遥感卫星图像处理地面应用系统""机载遥感技术系统的研发与示范——以环境灾害为例"二度获得国家测绘科技进步二等奖（获奖人为李京、陈云浩、宫阿都、蒋卫国等）。

灾害与公共安全研究团队，利用"环境演变与自然灾害教育部重点实验室"和"地表过程与资源生态国家重点实验室"的平台，在地震、台风、洪水、干旱、雪灾、环境灾害等方向，开展了致灾机理与成害过程的综合研究，特别关注了区域自然灾害形成机制及其分异规律的研究，自然灾害综合损失评估及其风险评估的模型开发，通过系统总结，相继分别出版了多本教材、专著。

综合灾害风险管理研究团队，利用"地表过程与资源生态国家重点实验室""中国保险行业协会–北京师范大学保险技术研究中心""瑞士再保险公司–北京师范大学灾害风险与保险技术研究中心"（现合并为"北京师范大学巨灾研究中心""灾害风险国际合作研究中心"）等平台，开展综合自然灾害风险，特别是巨灾风险的系统研究，在台风风险评价模型、地震灾害风险评价模型、生态环境风险评价模型、综合灾害风险防范模式等方向，开展综合研究。该方向全体人员大多是从国外学成回国的博士。

减灾与应急管理政策研究团队，利用"北京师范大学社会发展与公共政策学院""环境演变与自然灾害教育部重点实验室"的平台，在应急管理与综合减灾政策领域开展了具有创新性的工作。特别是在 2008 年应对汶川地震的政策响应的研究过程中，其第一时间组织由多方专家参加的"汶川地震应对政策专家组"（WET），做出了突出贡献，受到了教育部的表彰，所提交的一系列相关政策的建议，受到了时任国务院总理温家宝和国务委员、国务院秘书长马凯等国务院领导的批示，为抗震救灾工作做出了突出的贡献。

科学研究　针对区域自然灾害系统的复杂性，把区域环境演变与自然灾害时空格局、灾害信息监测与应急响应救助、灾害损失评估与灾后恢复重建、综合灾害风险防范与防灾减灾规划联系起来，将灾前防范、灾中应急/评估和灾后重建相结合，为国家综合减灾战略提供系统性科技支撑。研究院获批了国家科技支撑项目"综合灾害风险防范关键技术研究与示范"、课题"长三角地区自然灾害风险等级评估技术研究""重大地震–地质灾害链过程及灾害综合风险评价""灾情综合研判与风险分析技术研究"，国家自然科学杰出青年基金"陆地表层人地系统相互作用机制的'地理样带'研究"，重点基金"快速城市化地区自然灾害综合风险评价及减灾范式研究""风沙运动研究中的若干基本力学问题""地球系统三维格网与中–大尺度对象表达研究"等，出版了《中国自然灾害风险地图集》（中英文对照）等图集，《自然灾害》等教材。在民政部和教育部重点实验室、工程中心的基础上，与国家减灾中心、中国人民保险公司灾害研究中心密切合作，积极牵头并推进"重大自然灾害应急监测与快速评估国家工程技术研究中心"的申报建设工作。综合灾害风险防范的凝聚力理论与实践研究就是在这些项目的支持下开展起来的。

持续服务国家，回报社会　在国家减灾委和民政部的领导下，研究院参与了中国过去十年历次重特大自然灾害的应急和评估工作，为灾区恢复重建和社会可持续发展做出了应有的贡献。

2008 年"南方低温雨雪冰冻灾害"应急响应，史培军教授随国家减灾委和科技部领导两次赴湖南考察，收集了大量冰雪灾情资料和相关信息，揭示了南方雪灾形成的机理与过程，提供应急咨询共 10 次，完成调研和咨询报告共 21 份。

2008 年汶川地震灾害应急响应，史培军教授作为科技部抗震救灾专家组组长，组织了跨部门、跨领域的专家，为抗震救灾提供决策咨询服务。开展了应急会商、实地调研、灾害评估和恢复重建咨询工作。召集讨论会 30 余次，参加国家和有关部门的咨询工作共 17 次；上报对策建议十九期共 80 条（通过科技部/减灾委上报总指挥部）；与国家减灾中心、中国科学院地理科学与资源研究所等单位合作，完成汶川地震灾害范围评估报告、汶川地震损失评估报告、汶川地震极严重灾区恢复重建承载力及转移安置人口数量的分析报告（均被国务院采纳），为"汶川地震灾区恢复重建规划"提供了重要依据。

2010 年玉树地震灾害应急响应，地震发生后，吴立新教授团队立即展开灾情应急评估工作，根据震级、震中位置、发震断层走向，并参照该地区历史震害经验参数，建立了地震烈度联合衰减方程，以最快的速度进行了玉树地震灾情应急评估。震后 1 小时 20 分制作的地震烈度图包含受灾人口数量、居民点分布和行政区划信息，为早期判断灾情和制定救援计划提供了重要依据，被中国地理信息系统协会授予"玉树抗震救灾 GIS 服务特殊贡献单位"。刘吉夫、方伟华老师作为玉树地震灾害损失现场调查组专家，抵达玉树县结古镇开始现场评估调查，并协助国家减灾中心进行了损失数据上报整理工作。根据国土资源部、国家测绘局提供的结古镇部分地区高分辨率快鸟遥感影像，刘连友教授、史培军教授团队提取了结古镇房屋类型，建立了结古镇房屋损毁矩阵，并对地震灾区县、乡、村的房屋损毁和损失进行了分析评价，为灾区恢复重建提供了科学依据。

2013 年芦山地震灾害应急响应，2013 年 4 月 25～30 日，国家减灾委办公室和国家减灾委专家委组织民政部国家减灾中心、减灾与应急管理研究院和中国地震局的 13 名专家，赴灾区开展了现场调查评估工作。史培军教授任地震灾害现场调查评估组组长，减灾与应急管理研究院刘连友教授、方伟华副教授、刘吉夫副教授、吴吉东博士等参加了现场调查评估，对不同烈度区建筑物、基础设施、农业、工业、服务业以及资源生态等方面的实物损失及经济损失情况入户进行了详细调查，获得了大量第一手数据和资料。李宁教授、王瑛高工、徐伟副教授、张国明高级工程师及多名研究生参加了灾害评估的内业工作，结合相关部门、灾区各级地方政府上报的地震损失数据、卫星及航空遥感解译数据以及灾害模型评估数据，为科学评定芦山 4·20 地震的综合灾害损失提供重要依据。

2014年鲁甸地震灾害应急响应，2014年8月16～20日，史培军教授任地震灾害现场调查评估组组长，减灾与应急管理研究院刘连友教授、武建军教授参加了现场调查评估。工作组分赴地震灾区鲁甸县、巧家县、会泽县、昭阳区的各乡镇，对不同烈度区建筑物、基础设施、农业、工业、服务业以及资源生态等方面的损失情况进行了入户详细调查，获得了大量第一手数据和资料。王瑛教授级高工、刘吉夫副教授等与研究生参加了灾害评估的内业工作，汪明教授与研究生为灾区生土房屋加固提供了建议。根据现场调查评估的结果，并结合相关部门、灾区各级地方政府上报的地震损失数据、卫星及航空遥感解译数据以及灾害模型评估数据，为科学评定鲁甸地震的综合灾害损失奠定了基础，为灾后恢复重建规划编制提供了科学依据。

积极参与国家综合防灾减灾规划的编制。研究院积极组织专家参与了《国家综合减灾"十一五"规划》和"十二五"《国家综合防灾减灾规划（2011～2015年）》的编制工作，组织起草了国家防灾减灾科技发展"十二五"专项规划和实施方案，参与了《国家综合减灾"十三五"规划》和"十三五"《国家防灾减灾科技创新规划（2016～2020年）》的编写。

研究院每年都派专家参与国家减灾委专家委组织的防灾减灾工作调研。例如，组织对2009年东北和内蒙古东部旱灾、2010年云南干旱、2012年北京7·21水灾、2013年辽宁水灾等的调研工作；参加了四川、广东、福建、浙江、湖南、湖北、甘肃、宁夏等省（自治区、直辖市）的防灾减灾专题调研工作，针对不同地区灾害风险形势和防灾减灾工作需求，提出了一系列相关对策和建议。

加大灾害管理创新人才培养力度　发挥设在国家重点大学研究机构的优势和特色，研究院高度重视创新人才的培养。首先利用国家从2006年起在"985工程"高校实施的创新人才培养计划，选派优秀硕士生到国外一流大学，选择一流学科，师从一流导师，从事博士学位研究工作；同时选拔优秀博士生与国外著名大学共同合作培养。30年来，研究院利用这一有利机会，先后选派了近百名学生到国外一流大学从事博士学位研究工作。对于在研究院攻读硕士与博士学位的研究生，为其创造参与国内外学术研究和交流的机会，或通过聘请国内外相关领域的著名专家，开设学科前沿讲座，提高其创新能力。

为了加强民政和保险系统从事灾害管理人员的在职培养，2007年起开设"自然灾害风险管理"研究生班，以提高民政部和保险系统从事减灾工作的公务人员的科技创新能力。据不完全统计，在汶川地震、北京7·21暴雨洪涝、九寨沟地震等重大灾害中，研究院培养的研究生在一线应急响应中表现突出，30余人次立功受奖。

推进国际化进程　减灾工作本身就源于联合国发起的"国际减灾十年"，因此，北京师范大学开展自然灾害综合研究，一起步就十分重视开展国际交流与合作。在快速发展阶段，我们与瑞士再保险公司开展了共建研究机构，取得了编制出版《中国自然灾害系统地图集》（中英文对照版）的重大成果。从1998年起，就积极参与国际风险分析学会（Society of Risk Analysis，SRA）的有关活动，并与SRA-Japan（SRA日本分部）共同发起了关于"亚洲风险评价与管理"等一系列国际会议，在北京师范大学举办了该系列首次会议（1998年）。此后分别在日本神户（2001年）、韩国首尔（2005年）、中国北京（2009年）召开了该系列的第二、第三、第四届会议。从2002年起，北京师范大学积极参加了由日本京都大学防灾研究所（DPRI）与奥地利国际系统分析应用研究所（IIASA）共同创办的"综合灾害风险管理国际论坛"，至 2014 年已举办了九届。北京师范大学于 2005 年承办了该系列的第五届国际论坛（2005 年），并从 2005 年起，成为该系列的主要成员，分别与 DPRI 和 IIASA 签订了共同合作开展学术交流和人才培养的协议。从 2005 年起，研究院向日本京都大学共派出两名优秀的硕士毕业生在 DPRI 攻读博士学位，现已学成回国；从 2006 年起与 IIASA 合作开展综合灾害风险评价与防范研究，已完成一项国家自然科学基金委员会的国际（区域）合作项目（2006～2008 年），第二阶段的合作，也被列为国家自然科学基金委员会的国际（区域）合作项目（2009～2011 年）。与此同时，由北京师范大学派出的 5 名同学参加了 IIASA 举办的暑期学校。

同时，研究院抓住国际上关注"全球气候变化与巨灾风险防范"的研究工作，从 2006 年开始，利用全球环境变化人文因素计划中国国家委员会–综合风险工作组（CNC-IHDP-IR）平台，组织国内有关专家，向 IHDP 提出开展"全球环境变化条件下的综合灾害风险防范研究"的核心科学计划（IHDP-IRGP）（IHDP-Integrated Risk Governance Project），北京师范大学与德国波茨坦气候影响研究所（PIK）共同合作，经过 2007 年、2008 年、2009 年分别在中国、巴西、美国、德国 6 次充分的国际研讨，该计划 2009 年被 IHDP 正式列为新一轮的核心科学计划，并于 2009 年 4 月在德国波恩 IHDP 第七届开放会议上，正式宣布启动这一为期 10 年的科学计划。史培军和 Carlo Jaeger 被 IHDP 聘为该科学计划的合作主席。

黄崇福教授应邀出任迄今为止欧盟最大的风险领域科研项目"欧盟第七框架计划 iNTeg-Risk 项目"的国际咨询委员会成员，并出任首届"中欧风险论坛"主席，主持 2009 年 10 月 19 日在北京召开的国际风险领导人高峰，代表 SRA-China 签署了旨在推进世界风险科学发展的"2009 北京宣言"。

作为经济合作与发展组织（OECD）巨灾风险金融管理的高级咨询专家，史培军教授通过研究院与 OECD 共同合作，于 2008 年 8 月底在北京召开了"巨灾风险管理国际研讨会"，开启了中国巨灾风险金融管理研究之门，取得了良好的社会影响。研究院与日本京都大学共同发起了亚洲巨灾保险国际系列会议（ICACI），并参与筹备了在日本京都大学举办的首届会议（2007 年），还于 2009 年 12 月在北京与日本京都大学共同主办了该系列国际研讨会的第二届会议（2009 年），受到国际和国内同行的高度评价。

研究院与联合国减灾署合作，组建了联合国减灾署亚太地区减灾科技高级咨询委员会，史培军教授被聘为合作主席，杨赛霓教授为委员兼秘书长。与此同时，研究院还加强与德国可持续发展高级研究院的合作，共同开展地球系统动力学与系统风险的研究工作。

为了进一步加强这一领域的国际交流，研究院作为发起单位与日本京都大学防灾研究所、奥地利国际系统分析应用研究所等共同发起筹建"国际综合灾害风险管理学会"（International Society of Integrated Disaster Risk Management），并创办该国际学会的刊物：*International Journal of Integrated Disaster Risk Management*（IDRiM Journal）。与此同时，在民政部的支持下，研究院通过对《中国减灾》（英文版）进行改版，在我国创办《灾害风险科学》国际刊物（*International Journal of Disaster Risk Science*，IJDRS），目前已成为 SCI Q2 区的刊物。

2013～2015 年，研究院连续和联合国国际减灾战略（UNISDR）举办国际高层会议，为联合国国际减灾大会仙台宣言提供咨询意见。综合灾害风险防范的凝聚力理论在参加这一系列的国际学术交流与合作过程中得到修改和完善，也得到了这些国际合作专家的支持与指导。

转型发展期（2015 年至今）——适应国际与国家减灾新形势、推进研究与实践转型发展战略调整

2015 年 3 月在日本仙台召开了联合国第三届联合国世界减轻灾害风险大会，大会通过了旨在综合减轻灾害风险的《仙台宣言》和《2015～2030 年仙台减少灾害风险框架》，提出了包括降低灾害死亡率、减少受灾人数等 7 个全球性的具体目标。史培军、刘连友、李宁、叶谦、杨赛霓、叶涛老师等作为中国代表团成员，以国家减灾委员会专家组成员的身份参加了这一盛会。

2016 年 7 月 28 日，习近平总书记在河北唐山市考察时强调，要总结经验，进一步增强忧患意识、责任意识，坚持以防为主、防抗救相结合，坚持常态减灾和非常态救灾相统一，努力实现从注重灾后救助向注重灾前预防转变，从应对单一灾种向综合减灾转变，从减少灾害损失向减轻灾害风险转变，全面提升全社会抵御自然灾害的综合防范能力。

2018 年 3 月，根据第十三届全国人民代表大会第一次会议批准的国务院机构改革方案，设立了中华人民共和国应急管理部，负责指导各地区各部门应对突发事件工作，承担国家应对特别重大自然灾害指挥部的工作。

2018 年 10 月 10 日，习近平总书记主持召开了中央财经委员会第三次会议，研究提高中国自然灾害防治能力和川藏铁路规划建设问题。会议指出，我国自然灾害防治能力总体还比较弱，提高自然灾害防治能力是实现"两个一百年"奋斗目标、实现中华民族伟大复兴中国梦的必然要求，是关系人民群众生命财产安全和国家安全的大事。会议强调，提高自然灾害防治能力，要坚持以防为主、防抗救相结合，坚持常态救灾和非常态救灾相统一，强化综合减灾、统筹抵御各种自然灾害。会议指出，要针对关键领域和薄弱环节，推动实施灾害风险调查和重点隐患排查工程、自然灾害监测预警信息化工程等九项重点工程。

2019 年 11 月 29 日下午，中共中央政治局就我国应急管理体系和能力建设进行第十九次集体学习。习近平总书记在主持学习时强调，应急管理是国家治理体系和治理能力的重要组成部分，承担防范化解重大安全风险、及时应对处置各类灾害事故的重要职责，担负保护人民群众生命财产安全和维护社会稳定的重要使命。要发挥我国应急管理体系的特色和优势，借鉴国外应急管理有益做法，积极推进我国应急管理体系和能力现代化。

国际、国内减灾工作做出了战略调整，高度关注从"减轻灾害损失"到"综合减轻灾害风险"，以促进可持续发展，从"应对单一灾种"到"综合减灾"转变，从"注重灾后救助"向"注重灾前预防"转变。针对这一国际减灾领域发展的新动向，我们加强了北京师范大学对综合灾害风险防范的研究进程，从机构设置、学科建设、学术方向的规划，以及国际化的推进等多个方面进行了发展战略调整。

北京师范大学坚持开展综合灾害风险防范研究，不仅支持了国家和国际开展综合灾害风险防范工作，还为这些新战略的制定提供了决策支持。

机构建设 研究院在上一个十年迅速完善了研究设施，加快了队伍的建设并承担了大量国家级的有关研究任务，取得了突出的成绩，受到了国内外同行的高度评价，已经成为我国一支重要的防灾减灾科研力量，并被科技部授予国际科技合作研究基地，正在成为国际综合灾害风险科学研究的一个重要中心。

2018 年，由于国家政府机构调整，研究院改由应急管理部与教育部共建，不再设理事会，研究院院长由应急管理部副部长郑国光研究员担任（2018 年至今），研究院副院长由应急管理部风险监测与综合减灾司司长殷本杰博士、教育部科技司司长雷朝滋博士、北京师范大学史培军教授担任（2018 年至今）。2016 年北京师范大学组建地理科学学部，减灾与应急管理研究院并入地理科学学部，对内作为其下的二级院，院长由张强教授担任（2017年至今），对外仍保留应急管理部与教育部共建，北京师范大学地理科学学部执行部长宋长青教授担任应急管理部–教育部减灾与应急管理研究院执行院长。

学科建设　2016 年在原土木工程一级学科下"防灾减灾工程与防护工程"二级学科硕士点的基础上，成功申报"安全科学与工程"一级学科硕士点，形成地理学、生态学、安全科学与工程、测绘科学与工程学科群支撑下的灾害风险科学学科建设。

在研究院的积极推动和时任中国地理学会理事长傅伯杰院士、副理事长宋长青教授的大力支持下，于 2019 年成立中国地理学会自然灾害风险与综合减灾专业委员会，史培军教授任第一届专业委员会主任、张强教授任秘书长。

参与推动公共安全科学技术学会的建设发展，史培军教授、汪明教授分别担任学会第一届和第二届常务理事。

为了满足综合减灾和灾害风险防范领域人才培养对高质量教材的需求，经过系统总结，正式撰写出版专著型教材《灾害风险科学》（中、英文版）。

团队建设　风沙灾害研究团队，已整体并入地理科学学部地理学院。空间信息研究团队，分别转入地理科学学部地理学院、遥感科学与工程研究院。灾害与公共安全研究团队，部分老师在地理科学学部地理学院，其他均保留在地理科学学部减灾与应急管理研究院。综合灾害风险管理研究团队。资源生态与人地系统研究团队，利用"地表过程与资源生态国家重点实验室"平台，开展"渐变-累积-突变"过程的全球自然灾害形成机理研究，重点关注区域尺度上巨灾对生态系统结构与功能、人口与经济系统的危害机理，辨识以全球升温为代表的人类活动对自然灾害频次变率、强度和范围的影响。该团队均在地理科学学部减灾与应急管理研究院。减灾与应急管理政策研究团队，均在北京师范大学社会发展与公共政策学院。

目前由于组建地理科学学部，调整后在地理科学学部下的减灾与应急管理研究院共有33 位教师，其中教授 18 人，副教授 12 人，讲师 2 人，管理人员 1 人，共设 4 个团队。院内、学校相关团队还有 60 多人，总计超百人。

持续服务国家，回报社会　研究院为制定国家中长期综合防灾减灾规划、国家确立自然灾害防治九大工程、应对重大自然灾害事件起到了重要的科技支撑作用；面向民政部、应急管理部等国家部委和保险行业，提供了关键技术培训和技术咨询，帮助其提高了在减灾与自然灾害风险方面的技术水平和行业管理水平。

2015 年 5 月 10～13 日，国家减灾委办公室组织民政部、财政部、国土资源部、中国地震局、中国科学院、教育部、西藏自治区等相关单位或地区的专家，赴尼泊尔地震西藏灾区开展了现场调查评估工作。史培军教授担任地震灾害现场调查评估组组长，刘连友教授、刘吉夫副教授参加了现场调查评估。王瑛教授级高级工程师、吴吉东副教授及研究生参加了灾害评估的内业工作，形成的地震灾害损失评估报告被国家采纳。

2015 年 6 月 9～13 日，受商务部委托，民政部组织防灾减灾、文物管理、住房建设、市政等领域的 18 名专家，赴尼泊尔开展灾害现场调查和综合评估工作。刘连友教授、方伟华教授以及徐伟副教授、吴吉东副教授参加了现场调查及灾害评估工作，形成的地震灾害损失评估报告被国家商务部采纳。

2017 年 8 月 8 日，四川省九寨沟县发生 7.0 级地震，按照国务院相关工作部署，国家减灾委、民政部成立专家指导组，协助四川省做好地震灾害损失评估工作，史培军教授作为专家组组长，指导形成《四川省九寨沟 7.0 级地震灾害损失与影响评估报告》并被四川省减灾委员会采纳使用。

参加由刘燕华参事担任编写专家组组长的《第三次气候变化国家评估报告》，其中第四卷"气候变化的经济社会影响评估"由领衔专家史培军教授、葛全胜研究员、潘家华研究员负责。来自科技部、中国气象局、中国科学院、中国工程院、国家发改委、外交部、教育部、工信部、国土资源部、环境保护部、交通运输部、农业部、水利部、国家林业局、国家海洋局、国家自然科学基金委和企业等单位的 100 多名专家参与了撰写。

参与由秦大河院士担任核心编写组组长的《中国极端气候事件和灾害风险管理与适应国家评估报告》，其中第二章"极端气候事件和灾害风险管理的内涵"由李宁教授参与撰写，第五章"灾害风险管理与实践及适应措施"由领衔专家闪淳昌教授、史培军教授、范一大研究员负责。来自中国气象局、各大部委、院所和高校等单位的 100 多名专家参与了撰写。

2018 年，受中央财经委员会委托，由减灾院史培军教授牵头，叶涛教授等完成了《中国自然灾害状况及其在全球的位置》研究报告。该报告依托原有的和正在承担的国家重大科学研究计划项目、科技部国际合作项目、国家自然科学基金项目、国家重点研发计划项目成果，系统分析了我国改革开放以来自然灾害损失的变化特征，并将中国自然灾害风险能力在全球范围进行了对比。该报告指出，中国 2010～2016 年的百万人口因灾死亡数（1.83人）在全球排在中游水平，直接经济损失的 GDP 占比（0.85%）排在中下游水平。这与中国的经济总量的全球排名（第二；购买力评价算法为全球第一）或人均 GDP 的排名（该研究中为前 48%）均不匹配。我国应对特别重大自然灾害的能力没有明显提高。该报告对 2018年 10 月 10 日中央财经委员会第三次会议决策实施自然灾害防治九大工程起到了重要的科技支撑作用。

本书最后一章的相关部分参考和引用了其中的部分内容。

2019 年，围绕全国灾害综合风险普查工作，成立以应急管理部–教育部减灾与应急管理研究院为主要技术牵头单位的专家技术组，史培军教授为技术组总负责人，汪明教授为技术总体组召集人之一，百余名师生参与了相关工作。技术组支撑风险普查工作，协调各部委近百名专家，编制了《全国灾害综合风险普查实施方案》，并正在研制普查工作中的各项技术标准规范和培训教材，指导中央和地方开展普查试点工作。

深入开展地震、台风等重大自然灾害和农业自然灾害风险评估与保险定价技术。研制了畜牧业雪灾与旱灾等创新性农业指数保险产品，设计了西藏自治区农牧民地震巨灾风险分担体系。相关研究成果获保险学会第四届全国大学生保险创新创意大赛特等奖。完成的研究报告被中国人民财产保险股份有限公司采纳，推动了中国自然灾害风险转移业务化。

科学研究 研究院紧跟国际研究与减灾战略的发展动态，进一步优化整合灾害风险与气候变化研究，加强以"多灾种""灾害链""灾害遭遇"为主题的区域自然灾害系统复杂性研究，加强空–天–地多源数据集成监测以及融合分析下的常态减灾与非常态救灾关键信息提取，形成自然灾害监测、风险评估与恢复重建全链条的科技研发，为国家新时期大应急、大减灾提供系统性科技支撑。自 2015 年以来，研究院获准了国家重点研发计划项目"全球变化人口与经济系统风险形成机制及评估研究""重特大灾害空–天–地一体化协同监测应急响应关键技术研究及示范""大都市区多灾种重大自然灾害风险综合防范关键技术研究与示范""不同温升情景下区域气象灾害风险预估"，国家自然科学重点基金"阿拉善高原风沙过程与绿洲生态修复"，国家创新群体项目"地表过程模型与模拟"等项目，出版了《世界自然灾害风险地图集》（英文版）等图集，"综合自然灾害风险评估与重大自然灾害应对关键技术研究和应用"获国家科学技术进步奖二等奖（2018 年），"综合自然灾害风险评估与农业保险关键技术研究与应用"获北京市科学技术二等奖（2017 年）。

综合灾害风险防范研究虽然没有包括在这两项成果中，但我们坚信其不仅在国家的综合减灾战略制定中发挥了科技支撑作用，而且必将在国家和国际综合减灾的实践中发挥更大的作用。

人才培养 已纳入地理科学学部，统筹培养与管理。本书中的两位作者（郭浩、吴瑶瑶）就是这个时期以综合灾害风险研究的学位论文而获得北京师范大学理学博士学位的。

推进国际化进程 在 2015 年召开的第三次世界减灾大会上，研究院正式发布了《世界灾害风险地图集》以及《中国防灾减灾 25 年》，对仙台减灾框架的最终形成起到了积极的作用，对国家开展减灾外交工作、提升我国在国际减灾事务的国际影响力起到了重要的推动作用。先后与联合国防灾减灾署（UNDRR）、世界银行、联合国红十字会、联合国发展署等减轻灾害风险的国际机构与组织签订了合作协议；组织运行国际全球环境变化人文因素计划–综合灾害风险防范核心科学项目（IHDP-IRGP）办公室、联合国防灾减灾署（UNDRR）亚洲科技与学术咨询委员会（ASTAAG）秘书处（简称 ASTAAG 秘书处）和北京师范大学综合灾害风险管理创新引智基地（111 项目），以及依托于英国国际发展部项目建立的"国际减轻灾害风险合作研究中心"。合作研究成果获得了国际减灾的一致认可。主办《国际灾害风险科学学报》（*International Journal of Disaster Risk Science*，IJDRS），2017年度影响因子为 2.225，在地球科学、气象&大气科学和水资源三个学科类目全面进入 Q2区；在中国科学院最新期刊分区中，IJDRS 在地学大类学科的 18 份中国 SCI 期刊中排名第四，首次超过地理学传统名刊《地理学报》（英文版）。

经过 Future Earth 计划科学委员会一年多的严格考察评估，在众多国际知名科学家和国际组织的大力支持下，国际科学理事会（ICSU）未来地球（Future Earth）计划在 2015 年 3月正式接受国际综合灾害风险防范项目（IRG Project），并将其作为旗下核心项目，这不但标志着国际科学界对中国科学家在综合灾害风险防范领域所做工作给予的充分肯定，更为中国科学家在未来一段时期引领该领域的研究方向，提升中国在 Future Earth 中的地位，并争取在国际科学研究规划中更多的话语权，吸引全球知名学者参与中国主导的国际科技合作项目，宣传中国政府和有关部门综合防灾减灾救灾成果和成就等提供了一个高层次的国际科技交流平台。

2017 年 IRG Project 与深圳市、达沃斯世界风险论坛签署战略合作协议，在深圳与达沃斯采用双年制方式举办全球性综合灾害风险防范会议。2017 年 5 月 13～14 日，三方在深圳市共同主办了"巨灾与经济风险综合防范国际研讨会"，形成重要会议成果文件《巨灾与经济风险综合防范的前海共识》。2019 年 10 月 13～14 日在深圳举办了"绿色发展与综合灾害风险防范暨联合国减灾三十年回顾国际研讨会"，产生了良好的国际影响。

2018 年，减灾院承办了 2018 年亚洲科技减灾大会。来自联合国有关机构、欧洲、美洲及亚洲各国，包括减灾与应急管理领域的研究人员、学者、政府决策者及企业代表等在内的近 300 位代表参加了此次会议。会议形成成果文件《北京共识》，明确了亚洲科技减灾的 14 项行动和加强科技减灾及减灾科技创新发展的 6 个倡议。该成果文件作为重要官方文件进入 2018 年亚洲部长级减灾大会讨论。减灾院部分老师作为专家，随行支撑了民政部和应急管理部参加 2017 年全球减灾平台大会，2016～2018 年亚洲减灾伙伴会议，2016 年、2018 年亚洲部长级减灾大会，2017 年、2019 年全球减灾平台大会等一系列重要的减灾领域国际会议。

3. 展望下一个 30 年

北京师范大学开展灾害风险科学研究 30 年的历史与北京师范大学近 120 年的历史相比是非常短暂的。通过回顾过去，我们对未来充满信心。我们期望，再过 10 年、20 年到 30 年，北京师范大学包括综合灾害风险防范研究在内的灾害风险科学研究、灾害风险科学学科建设必将对北京师范大学实现建设世界知名、高水平大学的目标做出重要贡献，必将为中国安全和世界安全建设做出更多的贡献。

联合国正在推进综合减灾"仙台减灾框架"的全面落实，中国也正在落实 2018 年 10 月 10 日中央财经委提出的自然灾害防治九大工程实施的规划，我们要面向国际国内综合减灾的需求，面向"一带一路"倡议实施，长江经济带保护与高质量发展、黄河流域保护与高质量发展、京津冀一体化发展、长三角一体化发展、粤港澳大湾区建设、雄安新区建设等国家重大发展部署，加强综合灾害风险研究、灾害风险学科建设与解决系统风险防范和综合减灾中的重大需求相结合，提升科技创新能力与学科发展能力。我们期望，北京师范大学灾害风险科学研究能为加深理解系统风险的水平，提高灾害应急响应能力、国家防灾减灾救灾能力、应对全球变化与综合灾害风险防范能力，保护人民群众生命财产安全和国家安全，促进绿色发展，实现国家两个"百年目标"提供人才保障和科技支撑，为落实联合国《2015～2030 年仙台减少灾害风险框架》、实现人类可持续发展做出贡献。

（本附录撰写得到北京师范大学地理科学学部减灾与应急管理研究院的所有师生的帮助和支持，在此表示衷心感谢！）